高等工科院校无损检测专业系列教材

渗 透 检 测

主　编　金信鸿　张小海　高春法
参　编　王广坤　程春水　吴　伟
主　审　任吉林

机 械 工 业 出 版 社

本书是针对高等工科院校无损检测专业渗透检测技术课程的需要而编写的。全书共由八章构成，包括绪论、渗透检测的物理化学基础、渗透检测剂、渗透检测设备与器材、渗透检测工艺、痕迹显示的解释与评定、渗透检测应用以及渗透检测的质量管理。本书注重理论与实际应用的结合，并考虑了教学与资格考核的多层面需要，同时对近年来渗透检测新技术、新材料的应用也进行了介绍，内容丰富，层次清晰。

本书可作为本科及大专院校无损检测专业及相关专业的教材，也可供从事无损检测研究及工程应用的技术人员参考。

本书配有电子课件，凡使用本书作为教材的教师可登录机械工业出版社教材服务网 www.cmpedu.com 注册后下载。咨询邮箱：cmpgaozhi@sina.com。咨询电话：010-88379375。

图书在版编目（CIP）数据

渗透检测/金信鸿，张小海，高春法主编. —北京：机械工业出版社，2014.10（2026.1重印）
高等工科院校无损检测专业系列教材
ISBN 978-7-111-47053-3

Ⅰ.①渗… Ⅱ.①金…②张…③高… Ⅲ.①渗透检验-高等学校-教材 Ⅳ.①TG115.28

中国版本图书馆CIP数据核字（2014）第195683号

机械工业出版社（北京市百万庄大街22号 邮政编码100037）
策划编辑：王海峰 责任编辑：薛 礼
版式设计：霍永明 责任校对：胡艳萍
封面设计：马精明 责任印制：张 博
固安县铭成印刷有限公司印刷
2026年1月第1版 · 第5次印刷
184mm×260mm · 13.75印张 · 326千字
标准书号：ISBN 978-7-111-47053-3
定价：37.00元

电话服务 网络服务
客服电话：010-88361066 机 工 官 网：www.cmpbook.com
010-88379833 机 工 官 博：weibo.com/cmp1952
010-68326294 金 书 网：www.golden-book.com
封底无防伪标均为盗版 机工教育服务网：www.cmpedu.com

序

无损检测是一门综合性科学（边缘科学），它利用声、光、热、电、磁和射线等与物质的相互作用，在不损伤被检对象使用性能的前提下，探测其内部或表面的各种宏观缺陷，并判断缺陷位置、大小、形状和性质。无损检测的研究领域涉及物理学、材料学、力学、电子学、计算机、声学、自动控制和可靠性理论等多门学科。随着现代工业和科学技术的发展，该技术已在越来越多的行业得到了广泛的应用，其水平高低已在很大程度上反映了一个国家的工业和科技发展水平。

随着对无损检测技术人员在知识结构、理论基础、工程实践能力方面提出更高和更广的要求，对无损检测技术人才的培养也提出了不少新的和特殊的要求。南昌航空大学是我国最早创办无损检测本科专业的高等学校，30 年来，已为我国航空、航天、石油、化工、核工业、电力、机械等行业输送了大批无损检测专业技术人才，有力地促进了我国无损检测事业的进步和发展，也为我国无损检测教育事业的发展作出了突出贡献，在国内无损检测界享有很高的声誉。

南昌航空大学在无损检测人才培养过程中，始终关注专业教材的建设，不仅编写了一套校内教学讲义，还先后由航空工业出版社、机械工业出版社正式出版发行了《射线检测工艺学》、《电磁无损检测》、《激光全息无损检测》、《无损检测技术》等教材，推动了我国的无损检测高等教育工作。2007 年，南昌航空大学无损检测专业通过了教育部评审，批准为国家特色专业建设点。在国家特色专业建设中，他们继续把编写出版无损检测高等教育系列教材作为主要的建设任务之一。这次由机械工业出版社出版的这套教材，就是他们在原教材的基础上，结合多年来教学改革的经验体会，融入近年来无损检测技术发展成果重新编写改版的新教材。

这套教材对无损检测常规方法和几种非常规方法进行了系统介绍，不仅突出了各种检测方法的基本理论体系、方法工艺和检测技术这一架构，还对该领域的最新研究成果及应用前景作了系统介绍和分析，它既可作为无损检测高等教育的本科生教材，也可作为以无损检测为研究方向的硕士和博士研究生的参考教材，对从事无损检测专业的工程技术人员也必然会有重要参考价值。相信这套教材的出版一定会为促进我国无损检测高等教育事业和推动我国无损检测技术的发展发挥重大作用。

中国无损检测学会理事长 耿荣生

2011 年 11 月

丛书序言

无损检测是一门涉及多学科的综合性技术，其特点是在不破坏构件材质和使用性能的条件下，运用现代测试技术来确定被检测对象的特征及缺陷，以评价构件的使用性能。随着现代工业和科学技术的发展，无损检测技术正日益受到人们的重视，不仅它在产品质量控制中所起的不可替代的作用已为众多科技人员所认同，而且对从事无损检测技术的专业及相关人员提出了相应的要求。本套教材正是为了满足各方面人士对无检测技术学习和参考的需要，促进无损检测技术的进一步发展，根据高等工科院校专业课程教学基本要求，结合南昌航空大学无损检测专业30年来的教学经验，在不断探索教学改革的基础上编写的。

南昌航空大学无损检测专业是1984年经原国家教委批准在国内率先创办的本科专业，经过近30年的建设与发展，随着本科专业名称的多次调整，南昌航空大学无损检测专业归类为“测控技术与仪器”专业。但学校始终坚持以无损检测为特色，始终坚持把“培养具有扎实理论基础和较强工程实践能力的高级无损检测技术专业人才”作为专业的培养目标。经过多年努力，把“测控技术与仪器”（即原无损检测）专业建设成为国家级特色专业。并且，在专业教学中，在全国无损检测学会的支持下，经过多年的艰苦努力，编写了国内首套无损检测专业教材。这套教材曾被国内多所高等院校同类及相近专业采用，其中，《射线检测工艺学》和《电磁无损检测》等还由航空工业出版社正式出版。近年来，在国家特色专业建设过程中，为了紧跟无损检测技术进步对人才培养提出的新要求，我们按照新的教学计划对教材进行了重新规划和编写。本套教材不仅汇集了当前无损检测技术的最新成果，有一定的深度和广度，注重理论联系实际，而且更加注意教材的系统性与可读性，以满足各层次读者的需要。

本套教材共10册，包括《超声检测》、《射线检测》、《磁粉检测》、《涡流检测》、《渗透检测》、《声发射检测》、《激光全息与电子散斑检测》、《质量控制》、《无损检测专业英语》、《无损检测技能训练教程》。

由于无损检测技术涉及的基础学科知识和工业应用领域十分广泛，而且，新材料、新工艺的出现，以及信息、电子、计算机等新技术在无损检测中的应用十分迅速，很难在教材编写中得到及时反映，因此所编教材难免会有疏漏和不足之处，恳请读者批评指正。

本套教材在编写过程中参考了国内外同类教学和培训教材，得到了国内诸多同行专家教授的指导和支持，在此一并致谢！愿本套教材能为提高及促进无损检测专业的发展起到积极的推动作用。

无损检测专业教材编写组

2011年10月

前　言

无损检测技术广泛应用于航空、航天、电力、压力容器、石油、化工、机械、电子、交通、冶金、核工业、兵器和船舶等工业部门。产品的设计、研制及使用各阶段离不开产品质量的检验，无损检测在国民经济建设中为保证工程和产品质量发挥着越来越关键的作用，相关行业对无损检测人才的需求越来越多。

渗透检测是无损检测专业必修的五大专业基础课之一。本书是在南昌航空大学无损检测专业使用多年的渗透检测课程讲义的基础上整理、充实、增新和提高而成的。本书较详细地介绍了渗透检测的基础理论，较全面地介绍了渗透检测的检测剂、设备与器材、工艺、方法和应用，以及渗透检测的新技术与新工艺。本书结构清晰，内容全面、系统。

本书内容包括绪论、渗透检测的物理化学基础、渗透检测剂、渗透检测设备与器材、渗透检测工艺、痕迹显示的解释与评定、渗透检测应用、渗透检测的质量管理。

本书由金信鸿、张小海、高春法担任主编。第1、2、3、7章由金信鸿、张小海编写；第4章由金信鸿、高春法编写；第5、6章由王广坤、金信鸿、程春水编写；第8章由张小海、吴伟撰写。本书由任吉林教授担任主审。在本书的编写过程中，中国航空工业集团公司西安航空动力股份有限公司无损检测中心研究员王婵，北京市特种设备检测中心管道研究室主任、高级工程师李宏雷，北京市丰台区特种设备检测所无损检测室主任、高级工程师陈玉平为本书的编写提供了大量的资料；本书还得到了机械工业出版社有关编辑的大力支持和指导，在此一并表示衷心的感谢。本书的出版资金由南昌航空大学教材建设基金提供。

本本书的编写过程中参考和引用的主要书籍和文献分别列于文后，编者谨对这些书籍与文献的作者表示衷心的感谢。

由于编者水平有限，书中疏漏、不妥和错误之处在所难免，恳请广大读者批评指正。

编　者

目　录

第1章 绪　　论

1.1 渗透检测技术的发展

渗透检测是一种基于液体毛细作用原理，用于检测和评价工程材料、零部件和产品表面开口缺陷的一种无损检测方法。工业无损检测的方法很多，渗透检测与射线检测、超声检测、磁粉检测、涡流检测并称为五种常规的无损检测方法。

渗透检测的原理是：首先在被检试件（或材料）表面上施涂一层含有荧光染料或着色染料的液体（称为渗透剂），由于这类液体渗透力较强，对微细孔隙具有渗透作用，渗透剂就渗入到表面开口的缺陷中去；然后用水或溶剂清洗试件（或材料）表面上多余的渗透剂，再用吸附介质（称为显像剂）喷或涂于被检试件表面，缺陷中的渗透剂在毛细作用下重新被吸附到试件表面上来，形成放大了的缺陷显示。在黑光灯（荧光渗透检测法）或在白光（着色渗透检测法）下观察缺陷显示，从而探测出缺陷的形貌及分布状态。

早在19世纪初，人们就利用试件表面的铁锈位置、形状和分布来确定钢板上裂纹的位置。因为如果在室外存放的钢板表面有裂纹，水分就会渗入裂纹而形成氧化物，使裂纹处的铁锈比邻近区域要多。

19世纪末期，人们把煤油和重油的混合液施加于被检试件表面上，几分钟后再擦去表面上的油，并在表面上涂上一层酒精-白粉悬浮液，酒精挥发后剩下了一层白粉，如果试件上有表面开口缺陷，缺陷中的油将被吸附到白色的涂层上，形成可见的黑色痕迹，这就是最早的着色渗透检测方法——“油-白”法。通过“油-白”法能有效地检测出材料的表面裂纹、疏松、气孔等缺陷，保证了产品的质量，当时主要用于检测机车零件，如杆、轴、曲柄等，是最早应用的渗透检测方法。

在20世纪30年代，磁粉检测广泛用于检测钢和铁磁性材料的部件。由于磁粉检测可检测出铁磁性材料表面和近表面的缺陷，即便被污染物堵塞或覆盖的缺陷也能检测出来，另外磁粉检测缺陷重复性好，工作效率高，20世纪20年代至30年代中期，“油-白”法逐渐被磁粉检测所替代。20世纪30年代中期以后，随着航空工业的发展，铝合金及其他许多不能被磁化的有色金属和非铁磁性材料大量应用于飞机构件，对检测技术提出了更高的要求，需要一种比“油-白”法更加可靠的检测手段用于检测非铁磁性材料。

20世纪40年代初期，以美国人斯威策（Robert Switzer）为代表的工程技术人员对渗透剂进行了大量的试验研究，他们把有色染料加到渗透剂中，增加了裂纹显示的颜色对比度。1941年，斯威策把荧光染料加到渗透剂中，利用显像粉显像，并在黑光灯下检测缺陷，显著地提高了检测灵敏度，使液体渗透检测进入了一个崭新的阶段。

20世纪60年代至70年代，国外成功研制出高灵敏度、基本无毒害的荧光渗透剂和着色渗透剂，并逐渐形成多个具有不同灵敏度等级的渗透检测剂系统。同时也研制了一些特殊应用的渗透材料，如闪烁荧光渗透检测材料，能与液氧相容的水基渗透剂，适合于镍基合金渗透检测的低硫、钠含量的新型渗透剂以及适合于钛合金和奥氏体不锈钢渗透检测的低氟、氯等杂质元素含量的新型渗透剂。

我国的渗透检测技术起步于20世纪50年代，基本沿用前苏联工业应用的主导渗透检测材料。荧光渗透剂是煤油加航空滑油；着色渗透剂染料为苏丹Ⅳ，基本溶剂是苯。至20世纪60年代中期，航空工业领域采用荧光黄作染料的荧光渗透检测。20世纪70年代以后，我国自行研制出荧光染料YJP-15，出现自乳化型和后乳化型荧光渗透剂的生产。

1982年，国内首次开办渗透检测专业Ⅱ级人员培训班，结束了检测人员无证操作的历史。随着改革开放的深入开展，通过引进吸收和再创新，我国的渗透检测技术获得了快速发展，迅速缩短了与先进国家间的差距。开发出渗透检测静电喷涂技术与设备，提高了工艺质量和可靠性，节约了检测材料。此外，我国还研制出各种试片（块）、黑光灯、黑光辐照度计和白光照度计等大量辅助器材，确保渗透检测过程的质量。

2000年以来，随着数字化技术的发展，渗透检测技术开始进入半自动/自动化和图像化时代。随着数字化技术的发展和我国经济实力的提高，检测人员的劳动条件和环境保护受到重视，半自动/自动化检测技术、检测废水处理技术的研究得到广泛开展，成功开发大量半自动渗透检测线和废水处理设备，并获得广泛应用。

渗透检测能快速、经济和可靠地检出裂纹、疏松、折叠等人眼无法直接观察到的表面开口缺陷。渗透检测应用于金属原材料生产、船舶、汽车、电力和燃气设备、航空航天以及核动力等现代工业的各个领域。渗透检测对于控制和改进生产工艺和产品的质量，保证材料、零部件、产品的可靠性和生产过程的安全性，以及提高劳动生产率等都起着关键性的作用。随着工业的发展，先进的材料和方法不断出现，渗透检测材料在安全性、环保上要求更加严格。特别在航空、航天、兵器、造船、原子能工业上，铝合金、镁合金、钛合金、高温合金、玻璃钢及塑料试件等非磁性材料的应用越来越广泛，使得渗透检测在产品无损检测中的比例大大提高。

当前渗透检测面临的主要任务是研究新的工艺方法、构造新的检测系统、开拓更广泛的应用领域。渗透检测需进一步研究的问题有以下几个方面：

1）进一步提高检测灵敏度及检测的可靠性。

2）加强渗透检测材料的研究，开发新的检测工艺。

3）加强边缘学科的研究工作，促进渗透检测技术的发展。如人的视觉特性、断裂力学等的研究有所突破，将对渗透检测技术的发展有极大的促进作用。

4）加强理论研究，逐步形成渗透检测技术自身的理论体系。

检测技术的标准化问题及统一的规范也是当前亟待解决的问题。

1.2 渗透检测的特点

渗透检测是用于检测非多孔性金属和非金属试件（半成品、成品和使用过的试件）表面开口缺陷的一种无损检测方法，是一种把缺陷图像扩大，以目视观察找出缺陷的方法。渗透检测可用于检验各种类型的裂纹、折叠、气孔、疏松、冷隔及其他表面开口的缺陷，可检测各种金属材料和非金属材料，如铝合金、镁合金、钛合金、钢铁材料（包括奥氏体不锈钢）、塑料、陶瓷及玻璃制品；可检测铸件、锻件、焊接件、机械加工件及非金属制件等试件。液体渗透检测与其他几种无损检测方法相比，有如下明显的特点：

1）缺陷显示直观，检测灵敏度高（最高灵敏度可达0.1μm）。能够有效地检测出各种表面裂纹、疏松、气孔、折叠、冷隔、夹渣和氧化斑痕等缺陷。

2）检测所需设备简单，检测的速度快，操作比较简便，对大批、大量试件易于实现自动检测。

3）便携式渗透检测设备不受场地、条件的限制，在现场、野外和无水无电的情况下仍然可以进行检测。

4）工作原理简明易懂，操作简单，检测人员经过较短时间的培训和实践就可以独立地进行操作。

5）基本不受被检试件几何形状、尺寸大小、化学成分和内部组织结构的限制，渗透检测一次操作可同时检测出试件表面开口的各个方向、各种形状的缺陷。

渗透检测也有如下不足之处：

1）渗透检测是利用渗透剂渗入试件表面缝隙的方法来显示缺陷的，故只能检查表面开口缺陷，不能显示缺陷的深度及缺陷内部的形状和大小。

2）无法或难以检查多孔的材料，对于表面过于粗糙、结构疏松的粉末冶金试件或其他多孔材料，也不宜采用此法。因为渗透液会进入细孔，而每个小孔都会像缺陷一样显示出来，以致真缺陷难以判断。表面粗糙时，也会使试件表面的本底颜色或荧光底色增大，以致掩盖了细小的、分散的缺陷。

3）影响渗透检测灵敏度的因素较多，难以定量地控制检验操作程序。同时也受到检测人员的经验、认真程度和视力敏锐程度的影响。

4）检查缺陷的重复性差。对于某些缺陷的检查，还有不少困难。

5）荧光检测时，需要配备黑光灯和暗室，在没有电力和暗室的环境无法工作。

尽管渗透检测还存在不足之处，但仍是有效的无损检测方法之一。在工业生产中，尤其在航空工业中发挥着重要作用。随着现代化工业的发展，渗透检测越来越引起广泛的重视，并在不断地发展和提高。

复 习 题

1-1 简述渗透检测的原理。

1-2 简述渗透检测的优点和局限性。

1-3 简述渗透检测的适用范围。

第 2 章　渗透检测的物理化学基础

自然界中的物质具有三种状态：固态、液态和气态。在研究它们彼此之间的相互关系时，一般把它们看作是不同相之间的相互作用。所谓的“相”是指体系中物理性质和化学性质完全均匀的部分，它也是物质的一种聚集状态。不同相共存时，相与相之间的分界面称为界面。一般将两个凝聚相［液-液（不互溶）、液-固、固-固］间的边界区域称为界面。凝聚相与气相（液-气、固-气）间的边界区域称为表面。在界面上的物质因为具有与体相不同的结构和性质，从而产生的物理和化学现象称为界面现象。液体与气体和固体相互接触时都有一界面，处于界面的分子同时受到同种分子以及气体或固体分子的作用力，表现出表面张力、润湿现象、毛细现象和吸附现象等一系列表面现象，这些现象的产生可以从分子运动论的角度来论述。

2.1　分子运动论

1. 物质的组成

自然界中的各种物质都是由大量分子组成的。物理中所说的分子指的是做热运动时遵从相同规律的微粒，包括组成物质的原子、离子或分子。组成物质的分子是很小的，近似地可以把分子看成球形，采用物理实验的方法（如油膜法）可以测得分子的直径约为 10^{-10}m 数量级。分子不但用肉眼不能直接看到，就是用光学显微镜也看不到。用具有放大几亿倍功能的扫描隧道显微镜可以拍摄石墨表面原子的排布图（图 2-1），图中的每个亮斑都是一个碳原子。

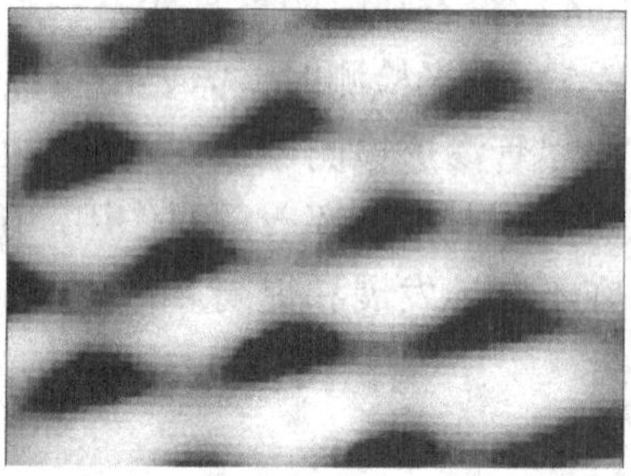

图 2-1　石墨表面原子的排布图

通常把含有 6.02×10^{23} 个微粒的集体作为一个单位，称为摩尔，用来衡量物质微观粒子的多少，它是表示物质的量的单位，简称为摩，单位符号是 mol。当物质的质量以 g 为单位时，摩尔质量的单位为 g/mol，在数值上等于该物质的相对原子质量或相对分子质量。例如，1mol 氢气的质量是 2.016g，含有 6.02×10^{23} 个氢分子，一个氢分子的质量大约为 3.35×10^{-24}g；1mol 水的质量是 18g，含有 6.02×10^{23} 个水分子，一个水分子的质量大约为 2.99×10^{-23}g，而一滴水约含有 1.6×10^{21} 个水分子。

2. 分子的运动

布朗运动和扩散运动表明组成物质的分子在不停地运动，与外界的扰动无关。布朗运动研究的小颗粒是由成千上万个分子组成的宏观物体，小颗粒的无规则运动是受到液体分子无规则撞击的结果，也就间接地证明了液体分子的运动是无规则的。布朗运动产生的原因有两方面，一方面是因为分子无时无刻不受到来自其他分子的场力作用，而这些力的合力并不为零，并且无时无刻不在改变方向，所以就会作无规则运动；另一方面，分子是由原子组成的，原子是由带正电的核和围绕原子核运动的带负电的电子组成的，微观体系中没有任何物质是静止的，物质内部分子间存在的相互作用力使其不断地运动。

不同的物质在相互接触时，彼此进入对方的现象称为扩散。固体、液体和气体之间都能产生扩散现象。扩散现象也是物体的分子作无规则运动的结果。

分子的运动跟温度有关，这种无规则的运动称为分子的热运动。温度越高，分子运动得越快，热运动也就越剧烈。

3. 分子间作用力

分子间作用力指存在于分子与分子之间或高分子化合物中分子内官能团之间的作用力，简称分子间力。分子间力包括范德华力（又称分子作用力）、氢键和属于分子间力的其他非共价键。分子间力实质上是一种电性的吸引力，实际呈现静电或电磁性质，这是原子结构带正电的原子核和带负电的轨道电子云所产生的。正负电荷总值相等，所以整个分子呈电中性。若分子正负电荷的重心重合，称其为非极性分子，例如 H_2、CH_4、C_6H_6 等；若分子正负电荷的重心不重合，称其为极性分子，例如 HCl、ROH 等。

分子间同时存在引力和斥力，通常所说的分子间力是指引力和斥力的合力。当两个分子比较接近时，主要表现为引力、这种力主要来源于一个分子被另一个分子随时间迅速变化的永久偶极矩所极化而引起的相互作用；当两个分子非常接近时，则斥力成为主要作用的力，这是由于各分子的外层电子云开始重叠而产生排斥作用。范德华力起因于分子之间的作用力，主要来源于三种不同的效应：

（1）定向作用力（静电力）　定向作用力主要发生在极性分子（离子）之间，是由极性分子的永久偶极矩相互作用引起的。

若两个极性分子具有永久偶极矩 μ，单位为 C · m，由经典静电学求得两个极性分子间相互作用的平均势能 E_K：

$$E_K = -\frac{2\mu^4}{3(4\pi\varepsilon_0)^2 kTr^6} \tag{2-1}$$

式中　r——分子间距离，单位为 m；

ε_0——真空介电常数，$\varepsilon_0 = 8.854188 \times 10^{-12} F \cdot m^{-1}$；

T——温度，单位为 K；

k——玻尔兹曼常数，$k = 1.3806505 \times 10^{-23} J \cdot K^{-1}$。

（2）诱导作用力　诱导作用力主要发生在极性分子与非极性分子之间，指在极性分子作用下，非极性分子被极化诱导出一个暂时的偶极矩，随后与原来的极性分子产生的定向作用力。

由经典静电学求得诱导作用能 E_D：

$$E_D = -\frac{2\mu^2\chi}{(4\pi\varepsilon_0)^2 r^6} \tag{2-2}$$

式中　χ——极化率，单位为 $C \cdot m^2/V$。

（3）分散作用力（色散力）　分散作用力主要发生在非极性分子之间。电子在绕核运动的某一瞬间，在空间各个位置上，电子的分布并非严格相同，将呈现出瞬间性周期变化的偶极矩，伴随这种周期变化的偶极矩有同步的（同频率的）电场，它使邻近的分子极化，邻近分子的极化反过来又使瞬变偶极矩的变化幅度增加。色散力就是在这样的反复作用下产生的。

应用量子力学微扰理论可以近似地求出分散作用能 E_L：

$$E_L = \frac{3\chi^2 I}{4(4\pi\varepsilon_0)^2 r^6} \tag{2-3}$$

式中 I——分子的电离能，单位为 kJ/mol。

分子间力 F 与分子间距离 r 的关系可用下式近似表示：

$$F = \frac{c_1}{r^m} - \frac{c_2}{r^n} \tag{2-4}$$

式中 c_1、c_2——两个大于零的比例系数；

m——介于 9~15 之间的数；

n——介于 4~7 之间的数。

式 2-4 中第一项为正，表示斥力；第二项为负，表示引力。由于 m、n 都较大，所以分子间力随分子间距离的增加而急剧减小，故称为短程力。

分子间距离的大小决定了分子间力的性质。分子间的平衡距离 r_0 的数量级约为 10^{-10}m。当两个分子间的距离 $r = r_0$ 时，分子间的作用力为零；当两个分子间的距离大于 r_0 而在 10^{-10}~10^{-9}m 时，分子间力表现为引力；而当分子间的距离大于 10^{-9}m 时，引力很快趋于零。分子间力与分子间距离的关系如图 2-2 所示。

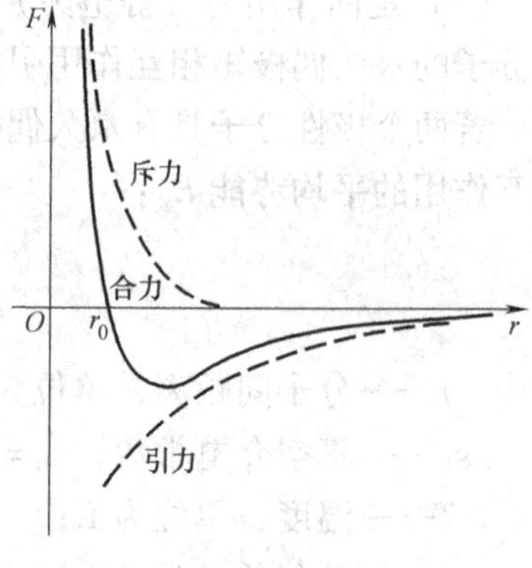

图 2-2 分子间力与分子间距离的关系（F 为分子作用力）

气体、液体和固体是物质的三种不同的聚集状态，这三种状态的基本差别在于分子间的距离和相互作用力大小的不同。固体的分子间距离最小，分子间力较强，分子只能在固定的平衡位置上振动，因此我们可以从宏观上看到固体具有一定的形状和体积，且不易被压缩。气体的分子间距离最大，分子间力最弱，分子能够进行平动、转动和振动，其无规则运动程度最大，所以从宏观上看，气体可以无限制地膨胀，均匀地充满任意形状的容器，而气体本身则没有具体的形状，且易被压缩。液体的分子间距离介于气体和固体之间，其分子间力与固体分子间力比较要小得多，而与气体分子间力比较又要大一些，因此，液体分子没有平衡位置，它们可以进行平动和转动，所以液体在宏观上具有一定的体积和流动性，其形状随容器的形状而定，难以压缩。

2.2 液体表面张力和表面自由能

2.2.1 液体表面张力

1. 液体表面张力的定义

液体表面如张紧的薄膜，有收缩至面积最小的趋势，如荷叶上的小水滴收缩成球形，玻璃板上的水银小滴收缩成球形，缝衣针可以轻轻地放在水面上而不下沉等，这些现象都说明液体表面有张力存在。这种存在于液体表面使液体表面收缩的力称为液体的表面张力。

图2-3所示为表面张力示意图，在图中用金属丝或细玻璃棒弯成方框，使其可以自由移动，让液体在框中形成一层液膜，其中AB边为活动边，长为L。为保持表面平衡不收缩，就必须在AB边上施加一个与液面相切的力F_1于液膜上。可以想象在达到平衡时必然存在一个与F_1大小相等、方向相反的力，这个力来自液体本身，是液体固有的，即表面张力f。而且薄膜边界的长度L越大，表面张力就越大。换言之，只有施加一定的外力F_1，才能使液膜稳定存在。由于液膜有厚度，分前、后两个表面，因此边缘的总长度为$2L$。当达到平衡时，则有

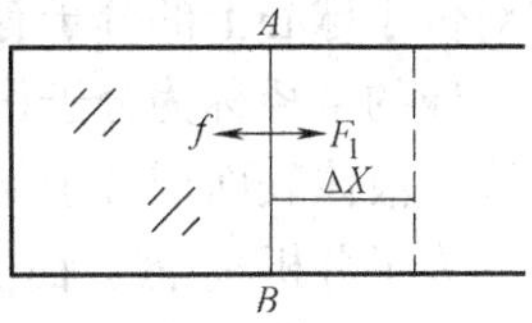

图2-3　表面张力示意图

$$F_1 = f = 2\alpha L \tag{2-5}$$

式中　f——表面张力，单位为N；

L——活动边AB的长度，单位为m；

α——表面张力系数，单位为N/m。

由式（2-5）可得

$$\alpha = \frac{F_1}{2L} \tag{2-6}$$

从图2-3可以看到，液膜扩大时，表面积变大；液膜收缩时，表面积变小，这意味着表面上的分子被拉入液体内部。液膜收缩时，力的方向总是与液面平行（相切）的，因此，从力学角度看，表面张力是在液体（或固体）表面上垂直于任意单位长度且与表面相切的收缩力。表面张力系数α在数值上等于沿液体表面作用在分界线单位长度上的表面张力，通常以N/m或mN/m为单位，两者换算关系为。

$$1\text{N/m} = 10^3\text{mN/m}$$

一般液体的表面张力系数约为40×10^{-3}N/m。液体能否润湿固体，与其表面张力有关。表面张力系数小的（30×10^{-3}N/m左右），几乎能润湿一切固体；水的表面张力系数较大，它只能润湿某些固体；汞的表面张力系数更大，则仅能润湿某些金属。表面张力系数是表征表面张力大小的物理量，是讨论液体表面现象、了解液体性质的重要物理参量。它与温度、压强、密度、纯度、气相或液相组成以及液体种类等有关，通常，密度小、容易蒸发的液体其表面张力系数较小。如液氢、液氦的表面张力系数很小，汞则很大。

一些常见液体的表面张力系数见表2-1。

表2-1　常见液体的表面张力系数（20℃）

液体名称	表面张力系数/（mN/m）	液体名称	表面张力系数/（mN/m）
水	72.8	丙酮	23.7
苯	28.9	苯乙酮	39.8
甲苯	28.5	乙醚	17.0
甲醇	22.5	乙醇	22.4
硝基苯	43.9	汞	486.5
油酸	32.5	煤油	23.0
松节油	28.8	乙酸乙酯	27.9
水杨酸甲酯	48.0	苯杨酸甲酯	41.5
四氯乙烯	35.7	甘油	65.0
丙酸	26.7	醋酸	27.6

2. 液体表面张力的产生

（1）液体表面层分子　如果以 10^{-9}m 为半径作一球面，显然只有在这个球面内的分子才对位于球心上的分子有作用力。分子作用球是指分子引力作用范围是半径为 10^{-9}m 的球形，球的半径称为分子作用半径。液体表面下厚度等于分子作用半径的一层液体称为液体表面层，液体表面层分子与内部分子周围的环境不同。

为了分析气-液界面上分子的受力情况，假设液体中有分子 A 与分子 B，如图 2-4 所示，由于分子 B 处于液体内部，必须考虑四周液体分子对于分子 B 的作用。但是由于分子间力随距离增大而减小得很快，实际上只需考虑那些相近的分子作用就够了。由于液体的密度远大于气体的密度，因此液-液分子的分子间力远大于气-液分子的分子间力，这使液体表面层分子的受力情况不同于液体内部分子。在液体内部，落在分子 B 的分子作用球内的其他分子数目很大，这些分子对分子 B 的作用力方向各不相同，但大小相等，液体内部某一分子所受其他分子作用力的合力就等于零。但对于液体表面层分子 A 则不同，分子作用球只有一部分在液体内部，而有一部分在液体外部。这时可以看出，在不同方向上作用于分子 A 的分子数并不相等，它们作用在分子 A 上的力平均起来并不互相抵消，因此表面层分子受到一指向液体内部的合吸力，通常称为净吸力。由于有净吸力的存在，液体表面的分子有被拉入液体内部的倾向，所以表面分子受到被拉入液体内部的作用力。分子距液面越近，作用于表面层分子上的引力就越大。

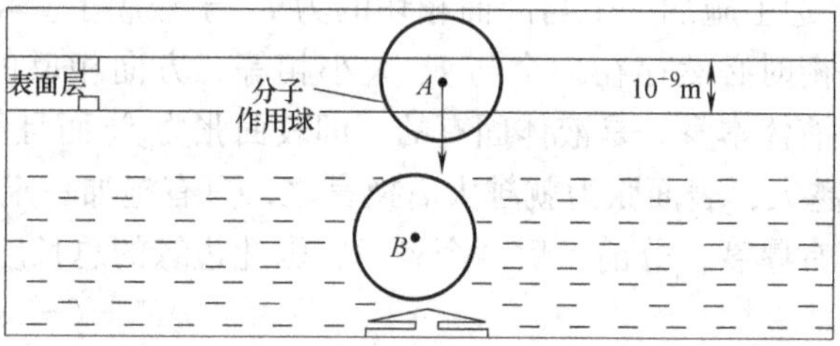

图 2-4　液体表面层分子与液体内部分子受力情况

（2）液体表面层的分子间力　处于液体表面层的分子在不停地运动着，表面层与气体及液体内部存在着频繁的分子交换。根据气体分子动力理论和液体扩散理论，20℃时，每秒至少有 2.9×10^{20} 个分子从气体进入 $1\mathrm{cm}^2$ 的液体表面层，又有同样多的分子从液体表面层进入气体。液体表面层中的分子与紧挨着的内部液体间的分子交换更快，可达 1.7×10^{25} 个/s·cm^2。因此，在一个新分割开尚未达到平衡的液体表面层中，分子由于受到指向内部的引力而具有较高的势能，它离开液体表面层进入液体内部的趋势将大于液体内部分子进入液体表面层的趋势。这使得在单位时间内有较多的分子离开液体表面层，较少的分子进入液体表面层，于是，剩下较少的分子占有液体表面层空间。因此，液体表面层中的分子分布比液体内部稀疏，即液体表面层二维空间内分子间距离变大，如图 2-5 所示。从分子间力与距离的关系来看，距离大于平衡值时分子间引力将大于斥力，因此液体表面层中的分子间表现为相互吸引力。

可以设想在液面上有一条线段 MN，它把液面划分成 1 和 2 两部份，如图 2-6 所示。因为液体表面层中的分子间表现为相互吸引力，因此线段 MN 两侧液面均有收缩的趋势，即有表面张力作用。这些表面张力的方向都与液面相切，并且与线段 MN 垂直；它们大小相等，方向相反，分别作用在两部分液面上，分别用 f_1、f_2 表示，f_1、f_2 恰为一对作用力与反作用力，即 $f_1=-f_2$。这种液体表面层中任意两部分间相互的牵引力促使液体表面层具有收缩的趋势，在宏观上就表现为液体表面有收缩的趋势。表面张力的方向和液面相切，并和两部分的分界线垂直，如果液面是平面，表面张力就在这个平面上，如图2-7c所示；如果液面是曲面，表面张力就在这个曲面的切面上，如图2-7a、b所示。

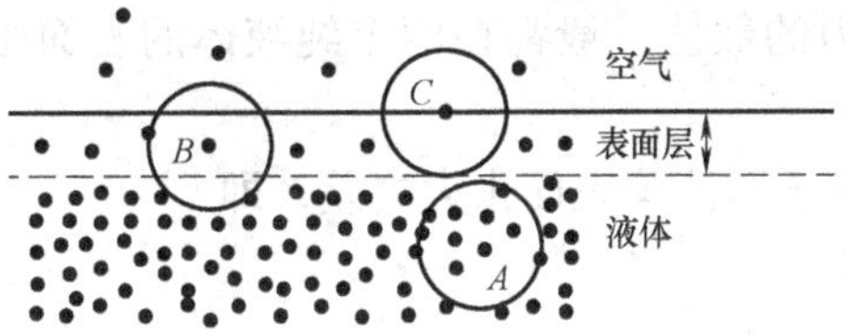

图2-5　液体表面层分子分布示意图

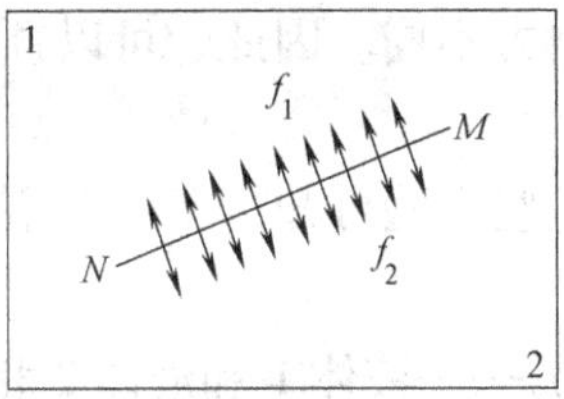

图2-6　液体的表面张力

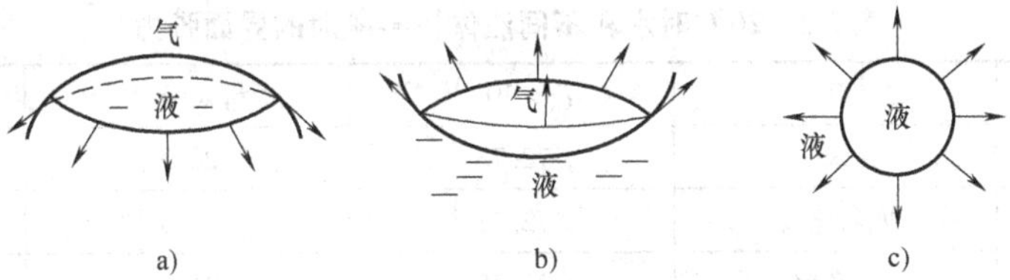

图2-7　几种特殊曲面表面张力方向

a）凸液面　b）凹液面　c）平液面

（3）液体表面张力产生的原因　液体表面层的分子与液体内部的分子所受的力场是不同的。分子之间存在短程的相互作用力，即范德华力。范德华力由静电力、色散力和诱导力等分量组成，处在液体内部的分子受到周围同种分子的相互作用力，从整体来说分子间力是对称的，相互抵消。但是处在液体表面层中的分子没有被同种分子完全包围，在气-液界面上的分子受到指向液体内部的液体分子的吸引力，也受到指向气体的气体分子的吸引力。因此气-液界面上的分子受到指向液体内部并垂直于界面的引力，这种分子间的引力主要是范德华力。从液相内部将1mol分子移到液体表面层要克服这种分子间引力做功，从而使系统的能量增加；反之，液体表面层分子移入液体内部，系统能量下降。因为系统的能量越低越稳定，故液体表面具有自动收缩的能力。因此，表面张力产生的根本原因是分子间力的不平衡。

3. 影响液体表面张力的主要因素

（1）物质的本性　不同的物质具有不同的表面张力，主要是由于不同物质的分子间力不同。相互作用强烈，不易脱离体相，表面张力就大。如水分子间因为有氢键作用，所以水是常见液体中表面张力较大的液体。表2-1中所列为一些纯液体的表面张力系数，由表中数据可知：

1）液态金属的表面张力大是由于金属键的强度大，使其相对移动困难。在室温下，液态物质中汞的表面张力最大。

2）有机液体的表面张力一般均小于50mN/m，其中非极性液体（如烷烃等）的表面张力较含极性基团的有机液体（如醇、酸等）的表面张力小，在有机同系物中分子量大的液体表面张力较大。

纯物质的表面张力与分子的性质有关，通常有

$$f_{金属键} > f_{离子键} > f_{极性共价键} > f_{非极性共价键} \tag{2-7}$$

（2）相界面的性质　液-液界面张力是指两种互不相溶或部分互溶液体相互接触时，在界面上的表面张力。和液-气界面张力一样，液-液界面张力产生的原因是两种液体对界面层分子的吸引力不同。因此，可以预料液-液界面张力的数值一般都在两个纯液体的表面张力之间。

通过一些实验可知，不少液-液界面张力恰好等于两液体表面张力之差，即

$$f_{12}=f_1-f_2 \tag{2-8}$$

式中　f_1、f_2——液体 1 和液体 2 相互饱和后的表面张力；

f_{12}——两者的界面张力。

式（2-8）称为 Antonoff 规则。表 2-2 所列为 20℃时水和不同液体相接触时的界面张力。

表 2-2　20℃时水和不同液体相接触时的界面张力　（单位：N/m）

A	B	$f_A \times 10^{-3}$	$f_B \times 10^{-3}$	$f_{AB} \times 10^{-3}$
水	苯	72.75	28.9	35.0
水	四氯化碳	72.75	26.8	45.0
水	正辛烷	72.75	21.8	50.8
水	正己烷	72.75	18.4	51.1
水	汞	72.75	470.0	375.0
水	辛醇	72.75	27.5	8.5
水	乙醚	72.75	17	10.7

（3）温度的影响　由于温度升高使分子热运动加剧，体系体积膨胀，分子间距离增大，分子间引力减小，表面张力减小。换言之，一般液体的表面张力温度系数（($d\alpha/dT$) 为负值；也有表面张力温度系数为正值的，如 Cu、Cd 等。同时，温度升高，液体的饱和蒸气压增大，气体的分子密度增加，也使气体分子对液体表面层分子的引力增大，导致液体表面张力减小。

（4）压力的影响　因为液体表面层物质密度低于液体体相密度，所以表面张力随压力的增大而增大。但实际情况则相反，表现为表面张力随压力的增大而减小。这是因为气体压力增加，气体中物质在液体中的溶解度增加，并可能产生吸附，会使表面张力减小。压力对液体表面张力的影响很小，即使实际观测到压力对表面张力有某些影响，也可能是由于气体的吸附与溶解引起的。因此，液体表面张力一般随气体压力的增大而减小。例如 20℃时，水在 0.098MPa 压力下表面张力为 72.8mN/m，在 9.8MPa 压力下为 66.4 mN/m。

（5）液体内所含杂质的影响　在液体内加入杂质，液体的表面张力系数将显著改变，有的使其表面张力系数 α 值增大，有的使其表面张力系数 α 值减小。使 α 值减小的物质称为表面活性物质。常用的表面活性物质称为表面活性剂，其在渗透检测中起到的作用见第 2.7.8 小节。

2.2.2　液体表面自由能

下面从功能关系来阐述表面张力系数与液体表面能的关系。液体表面层分子所处的状态不同于液体内部分子。液体内部分子间的吸引力可以相互抵消，其合力为零，所以分子在液体内部从其一位置移到另一位置时，不需要消耗额外的能量；液体表面层分子则不然，它们

受到一垂直于液体表面但指向液体内部的引力，要把液体分子从液体内部移到液体表面层，就必须克服这种指向液体内部的引力而消耗功，可见液体表面层分子比液体内部分子具有更高的能量。这个差值称为表面自由能，简称 Gibbs 自由能，符号为 G 。根据热力学的基本关系有

$$dG = -SdT + Vdp + \alpha dA + \sum_i \mu_i dn_i \tag{2-9}$$

式中　S——熵；

T——热力学温度；

V——体积；

p——压力；

α——表面张力系数；

A——表面积；

μ_i——该体系中某组分的含量；

n_i——组分；

i——微量组分。

在恒温、恒压和恒组分时，有

$$dG = \alpha dA \tag{2-10}$$

增加表面积所做的功 δW_f 应等于表面自由能的增量 dG

$$dG = \alpha dA = \delta W_f$$

显然，表面积 A 增大得越多，所消耗的功也越多，表面自由能增量越大，由式（2-10）得

$$\alpha = \left(\frac{\partial G}{\partial A}\right)_{T,p,n}$$

表面张力系数 α 的物理意义是：在恒温（T）、恒压（p）和恒组分（n）时，每增加单位表面积所引起的表面能增量。其单位是 J/m^2 或 N/m。

如图 2-3 所示，将 AB 边无摩擦、匀速、等温地右移 Δx，在 AB 边上加的力 $F_1 = 2\alpha L$ ，则在这个过程中外力 F_1 所做的功为

$$W = F_1 \Delta x = \alpha \Delta A$$

其中，$\Delta A = 2L\Delta x$，是 AB 向右移动过程中液面面积的增量。外力克服分子间引力做功，表面能增加，若用 ΔG 表示表面能增量，则

$$\Delta G = W = \alpha \Delta A$$

$$\alpha = \frac{\Delta G}{\Delta A} = \frac{W}{\Delta A}$$

表面张力系数在数值上等于增加单位液体表面积时外力所做的功，从能量的角度看，其大小等于增加单位液体表面积时所增加的表面自由能。

在 $dT = 0$、$dp = 0$ 和恒组分条件下，自发过程的 $dG < 0$，由于表面张力系数 α 总为正值，故自发过程只能是表面积减少的过程，即 $dA < 0$。对于一定体积的液体而言，只有球形的表面积最小，任何其他形状的液滴变为球形液滴均是表面积减小的过程，即自发过程，这正是水滴、汞滴是球形的原因。

总之，液体表面张力和表面自由能是分别采用力学和热力学方法研究液体表面性质时所用的物理量。它们代表的物理概念是不同的，液体表面张力是液体表面层分子间实际存在的表面收缩力；液体表面自由能是形成一个新的单位表面时体系自由能的增加，或表示物质体相内部的分子迁移到表面时，形成一个单位表面所要消耗的可逆功。

显然，若一体系的表面积为 A，表面张力系数为 α，则体系的表面自由能为

$$G=\alpha A \tag{2-11}$$

式（2-11）表明，体系的表面张力系数和表面积越大，则表面自由能越大。

根据热力学的最小自由能原理，表面自由能减小的过程是自动进行过程。从式（2-11）可以看出，表面自由能减小有三种可能，减小表面积 A，减小表面张力系数 α，或者两者同时减小。

（1）减小表面积 A　设表面张力系数 α 恒定，则体系表面自由能的变化决定于表面积的变化，这时有

$$\Delta G=\alpha\Delta A$$

若 $\Delta A<0$，则 $\Delta G<0$，这是恒温恒压下过程自动发生的条件。

（2）减小表面张力系数 α　设表面积 A 恒定，则体系表面自由能变化决定于表面张力的变化，这时有

$$\Delta G=A\cdot\Delta\alpha$$

若 $\Delta\alpha<0$，则 $\Delta G<0$，因此表面张力减小的过程能自动进行。表面张力减小是吸附作用发生的热力学原因。

2.3　润湿现象

润湿是指在固体表面上一种流体取代另一种与之不相混溶的流体的过程。最常见的润湿现象是一种液体从固体表面置换空气，如水在玻璃表面为置换空气而铺开。润湿是因液体与固体接触时两者的分子间引力（即黏附力）引起的。润湿的程度（或润湿能力）是由液体和固体的黏附力及各种内聚力决定的。把不同类分子间引力（如液-气、液-固、气-固）引起的两类物质间的黏结作用称为黏附力；把同类分子间引力（如液-液、气-气、固-固）引起的同类物质的凝聚和抱团作用称为内聚力。当一滴液体落于固体表面时，黏附力促使液滴在表面上铺开，而内聚力则促使液滴保持球状并避免与表面更多的接触。由于接触角也是黏附力与内聚力共同作用的结果，因此接触角也从另一方面反映润湿程度。润湿可分为沾湿（adhesional wetting）、浸湿（immersion）和铺展（spreading）三种类型。

2.3.1　润湿现象的定义

在表面洁净的玻璃板上滴一滴水，水滴将迅速铺开并附着在玻璃上；而如果将水银滴到玻璃上，水银会自动收缩成球形。由此可知，当液体与固体接触时有两种情况，一种是液体与固体的接触面有扩大的趋势，液体易于附着固体，称为润湿现象；另一种是液体与固体的接触面有收缩的趋势，液体不易于附着固体，称为不润湿现象。润湿与不润湿现象是在液体、固体及气体这三者相互接触的表面上所产生的特殊现象，是固体表面结构与性质、液体的性质以及固-液界面分子间相互作用等微观特性的宏观结果。

液体接触并附着在固体表面发生润湿时，固-气界面消失，形成新的固-液界面。在该过程中能量（自由能）必然会发生变化，自由能变化的大小可作为润湿作用的尺度，即用体系表面能降低的多少来衡量液体对固体的润湿程度，降低得越多，润湿程度越高。

如图2-8所示，设界面均为一个单位面积，固液接触前，体系的表面能为 $\gamma_L+\gamma_S$，固液接触后，体系的表面能为 γ_{SL}。因此，恒温恒压下固、液接触时体系表面自由能 ΔG 的变化为

$$\Delta G=\gamma_{SL}-\gamma_L-\gamma_S \tag{2-12}$$

式中　γ_{SL}——固体与液体的界面张力；

γ_L——液体的表面张力；

γ_S——固体与气体的表面张力。

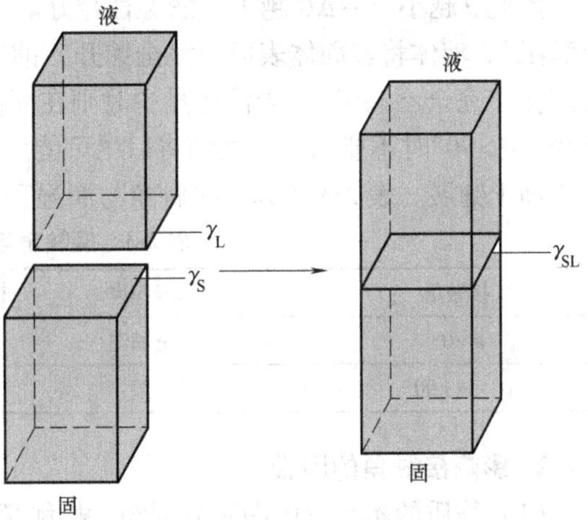

图2-8　固-液接触时表面自由能的变化

当体系自由能降低时，它向外做的功为

$$W_a=\gamma_L+\gamma_S-\gamma_{SL} \tag{2-13}$$

其中，W_a 称为黏附功。W_a 越大，体系越稳定，液-固界面结合越牢固，或者说此液体极易在此固体上黏附。所以，$\Delta G<0$ 或 $W_a>0$ 是液体润湿固体的条件。

2.3.2　接触角与杨氏润湿方程

1. 接触角与润湿方程的关系

在液体与固体接触面的边界处任取一点，作液体表面及固体表面的切线，这两条切线通过液体内部的夹角称为接触角，用 θ 表示。常见的润湿过程往往涉及气、液、固三相，因此存在着液-气、液-固与固-气三个界面，但三相之间的直接接触是在一条三相线上。在气-液-固系统的三相线上作用着三种界面张力，即液-气表面张力 γ_L、固-气表面张力 γ_S 和固-液界面张力 γ_{SL}，如图2-9所示，固-气界面张力 γ_S 力图把液体拉开，使液体往固体表面铺开。固-液界面张力 γ_{SL} 则力图使液体紧缩，阻止液体往固体表面铺开。液-气表面张力 γ_L 的作用则视 θ 的大小而定，它有时使液体紧缩，有时使液体铺开。根据力的平衡条件，三个界面张力应服从下列关系式：

$$\gamma_S=\gamma_{SL}+\gamma_L\cos\theta \tag{2-14}$$

式（2-14）称为润湿方程，是研究润湿的基本公式，是1805年由托马斯·杨（Thomas Young）给出的，故又称杨氏（Young）润湿方程。

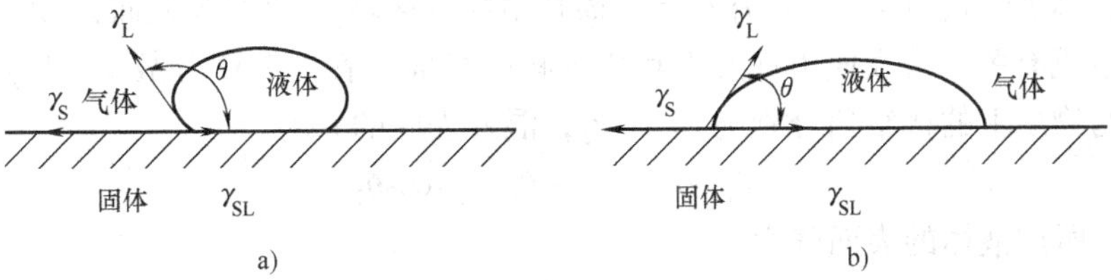

图2-9　固体的润湿和接触角

a）不润湿液体的接触角　b）润湿液体的接触角

将式（2-14）代入式（2-12），得

$$-\Delta G=\gamma_L+\gamma_L\cos\theta=\gamma_L\ (1+\cos\theta)$$

因此 θ 越小，$-\Delta G$ 越大，润湿性越好。当 $\theta=0°$ 时，$-\Delta G$ 最大，此时液体对固体“完全润湿”，液体将在固体表面上完全铺开，铺成一个薄层；当 $\theta=180°$ 时，$-\Delta G$ 最小，液体对固体“完全不润湿”，当液体量少时则在固体表面上缩成一个圆球。习惯上以 $\theta=90°$ 为分界线，$\theta>90°$ 时不能润湿，液滴将以尽可能大的程度呈球形；$\theta<90°$ 时能润湿，液体会在固体表面上铺展。表 2-3 所列为接触角与润湿程度的关系。

表 2-3　接触角与润湿程度的关系

接触角	润湿程度	接触角	润湿程度
$\theta=0°$	完全润湿	$90°<\theta<180°$	不润湿
$0°<\theta<90°$	润湿	$\theta=180°$	完全不润湿

2. 影响接触角的因素

（1）物质的本性　由润湿方程知，接触角 θ 由界面张力 γ_L、γ_{SL}、γ_S 决定。对于指定的固体，液体的表面张力越小，其在该固体上的接触角 θ 也越小。对同一液体，固体的表面自由能越大，接触角 θ 越小。

对同种固体而言，不同的液体与其接触时，接触角 θ 不同，如水能润湿玻璃，但水银与玻璃却产生不润湿现象；同一液体，对不同的固体而言，它的接触角 θ 也不同，它可能是润湿的，也可能是不润湿的，例如水能润湿干净的玻璃，却不能润湿石蜡。

（2）接触角的滞后现象　固-液界面扩展时形成的接触角称为前进角，常以 θ_a 表示；固-液界面回缩时的接触角称为后退角，常以 θ_r 表示。前进角与后退角常不相等的现象称为接触角的滞后现象，通常总是前进角大于后退角，这一现象产生的原因如下：

1）表面粗糙性。在粗糙表面上和在平滑表面上的接触角不相同。由于固体表面原子或分子的不可动性，固体表面总是高低不平的。以 r 表示的表面粗糙度（也称粗糙因子）表示真实的粗糙的固体表面积与相同体积假想的平滑的固体表面积之比，显然当 $r\geqslant1$ 时，r 越大，表面越粗糙。某液体在粗糙表面上的接触角 θ' 与在同一固体平滑表面上接触角 θ 之间的关系服从 Wenzel 方程，即

$$r\cos\theta=\cos\theta' \tag{2-15}$$

Wenzel 方程说明了表面粗糙程度对接触角的影响。由式（2-15）可知，θ 大于和小于 90°时，r 对接触角的影响不同。$\theta>90°$ 时，r 越大，接触角越大，表示润湿性越差；$\theta<90°$ 时，r 越大，接触角越小，表示润湿性越好。

2）表面不均匀性。固体表面有不同表面自由能的区域（如混合表面）使得接触角 θ 的大小与表面组成有关。若表面由性质 1 和 2 的物质组成，各占表面分数 γ_1 和 γ_2，某种液体在各纯组成的物质上的接触角分别为 θ_1 和 θ_2，混合表面的 θ 为

$$\gamma_L\cos\theta=\gamma_1\cos\theta_1+\gamma_2\cos\theta_2 \tag{2-16}$$

式中　γ_L——所用液体的表面张力。

式（2-16）称为 Cassie 方程。

固体表面在一定程度上的粗糙不平或化学组成不均一使得实际物体表面上的接触角并非如 Young 方程所示的取值唯一，而是在相对稳定的两个角度之间变化，这种现象被称为接触

角滞后现象，上限为前进接触角 θ_a，下限为后退接触角 θ_r，两者的差 $\Delta\theta = \theta_a - \theta_r$ 定义为接触角滞后性。

（3）吸附及其他因素　固体表面，特别是高能固体表面能自发地从周围环境中（气体或液体）吸附某些组分而降低表面自由能，同时也改变了表面性质，从而影响接触角 θ 的大小。其他如温度、液滴形成时间等都可能对接触角产生影响。

在渗透检测中，润湿性能是渗透剂的重要指标，综合反映了液体的表面张力和接触角两种物理性能指标。只有当渗透剂能充分地润湿试件表面时，渗透剂才能向狭窄的缝隙内渗透。接触角是表征渗透剂对试件表面或缺陷的润湿能力。

2.3.3　润湿现象产生的原因

在液体与固体的接触处，厚度约为分子作用半径的液体薄层，是液体与固体交界后液相的界面层，宏观上称为附着层。附着层内液体分子的运动主要受到两个力的影响：一个是固体分子对液体分子的吸引力，称为黏附力；另一是液体分子对液体分子的吸引力，称为内聚力。若固体分子与液体分子间的吸引力的作用半径为 r，而液体分子之间的吸引力作用半径为 R_0，则不妨设附着层的厚度是 r 与 R_0 中的较大者。现考虑附着层中的某一分子 A，它的分子作用球如图 2-10a 所示，分子作用球的一部分在液体中，另一部分在固体中。由于分子 A 的分子作用球内的液体分子的空间分布不是对称的，球内的液体分子对分子 A 的吸引力的合力不为零。这种附着层内分子所受液体分子的吸引力的合力称为内聚力，内聚力的方向垂直于液体与固体的接触表面而指向液体内部；附着层内分子所受固体分子的吸引力的合力称为附着力，附着力的方向是垂直于接触表面指向液体外部。虽然附着层中的分子离开固体与液体接触面的距离可各不相同，使所受到的内聚力与附着力也不同，但对于附着层内的分子来说，总存在一个平均附着力 $f_{附}$ 及平均内聚力 $f_{内}$。

当附着力大于内聚力时，即 $f_{附} > f_{内}$，分子 A 所受的合力 f 垂直于附着层并指向液体外部，液体内部分子的势能大于附着层中分子的势能，液体内部分子尽量挤进附着层，附着层有自发扩展的倾向。此时液体表面呈凹状，液-固间接触角为锐角。总能量最小的表面形状是图 2-10b 所示的弯月面向上的图形，这就是润湿现象，宏观上表现为液体润湿固体。

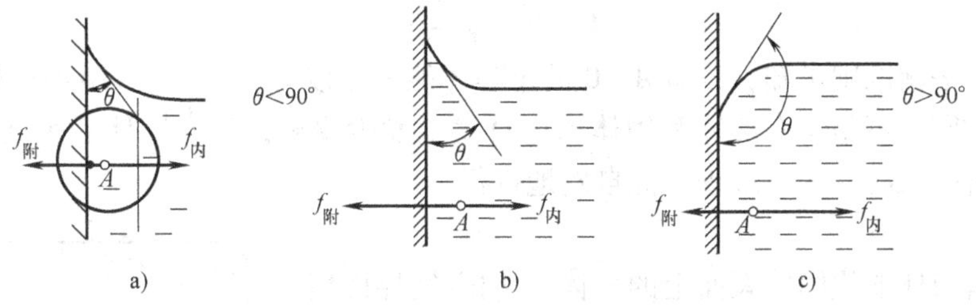

图 2-10　附着层分子作用示意图

a）附着层分子作用球　b）润湿弯月面　c）不润湿弯月面

当附着力小于内聚力时，即 $f_{附} < f_{内}$，分子 A 所受的合力 f 垂直于附着层并指向液体内部，液体内部分子的势能小于附着层中分子的势能，附着层中分子尽量挤进液体内部，这样

就有尽量减少附着层中分子的趋势，附着层有自发收缩的倾向此时液体表面呈凸状，液-固间接触角为钝角。如图 2-10c 所示的弯月面向下的表面形状，这就是不润湿现象，宏观上表现为液体不润湿固体。

2.3.4 润湿的三种类型

液体润湿固体、固-气界面消失和新的固-液界面产生有多种方式，所以润湿的类型也有多种。液体在固体表面上的润湿主要分为三类：沾湿、浸湿和铺展。

1. 沾湿

沾湿也称黏附润湿，主要在固-气界面与液-气界面转变为固-液界面的过程产生，如图 2-8 所示，界面均为一个单位面积，在恒温恒压条件下沾湿过程中表面自由能的变化由式（2-12）有

$$\Delta G = \gamma_{SL} - \gamma_S - \gamma_L = -W_a$$

式中 W_a——粘附功。

W_a 可理解为将单位面积的液-固界面分开为单位面积的气-固与气-液界面时所需的可逆功。显然 W_a 越大，体系越稳定，则液体越易沾湿固体。所以 $W_a \geq 0$ 是液体沾湿固体的条件。如喷洒农药时，农药附着于植物的枝叶上，这就是沾湿问题。

2. 浸湿

浸湿是指固体浸入液体的过程，此过程是固-气界面完全被固-液界面所取代，而气-液界面无变化。例如洗衣时将衣物泡在水中、织物染色前预先用水浸泡等就是浸湿过程。如图 2-11 所示，在恒温恒压下，浸湿过程中自由能变化为

$$\Delta G = \gamma_{SL} - \gamma_S = -W_i \quad (2\text{-}17)$$

式中 W_i——浸湿功。

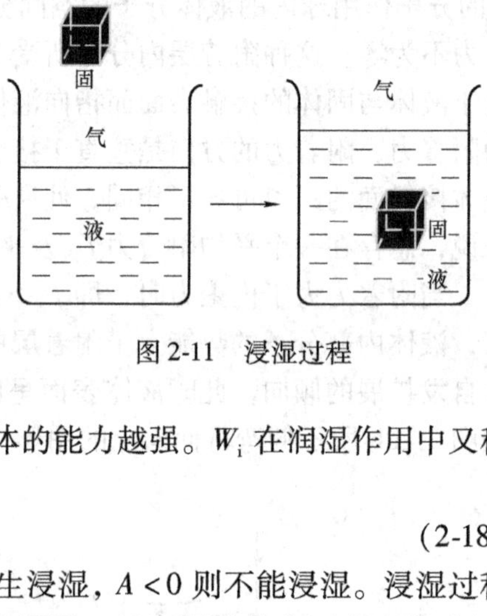

图 2-11 浸湿过程

浸湿功的大小可以反映液体在固体表面上取代气体的能力，W_i 值越大，则液体在固体表面上取代气体的能力越强。W_i 在润湿作用中又称为粘附张力，常用 A 表示

$$A = W_i = \gamma_S - \gamma_{SL} \quad (2\text{-}18)$$

由热力学平衡准则可知，只有 $A>0$ 的过程才能发生浸湿，$A<0$ 则不能浸湿。浸湿过程与沾湿过程不同，不是所有液体和固体均可自发地发生浸湿，只有固体的表面自由能比固-液的界面自由能大时，浸湿过程才能自发地进行。

3. 铺展

铺展是指液体取代固体表面上的气体，将固-气界面用固-液界面代替的同时，液体表面能够扩展的现象。如农药要能够在植物枝叶上铺展，以覆盖最大的表面积。如图 2-12 所示，在一定温度压力下，设铺展了单位面积，则体系表面自由能变化

$$\Delta G = \gamma_L + \gamma_{SL} - \gamma_S = -S \quad (2\text{-}19)$$

式中 S——铺展系数。

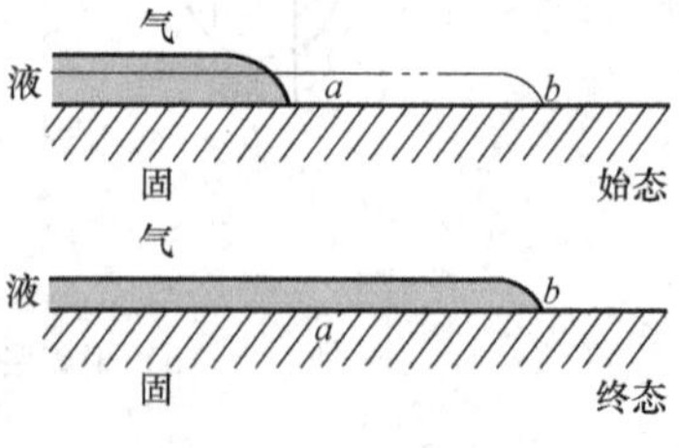

图 2-12 液体在固体表面上的铺展

$S>0$ 是液体在固体表面上自动铺开的条件。当 $S>0$ 时，只要液体的量足，就会连续地从固体表面上取代气体，自动铺满固体表面。

综上可见，三类润湿过程对固体表面来说在润湿程度上是有区别的。三种润湿发生的条件归纳如下：

$$\left.\begin{aligned} W_a &= \gamma_S - \gamma_{SL} + \gamma_L \geqslant 0 \\ A &= \gamma_S - \gamma_{SL} \geqslant 0 \\ S &= \gamma_S - \gamma_{SL} - \gamma_L \geqslant 0 \end{aligned}\right\} \tag{2-20}$$

这说明三种润湿过程均与黏附张力 A 有关。对于同一体系，三种润湿可依次表示为 $W_a>A>S$。因此，只要 $S>0$，必然有 $W_a>A>0$，即液体能够在固体表面铺展，则沾湿和浸润现象必然能够发生，反之则不一定。因此，铺展是润湿程度最高的一种润湿现象，通常可用 S 作为系统的润湿程度的指标。

在式（2-20）中，γ_S 与 γ_{SL} 的贡献是一样的，都以黏附张力 A 的形式起作用。显然 γ_S 越大，γ_{SL} 越小，（$\gamma_S-\gamma_{SL}$）的差值就越大，越有利于润湿。

γ_L 对三种润湿的贡献是不同的。对于沾湿，增大 γ_L 有利；对于浸湿，γ_L 的大小不起作用；对于铺展，减小 γ_L 有利。

尽管在原则上可以应用式（2-20）来判别润湿进行的程度，但是由于固体的表面张力难以测定，以致该式在应用上很不方便。但 Young 方程 $\gamma_S=\gamma_{SL}+\gamma_L\cos\theta$ 有助于解决此难题，将它代入式（2-20）各式中，可得

$$W_a = \gamma_L(1+\cos\theta) \tag{2-21}$$

$$A = \gamma_L\cos\theta \tag{2-22}$$

$$S = \gamma_L(\cos\theta - 1) \tag{2-23}$$

式（2-21）~式（2-23）表明，只要已知液体的表面张力与接触角 θ 即可算得 W_a、A 与 S。然而，式（2-21）~式（2-23）与式（2-20）有所不同，它们必须以服从 Young 方程为前提。换言之，当 $\gamma_S-\gamma_{SL}>\gamma_L$ 时，它们就不再成立，但式（2-20）却依然成立。虽然如此，式（2-21）~式（2-23）为我们提供了利用接触角 θ 判别润湿的依据。一般来说，接触角 θ 越小，润湿性就越好。如果把它们与式（2-20）所示的能量判别式结合起来，可以得到接触角与润湿类型的对应关系，见表 2-4。

因此，在以接触角表示润湿性时，习惯上就规定 $\theta=90°$ 为润湿与否的标准，即 $\theta>90°$ 为不润湿，$\theta<90°$ 为润湿。使用接触角 θ 也可以判定润湿以何种方式进行，当 $\theta\leqslant180°$ 时，可发生沾湿润湿现象；当 $\theta\leqslant90°$ 时，可发生浸湿润湿现象；当 $\theta\leqslant0°$（或 θ 不存在）时，可发生铺展润湿现象。

表 2-4 接触角与润湿类型

类 型	能量判别式	接触角判别
沾 湿	$W_a=\gamma_L(1+\cos\theta)\geqslant0$	$\theta\leqslant180°$
浸 湿	$A=\gamma_L\cos\theta\geqslant0$	$\theta\leqslant90°$
铺 展	$S=\gamma_L(\cos\theta-1)\geqslant0$	$\theta=0°$ 或 θ 不存在

2.4 弯曲液面下的附加压强与液体毛细现象

用小玻璃管吹一个肥皂泡后，将管口堵住，气泡可以在较长时间内存在。若不堵住管口，气泡就不断缩小，很快聚结成一个液滴。这是因为气泡是个弯曲液面，由于表面张力的作用，液体内部除了承受外界环境压强 p_0 外，还要加上因表面张力的作用产生的附加压强 Δp，附加压强 Δp 的大小与液体的表面张力及液面弯曲程度有关。

当把毛细玻璃管插入水中，水能润湿玻璃管壁，玻璃管内的液面呈凹形，在管中的水面会自发地上升到一定高度；当把毛细玻璃管插入水银中，水银不能润湿玻璃管壁，玻璃管内的液面呈凸形，在管中的水银面会自发地下降到一定高度。这种润湿管壁的液体在毛细玻璃管里呈凹面且上升，不润湿管壁的液体在毛细玻璃管里呈凸面且下降的现象称为毛细现象。毛细现象是由于弯曲液面下的附加压强而引起的液面与管外液面有高度差的现象。

2.4.1 弯曲液面下的附加压强

液体受到分子压强的作用，液体表面层有收缩的趋势，而且面积会收缩到最小。弯曲液面的面积比平液面大，在表面张力的作用下，弯曲液面会缩小为平液面，从而使凸液面对液体内部产生压应力，凹液面对液体内部产生拉应力。和具有平液面的液体所受的压强比较起来，弯曲液面内外存在一定的压强差，称为弯曲液面下的附加压强，用 Δp 表示，附加压强是由于表面张力存在而产生的。

1. 平液面

如图 2-13a 所示，在液体表面上取一小面积 ΔS，由于液面水平，表面张力沿水平方向，当平衡时，其边界上的表面张力相互抵消，ΔS 承受外界环境压强 p_0 与 ΔS 下液体受到的总压强 p 相等

$$p = p_0 \tag{2-24}$$

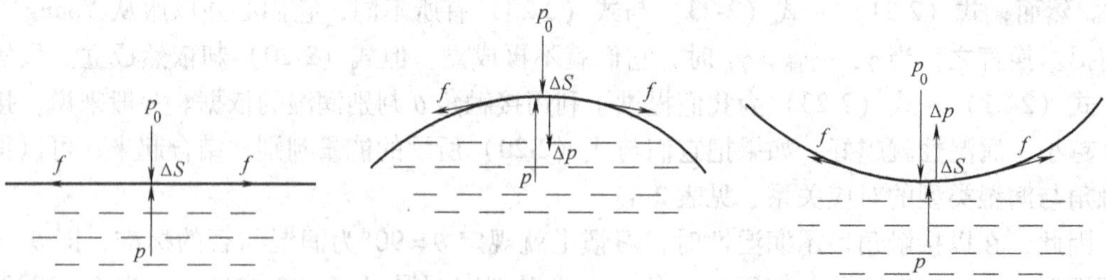

图 2-13 弯曲液面的附加压强

a）平液面 b）凸液面 c）凹液面

2. 弯曲液面

（1）凸液面 如图 2-13b 所示，边界上的表面张力沿切线方向，合力指向液面内，使液体受一个附加压强，由力平衡条件可知，凸液面下液体受到的总压强 p 为

$$p = p_0 + \Delta p \tag{2-25}$$

(2) 凹液面　如图 2-13c 所示，边界上的表面张力的合力指向外部，液面内部压强小于外部压强，凹液面下液体受到的总压强 p 为

$$p = p_0 - \Delta p \tag{2-26}$$

总之，由于表面张力的作用，在弯曲表面下的液体与平面不同，在曲界面两侧有压强差，或者说液体表面层处的分子总是受到一种附加的指向凹面内部的附加压强 Δp，从而使凸液面对液体内部产生压应力，凸液面液体表面层处的分子所受到的压力必大于平液面；凹液面对液体内部产生拉应力，凹液面液体表面层处的分子所受到的压力必小于平液面，即在曲率中心这一边的体相的压力总是比曲面另一边体相的压力大。

在一定温度下，对于同一种液体，由于液面曲率半径不同，附加压强也不相同；对于不同的液体，在液面曲率半径一定的情况下，由于表面张力不同，附加压强也不同。

2.4.2　附加压强与曲率半径的关系

在表面张力的作用下，弯曲液面两边存在的压强差为附加压强，附加压强的方向总是指向弯曲液面的曲率中心。曲面上某点的曲率是与该点相切圆半径 R 的倒数。凸液面的曲率为正，凹液面的曲率为负，平液面的曲率为零。对于规则的球形，球的半径则为曲率半径。弯曲液面下的附加压强与曲率半径及表面张力必有一定的定量关系，下面将推导附加压强和液面曲率的定量关系。

图 2-14 所示的曲面 $ABCD$ 是由相互垂直的平面截取的一个大曲面中的一部分，其边长分别为 x 和 y，主曲率半径分别为 R_1 及 R_2。体积扩大 $\mathrm{d}V$ 时，液面扩大 $\mathrm{d}A$，面积元变为 $A'B'C'D'$；相应地，AB 边长由 x 变为 $x+\mathrm{d}x$，BC 边长由 y 变为 $y+\mathrm{d}y$，扩张距离为 $\mathrm{d}z$，于是曲面的表面积增量 $\mathrm{d}A$ 为

$$\mathrm{d}A = \mathrm{d}(xy) = x\mathrm{d}y + y\mathrm{d}x$$

体积增加　$\mathrm{d}V = xy\mathrm{d}z$

此过程的表面自由能增量

$$\mathrm{d}G = \alpha\mathrm{d}A = \alpha(x\mathrm{d}y + y\mathrm{d}x)$$

这个表面自由能增量是由曲面上的压强差使表面外移所做的功，故

$$\delta W_f = \Delta p\mathrm{d}V = \Delta pxy\mathrm{d}z = \mathrm{d}G$$

$$\Delta pxy\mathrm{d}z = \alpha(x\mathrm{d}y + y\mathrm{d}x)$$

$$\Delta p = \frac{\alpha(x\mathrm{d}y + y\mathrm{d}x)}{xy\mathrm{d}z} \tag{2-27}$$

由图 2-14 可见，ΔAO_1B 与 $\Delta A'O_1B'$ 相似，ΔBO_2C 与 $\Delta B'O_2C'$ 相似，于是

$$\mathrm{d}x = \frac{x\mathrm{d}z}{R_1} \qquad \mathrm{d}y = \frac{y\mathrm{d}z}{R_2}$$

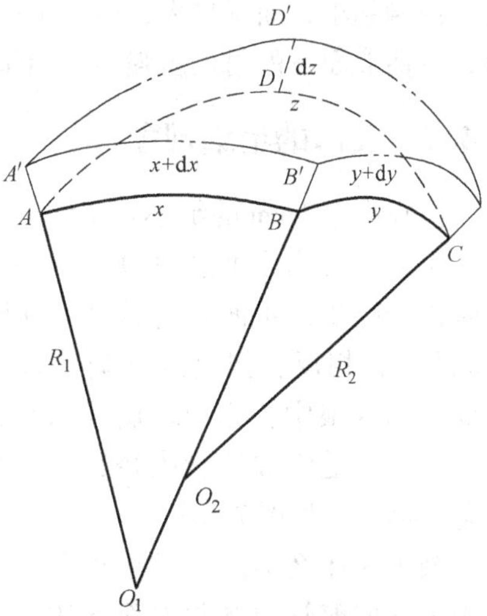

图 2-14　附加压强与曲率半径的关系

将 $\mathrm{d}x$、$\mathrm{d}y$ 的关系式代入式 (2-27)，得

$$\Delta p = \alpha\left(\frac{1}{R_1} + \frac{1}{R_2}\right) \tag{2-28}$$

式 (2-28) 称为拉普拉斯 (Laplace) 公式。如果液滴不是圆的，而在液面上某点的曲

率半径为 R_1 和 R_2，则该点之下的附加压强可由式（2-28）求得，拉普拉斯公式表达了任意弯曲液面下的附加压强。式（2-28）有几种常见的特殊情况：

（1）平面　$R_1=R_2=\infty$，则 $\Delta p=0$，即平液面上不存在压强差。

（2）球面　$R_1=R_2=R$，则

$$\Delta p=\frac{2\alpha}{R} \tag{2-29}$$

对于凸液面，液滴和玻璃管中的凸液面可视为球面，凸液面下的压强为

$$p_{凸}=p_0+\Delta p=p_0+\frac{2\alpha}{R}$$

这时凸液面下的压强大于平液面。

对于凹液面，液体中的气泡、玻璃管中的凹液面也可视为球面，凹液面下的压强为

$$p_{凹}=p_0-\Delta p=p_0-\frac{2\alpha}{R}$$

这时凹液面下的压强小于平液面。

对于肥皂泡，由于有内、外两个液-气界面，则 $\Delta p=2\times\frac{2\alpha}{R}=\frac{4\alpha}{R}$

（3）圆柱面　$R_1=R, R_2\to\infty$，则

$$\Delta p=\alpha\left(\frac{1}{R_1}+\frac{1}{R_2}\right)=\frac{\alpha}{R} \tag{2-30}$$

式中　R——圆柱底面半径。

从拉普拉斯公式可以看出，对于同种液体来说，弯曲液面下的附加压强与曲率半径成反比，液滴越小，曲率越大，所产生的附加压强越显著；对于不同种液体来说，曲率半径相同时，弯曲液面下的附加压强与表面张力成正比。附加压强的方向总是指向曲面的球心。

2.4.3　液体的毛细现象

内径小于1mm的细小管子称为毛细管，如毛细玻璃管。把毛细玻璃管插入可润湿的水中，可看到管内水面会升高，且毛细玻璃管内径越小，水面升得越高，如图2-15a所示；相反，把毛细玻璃管插入不可润湿的水银中，毛细玻璃管内水银面会降低，且毛细玻璃管内径越小，水银面降得越低，如图2-15b所示。

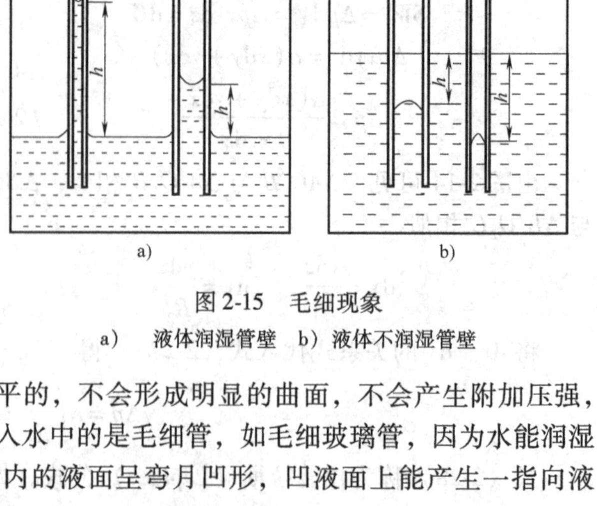

图2-15　毛细现象

a）液体润湿管壁　b）液体不润湿管壁

液体为什么会产生毛细现象呢？这是由毛细玻璃管中弯曲液面下的附加压强引起的。若将内径较大的管子插入可以润湿的水中，虽然管内的水面在接近管壁处有些隆起，但管内的水面大部分是平的，不会形成明显的曲面，不会产生附加压强，故管内外液面处于相同高度。但是，若插入水中的是毛细管，如毛细玻璃管，因为水能润湿玻璃，且接触角 $\theta<90°$，这时毛细玻璃管内的液面呈弯月凹形，凹液面上能产生一指向液

体外部的附加压强，由于附加压强的作用，凹液面下的液体所承受的压力将小于管外水平液面下液体所承受的压力，所以液体将被压入管内使液柱上升，直到上升液柱所产生的静压强与附加压强在数值上相等时才达到平衡。若液体不润湿毛细玻璃管，如水银对玻璃那样，接触角 $\theta>90°$，这时管内液面呈弯月凸形，凸液面产生的附加压强指向液体内部，因而促使毛细玻璃管内的液面下降。

2.4.4　毛细管内液面的高度

1. 液体润湿管壁

以毛细玻璃管为例，管子刚插入水中时，因为水能润湿玻璃，接触角小于90°，这时毛细管内的液面呈弯月凹形，如图2-16所示。$p_C=p_0$，$p_B<p_0$，B、C 点为等高点，但 $p_B<p_C$，所以液体不能静止，管内液面将上升，直至 $p_B=p_C$ 为止，此时

$$p_A=p_0-\frac{2\alpha}{R}$$

$$p_B=p_A+\rho gh=p_0-\frac{2\alpha}{R}+\rho gh$$

当 $p_B=p_C=p_0$ 时，有

$$h=\frac{2\alpha}{\rho gR}=\frac{2\alpha\cos\theta}{\rho gr}$$

$$R\cos\theta=r$$

其中完全润湿时

$$\theta=0,\ R=\frac{r}{\cos\theta}=r,\ h=\frac{2\alpha}{\rho gR}=\frac{2\alpha}{\rho gr}$$

2. 液体不润湿管壁

毛细玻璃管刚插入水银中时，因为水很不能润湿玻璃接触角 θ 大于90°，这时毛细玻璃管内液面呈弯月凸形，如图2-17所示。$p_C=p_0$，$p_B>p_0$，B、C 点为等高点，但 $p_B>p_C$，所以液体不能静止，管内液面将下降，直至 $p_B=p_C$ 为止，此时

$$p_A=p_0+\frac{2\alpha}{R}$$

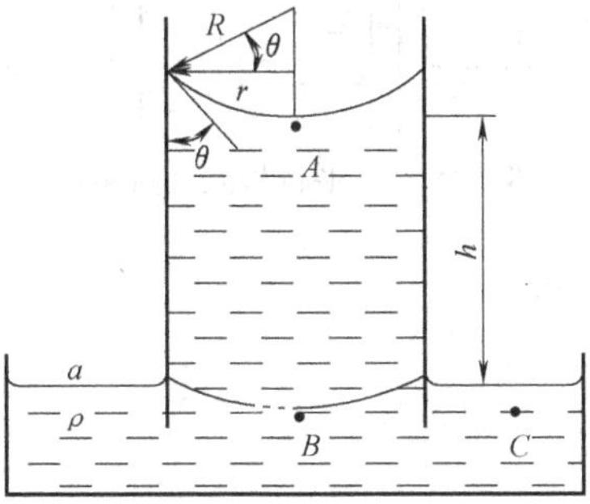

图2-16　润湿液体在毛细管内上升

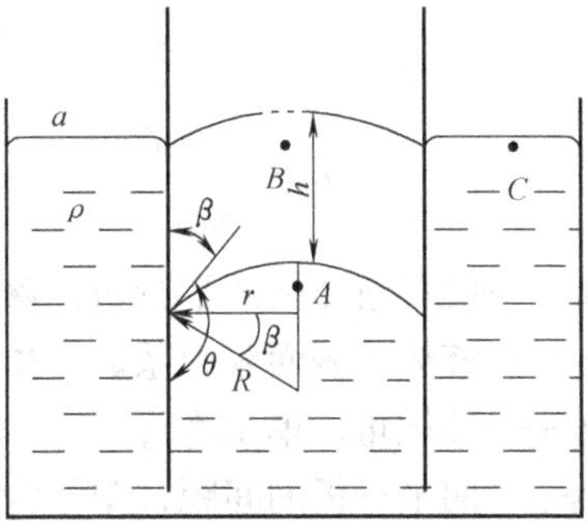

图2-17　不润湿液体在毛细管内下降

又由 $p_A=p_C+\rho gh$，可得

$$h=\frac{2\alpha}{\rho gR}=-\frac{2\alpha\cos\theta}{\rho gr}$$

其中

$$R\cos\beta=R\cos(\pi-\theta)=-R\cos\theta=r$$

综上所述，一般液体在毛细管内液面高度为

$$h=\pm\frac{2\alpha\cos\theta}{r\rho g}\tag{2-31}$$

式中 h——液体在毛细管内液面高度，单位为 cm；

α——液体的表面张力系数，单位为 mN/m；

θ——接触角，单位为（°）；

r——毛细管内壁半径，单位为 cm；

ρ——液体密度，单位为 g/m^3；

g——重力加速度，单位为 cm/s^2。

利用毛细管法测定液体的表面张力系数，则有

$$\alpha=\frac{rh\rho g}{2\cos\theta}\tag{2-32}$$

前面我们已经讲过，表面张力的存在是弯曲液面下产生附加压强的根本原因，而毛细现象则是弯曲液面具有附加压强的必然结果。

3. 平行板间润湿液面的高度

润湿液体在间距很小的两平行板间也有毛细现象，如图 2-18 所示。该润湿液体的液面为弯月凹形，弯月凹形液面对内部液体产生的附加压强 $\Delta p=\alpha/R$（R 为凹液面所在圆的半径）。若液体与平行板接触角为 θ，板间距离为 d，液体表面张力系数为 α，则有

$$R=\frac{d/2}{\cos\theta}$$

又有

$$\Delta p=\frac{2\alpha\cos\theta}{d}=\rho gh$$

因此

$$h=\frac{2\alpha\cos\theta}{d\rho g}\tag{2-33}$$

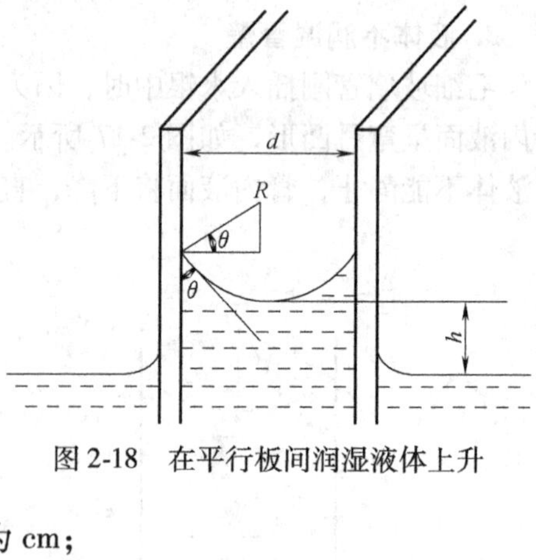

图 2-18 在平行板间润湿液体上升

式中 h——润湿液体在两平行板内液面高度，单位为 cm；

α——液体的表面张力系数，单位为 mN/m；

θ——接触角，单位为°；

d——两平行板的间距，单位为 cm；

ρ——液体密度，单位为 g/m^3；

g——重力加速度，单位 cm/s^2。

比较式（2-33）和式（2-31）可知，在间距为 d 的平行板间，润湿液体上升的高度恰为相同液体在直径为 d 的管内上升高度的一半。

4. 缺陷内液面的高度

渗透检测中，渗透剂渗入到试件表面开口的细小缺陷中以及显像剂吸出已渗透到缺陷中的渗透剂，它们的实质是液体的毛细现象。对于表面开口的点状缺陷（如气孔、砂眼）的渗透，相当于渗透剂在毛细管内的毛细作用；对于表面条状缺陷（如裂缝、夹杂和分层断面的缝隙）的渗透，相当于渗透剂在间距很小的两平行板间的毛细作用。在实际检测中，试件中的缺陷按渗透剂的渗透方向分穿透性缺陷、非穿透性缺陷和横向缺陷。上述讨论的毛细管内液面高度的计算公式只适用于穿透性缺陷，但试件中的穿透性缺陷是不常见的，常见的是非穿透性缺陷，而非穿透性缺陷的一端是封闭的，如图 2-19 所示。下面讨论非穿透性缺陷试件在渗透试验中液面的高度。

如图 2-19a 所示，假定缺陷为开口于试件表面的缝隙，但不是穿透试件壁厚的缺陷。渗透剂必须能润湿试件表面才能渗透到细小的缝隙中去，当渗透剂涂覆于有开口缺陷的试件表面时，具有足够润湿性能的渗透剂将润湿缺陷内表面，根据润湿液体的毛细现象，缺陷内将形成一个向液体内凹的弯月面，并且在弯月面上产生附加压强，方向指向液体之外。显然，这个附加压强是有利于渗透剂向缺陷内进一步渗透的（它是渗透剂向缺陷内渗透的主要动力）。由于实际缺陷的宽度很小，即图中的 d 很小，根据润湿液体在平行板间的毛细现象，这个弯月面上的附加压强为 $\Delta p=\dfrac{2\alpha\cos\theta}{d}$，$d$ 越小，则 Δp 就越大。这个附加压强迫使渗透剂往缺陷内渗透的同时，将缺陷内已被渗透剂封闭的气体压缩。随着渗透剂的进一步渗入，缺陷内气体的体积将越来越小，而受压气体产生的反压强将越来越大，直到气体的反压强和液面上的附加压强完全平衡为止。如果考虑试件外大气压强 p_0，则平衡时有

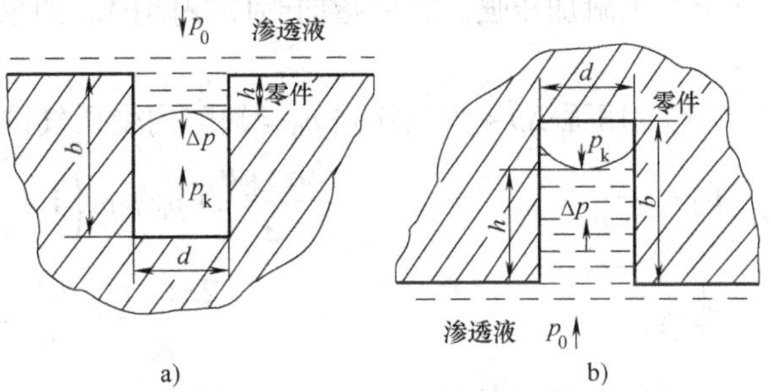

图 2-19　非穿透性缺陷模型

a）下端封闭　b）上端封闭

附加压强 Δp + 大气压强 p_0 + 液柱产生的压强 = 缺陷内受压气体的反压强 p_k　(2-34)

玻意耳-马略特定律指出，对于一定质量的气体，若温度保持不变，则其压力与体积成反比。

设液体开始渗入凹槽时，槽内气体压强为 p_0、体积为 V_o，液体渗入槽内并处于平衡状态时，槽内气体压强为 p_K、体积为 V，则由玻意耳-马略特定律可得 $\dfrac{p_0}{p_K}=\dfrac{V}{V_0}$。由于凹槽深度方向上各断面面积是相同的，因此

$$\frac{V}{V_0}=\frac{b-h}{b}$$

则

$$\frac{p_0}{p_K}=\frac{b-h}{b} \tag{2-35}$$

$$p_K=p_0\left(\frac{b}{b-h}\right)=p_0\left(1+\frac{h}{b-h}\right)$$

把 Δp、p_K 代入到式（2-34）中，得

$$\frac{2\alpha\cos\theta}{d}+p_0+\rho gh=p_0\left(1+\frac{h}{b-h}\right)$$

即有

$$\frac{2\alpha\cos\theta}{d}+\rho gh\approx\frac{p_0h}{b}$$

式中 ρ——渗透剂的密度。

整理后得液面高度

$$h=\frac{2\alpha b\cos\theta}{d(p_0-\rho gb)} \tag{2-36}$$

对于图 2-19b 所示的非穿透性缺陷，缺陷内将形成一个向液体内凹的弯月面，并且在弯月面上产生附加压强，方向指向封闭缺陷内。如果考虑试件外大气压强 p_0 的话，则平衡时有

附加压强 Δp + 大气压强 p_0 = 缺陷内受压气体产生的反压强 p_K + 液柱产生的压强

即有

$$\frac{2\alpha\cos\theta}{d}+p_0=p_0\left(1+\frac{h}{b-h}\right)+\rho gh$$

即有

$$\frac{2\alpha\cos\theta}{d}\approx\frac{p_0h}{b}+\rho gh$$

整理后得液面高度

$$h=\frac{2\alpha b\cos\theta}{d(p_0+\rho gb)} \tag{2-37}$$

分析式（2-36）和式（2-37）可知，非穿透性缺陷开口位于试件的上表面和下表面对渗透剂的渗透深度是有影响的：渗透剂渗入到缺陷内形成液柱的重力，对于缺陷开口位于试件的上表面的情况，对渗透深度是有利的；相反，对于缺陷开口位于试件的下表面的情况，对渗透深度是不利的。表面张力系数 α 大一些，渗透深度 h 也相应增大，同时渗透剂在弯月面上的附加压强也将增大，有助于提高渗透速度。但从液体分子受力的角度分析，弯月面边界上的液体分子要向槽内渗透必须满足 $\gamma_S-\gamma_{SL}>\gamma_L\cos\theta$，且 α 不能太大，否则将不利于液体向凹槽内渗透，即难以保持不等式 $\gamma_S-\gamma_{SL}>\gamma_L\cos\theta$ 的成立。因为当渗透剂确定以后，γ_{SL} 和 γ_S 将是一个常量。当然，α 也不能取得太小，如果 α 取得太小，液体挥发性就大，以致在施加显像剂时，已不能显示缺陷。

渗透剂在向缺陷内渗透的过程中，按上述情况建立起来的平衡关系属于不稳定平衡。因为缺陷内存有气体，它所产生的反压强是很大的。如果缺陷呈细长状，渗透剂未完全封闭整个缺陷表面，而由于外界的某种原因，如敲击、振荡（包括超声振荡）等，缺陷内气体就会以气泡形式冒出液面。这样缺陷内受压气体产生的反压强就会减小，渗透剂对缺陷内壁的润湿程度就会增大，处于固、液、气三相界面上的液体分子就会建立新的平衡。因此，只要渗透剂的量足够多，渗透时间足够长，多数情况下渗透剂是能充满缺陷内槽的。

穿透性缺陷内的空气是很容易排出的，渗透剂向缺陷内渗透比较容易。图 2-20 所示为横向缺陷的渗透过程，渗透过程的驱动力是由弯月面产生的附加压强 Δp

$$\Delta p=\frac{2\alpha\cos\theta}{d/2} \tag{2-38}$$

式中　d ——缺陷宽度；

θ ——接触角。

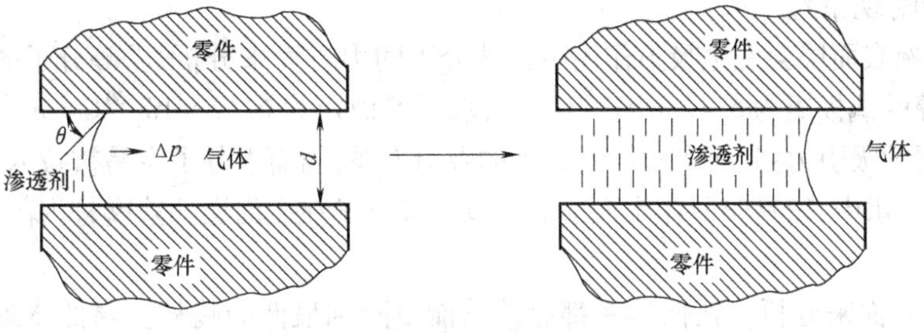

图 2-20　横向缺陷渗透过程

当 $0° \leqslant \theta < 90°$ 时，Δp 向着气体一方，渗透过程可以自发地进行。

渗透检测所用显像剂的颗粒直径是微米级，甚至更小。因此这些粉末微粒之间可以形成许多直径很小的毛细管。当这些粉末覆盖在试件表面上时，渗透剂能润湿显像剂粉末，缺陷中的渗透剂容易在上述毛细管内上升。由毛细现象可知，微粒间形成的毛细管半径越小，弯曲液面产生的附加压强就越大，即 $\Delta p = \dfrac{2\alpha}{R}$ 或 $\Delta p = \dfrac{\alpha}{R}$。因此，缺陷中的渗透剂势必会被显像剂微粒充分吸附上来并加以扩展，使试件上微细的缺陷得到放大显示，易于人眼观察。

例 1　用半径为 0.1cm 的毛细管，以毛细管法测定一液体的表面张力系数，测得平衡时液面的上升高度为 1.43cm，已知此液体的密度为 0.997g/cm^3，试计算该液体的表面张力系数（$\cos\theta = 1$）。

解：

$$h = \frac{2\alpha\cos\theta}{\rho g r}$$

因此

$$\alpha = \frac{h\rho g r}{2\cos\theta} = \frac{1.43 \times 0.997 \times 980 \times 0.1}{2}\text{mN/m} = 69.86\text{mN/m}$$

例 2　在完全润湿的情况下，毛细管的半径为 0.1cm，水的表面张力系数 $\alpha = 72\text{mN/m}$、密度为 1g/cm^3，求水在毛细管中上升高度（$\cos\theta = 1$）

解：

$$h = \frac{2\alpha\cos\theta}{r\rho g}$$

因此

$$h = \frac{2 \times 72}{0.1 \times 1 \times 980}\text{cm} = 1.47\text{cm}$$

2.5　吸附现象

在不相混溶的两相接触时，两相中的某种或某几种组分的浓度与它们在界面相中的浓度不同的现象称为吸附。若界面相中的浓度高于体相中的浓度，则称为正吸附；反之，若界面相中的浓度低于体相中的浓度，则称为负吸附。能吸附其他组分的物质称为吸附剂，被吸附的物质称为吸附质。

2.5.1　液体表面的吸附现象

在一定温度下纯液体的表面层组成和内部相同，但加入溶质后，溶液的表面层组成

（浓度）往往和溶液内部不同。例如，戊醇在水表面层的浓度比内部大得多，而 NaCl 在水表面层的浓度比内部稍小一点。物质在表面层浓度不同于内部浓度的现象叫做溶液表面的吸附作用（或吸附现象）。

为什么溶液表面层会发生吸附作用呢？从分子间力方面来分析，戊醇分子的极性较水分子的极性小，戊醇的偶极矩为 $5.47\times10^{-30}\mathrm{C\cdot m}$，水的偶极矩为 $6.17\times10^{-30}\mathrm{C\cdot m}$。在戊醇的水溶液中，水分子间的吸引力强，而水对戊醇分子的吸引力弱，因而水分子容易被拉入水中，而戊醇分子则较难被拉入水中，较易停留在水面上。所以戊醇分子在表面层的浓度较内部大，发生正吸附现象。

从热力学方面来分析，任何体系都有使其能量降到最低的趋势。降低体系表面自由能可以降低整个体系的能量。要使表面自由能减少有三种可能：减少总的表面积 A，或是减小表面张力 γ，或者两者同时减小。显然，在恒温下纯液体降低表面自由能的唯一办法是竭力缩小其表面积。但对于溶液，还可以通过调节溶质在表面层上的浓度来达到目的。在 20℃ 时，纯水的表面张力为 72.8mN/m，戊醇的表面张力为 23.8mN/m，即 $\gamma_{戊醇}<\gamma_{水}$。如果表面张力较小的戊醇分子在戊醇水溶液内的浓度大于表面层，那么这种液体的表面层分子受到指向溶液内部的引力要大，使溶液表面张力增高，从而使整个体系能量增高，这与能量趋于最低的原则是相违背的，因此只有戊醇分子自动聚集到表面层使溶液表面张力减小，才能达到体系处于能量最低的稳定状态。这时戊醇在溶液表面层浓度大于内部的浓度发生正吸附现象。

把 NaCl 溶入水中的情况则相反，因为 Na^+ 和 Cl^- 受水的吸引强，并且液态 NaCl 的表面张力比水大，所以发生负吸附现象。

表面层与溶液内部的浓度差又必然引起溶质分子和溶剂分子之间的扩散作用，以使浓度一致，最后可以达到平衡。

总之，对于上述溶液的表面吸附现象概括如下。在一定的温度和压力下，由一定量的溶质和溶剂所形成的溶液，当溶液表面积一定时，降低溶液表面自由能的唯一途径是尽可能减小溶液的表面张力，如果溶剂中溶入溶质后表面张力减小，溶质会从溶液内部自动聚集到溶液表面层，增大表面浓度使溶液的表面张力减小得更多一些，这就是正吸附现象；另一方面，若加入溶质会使溶液表面张力增加，则表面层上的溶质会自动地离开表面层进入溶液内部，与均匀分布相比这样也会降低表面自由能，这就是负吸附现象。

凡是能使溶液表面张力升高的物质，皆称为非表面活性物质；凡是能够使溶液表面张力降低的物质，皆称为表面活性物质，即表面活性剂。表面活性剂在溶液表面上的吸附是表面活性剂的基本性质，有关表面活性剂在溶液表面上的吸附内容见 2.7.7 小节。

在一定温度下，溶液的表面张力 γ 随溶质浓度 c 变化的曲线称表面张力等温线，对表面张力等温线的数学描述称为表面张力等温式。表面张力等温式不仅是 $\gamma\sim c$ 关系的定量表达，而且它在计算溶液的表面吸附量时是必不可少的。1878 年，吉布斯（Gibbs）用热力学方法推导出了溶液表面张力随浓度的变化率 $\mathrm{d}\alpha/\mathrm{d}c$ 与表面吸附量 Γ 之间的关系式，即吉布斯等温式

$$\Gamma=-\frac{c}{RT}\frac{\mathrm{d}\gamma}{\mathrm{d}c} \tag{2-39}$$

式中　c——溶液本体浓度；

Γ——单位面积的表面层所含溶质的摩尔数与在溶液本体中同量溶剂所含溶质摩尔数的差值，称为表面吸附量；

γ——溶液的表面张力；

T——温度；

R——通用气体常数。

在式（2-39）中，当 $d\gamma/dc<0$ 即表面张力随浓度增加而降低时，$\Gamma>0$，即溶质在表面层发生正吸附，这时溶质在表面上的浓度比溶液内部的大；当 $d\gamma/dc>0$ 即表面张力随浓度增加而升高时，$\Gamma<0$，即溶质在表面上发生负吸附，这时溶质在表面上的浓度比溶液内部的小。这一结论与实验结果是完全一致的。

溶质在表面层的吸附量随浓度的变化在不同浓度区域内有不同的规律，如图 2-21 所示。

1）当浓度很低时，吸附量与浓度成正比关系。由于浓度极稀时，表面层"空"着的面积很多，活性分子（溶质分子）被吸附的机会很多。

2）当浓度适中时（稍大时），吸附量随浓度增大而增大，但不成正比关系。这时表面层大部分面积已被活性分子占据，尽管浓度增加，活性分子进入表面层的机会却大大减小了。

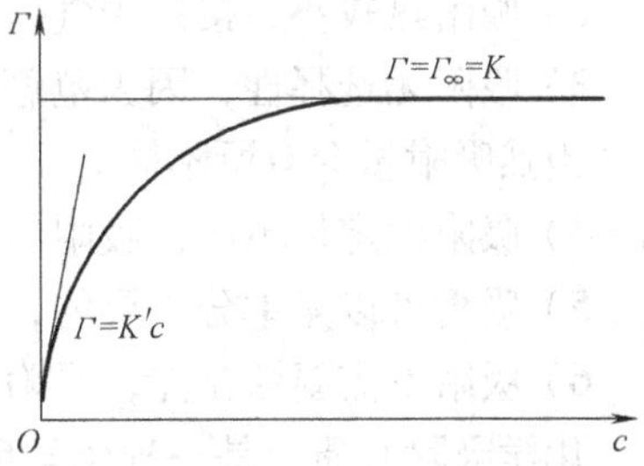

图 2-21　吸附量随浓度的变化

3）当浓度较大时，吸附量为一恒定值，不再随浓度的增大而增大，表明吸附已达到饱和状态。表面层几乎被活性分子占据，已经很难再容纳活性分子了。所以即使再增加浓度也不再吸附了。此时的吸附量称为饱和吸附量 Γ_∞。

吸附量 Γ 本来的定义是表面上溶质的超出量，但达到饱和吸附时，本体浓度与表面浓度相比很小，可以忽略不计，因此可以把饱和吸附量近似看做是单位表面上溶质的摩尔数。

在同一浓度之下，不同系列的化合物或同系物中不同的化合物比较，吸附量 Γ 是不相同的。吸附达到饱和状态时，同系物中不同的化合物（如具有不同长度直碳氢键的脂肪酸）其饱和吸附量相同。因为达到饱和，表面层几乎完全被溶质分子占据（实际上表面层中完全被溶质占据而没有溶剂分子是不可能的），而且同系物中不同化合物的区别只是碳氢键的长短不同，而分子的截面积是相同的，所以它的饱和吸附量是相同的。

2.5.2　固体表面的吸附现象

在固体表面上的分子力处于不平衡或不饱和状态，由于这种不饱和的结果，固体会把与其接触的气体或液体溶质吸引到自己的表面上。这种在固体表面进行物质浓缩的现象，称为固体吸附。

固体表面是不均匀的，即使从宏观上看似乎很光滑，但从分子水平上看是凹凸不平的；固体表面上的分子与液体一样，受力也是不对称的。正由于固体表面结构不均匀性和表面分子受力不对称，它可以吸附气体或液体分子，使表面自由能下降。而且固体表面分子不像液体表面分子可以移动改变其表面积的大小，要使表面自由能减小只能靠吸附。

某组分在某一相中浓度的减少不是因在界面上发生吸附，而是进入另一相的体相中，这种现象称为吸收。吸收的特点是物质不仅保持在表面，而且会通过表面分散到整个相。吸附则不同，物质仅在吸附表面上浓缩集成一层吸附层（或称吸附膜），并不深入到吸附剂内部。由于吸附是一种固体表面现象，只有那些具有较大内表面的固体才具有较强的吸附能力。

固体表面同样采用吸附量来衡量吸附剂的吸附能力。吸附量是指对指定的吸附剂、吸附质在一定的温度和气体压力下，当吸附达平衡时单位质量的吸附剂吸附吸附质的摩尔数或质量或标态体积，以 Γ 表示。

根据相互作用力性质的不同，可将固体吸附分为物理吸附和化学吸附两种。物理吸附是吸附质与吸附剂表面间物理力（分子间引力或称范德华力）作用而发生的吸附。物理吸附仅仅是吸附质与吸附剂之间的一种物理作用，不发生化学反应，是靠分子引力产生的，没有电子转移，没有化学键的生成与破坏，也没有原子重排。

物理吸附的特点如下：

1）吸附力是由固体和气体分子之间的范德华力产生的，一般比较弱。

2）吸附热较小，接近于气体的液化热，一般在 40kJ/mol 以下。

3）吸附无选择性，因为范德华力存在于任何分子之间，所以任何固体可以吸附任何气体，当然吸附量会有所不同。

4）吸附稳定性不高，吸附与解吸速率都很快。

5）吸附可以是单分子层的，但也可以是多分子层的。

6）吸附不需要活化能，吸附速率并不因温度的升高而变快。

化学吸附实质上是一种化学反应。它是由于固体表面与吸附气体分子化学键所形成的，是固体与吸附质之间化学作用的结果，有时它并不生成平常含义的可鉴别化合物。

化学吸附相当于吸附剂表面分子与吸附质分子发生了化学反应，在红外、紫外或可见光谱中会出现新的特征吸收带。化学吸附的特点如下：

1）吸附力是吸附剂与吸附质分子之间的化学键力，一般较强。

2）吸附热很大，接近于化学反应热，一般在 80 ~ 400kJ/mol 范围内。

3）吸附有选择性，固体表面的活性位只吸附与之可发生反应的气体分子，如酸位吸附碱性分子，反之亦然。

4）吸附很稳定，一旦吸附，就不易解吸。

5）吸附是单分子层的。因为化学吸附时，固体表面与吸附质之间要形成化学键，所以化学吸附总是单分子层的。

6）吸附需要活化能，温度升高，吸附和解吸速率加快。

物理吸附和化学吸附可以相伴发生，所以常需要同时考虑两种吸附在整个吸附过程中的作用。物理吸附和化学吸附的区别见表 2-5。

表 2-5 物理吸附和化学吸附的区别

吸附性质	物理吸附	化学吸附
吸附力	范德华力	化学键力
吸附分子层	单分子层或多分子层	单分子层
吸附选择性	无选择性	有选择性
吸附稳定性	不稳定，易解吸	较稳定，不易解吸
吸附热	较小，近于液化热	较大，近于化学反应热
吸附速率	较快，速率少受温度影响	较慢，升温速率加快

由于固体的吸附发生在表面，因此固体的吸附性能与其表面自由能密切相关。物质被细分成微粒后，其总的表面积急剧增大，吸附能力也得到增强。以 1g 某固体为例，其密度为 $2.2g/cm^3$，假定其表面自由能为 $150 \times 10^{-7} J/cm^2$，表 2-6 所列为将该晶体细分成小立方体时

总表面自由能和总表面积随粒径的变化。由表可见，随颗粒的细分，固体的总表面积大大增加，表面自由能也急剧增大，吸附能力自然大为提高。

表2-6 总表面自由能和总表面积随粒径的变化

边长/cm	总表面积 / cm^2	总表面自由能 / $\times 10^{-7}J/cm^2$	边长/cm	总表面积 / cm^2	总表面自由能 / $\times 10^{-7}J/cm^2$
0.77	3.6	540	0.001	2.8×10^3	4.2×10^5
0.1	28	4.2×10^3	10^{-4}	2.8×10^4	4.2×10^6
0.01	280	4.2×10^4	10^{-6}	2.8×10^5	4.2×10^7

比表面积可以表征物质分散程度。定义单位质量的吸附剂具有的表面积为比表面积，即

$$A_0 = A/W \tag{2-40}$$

式中 A_0——物质的比表面积，单位为m^2/g；

A——物质的总表面积，单位为m^2；

W——物质的质量，单位为g。

目前工业上常用的吸附剂主要有活性炭、活性炭纤维、活性氧化铝、硅胶和分子筛等。在渗透检测的显像过程中，显像剂粉末吸附缺陷中回渗的渗透剂，显像剂是吸附剂，渗透剂是吸附质。渗透检测过程中发生的吸附现象主要是物理吸附。

2.6 溶解现象

2.6.1 溶解与溶解度

溶解是指一种或一种以上的物质（固体、液体或气体）以分子或离子状态分散在液体分散媒的过程。其中被分散的物质称为溶质，分散媒称为溶剂。所谓溶解度是指在一定的温度和压力下，一定数量溶剂中溶质溶解达到饱和状态时已溶解的溶质数量。通常用100g溶剂里所能溶解溶质的质量（g）表示。

2.6.2 相似相溶经验规则

溶解的一般规律为相似者相溶。一方面化学结构相似的物质，彼此容易相互溶解，物质结构相似时，不同种类分子间的作用力和同种类分子间的作用力非常接近，它们彼此容易互溶；另一方面溶质与溶剂极性相似的物质，可以互溶，极性相似的物质，不同类分子间的作用力和同种物质分子间的作用力也很接近，所以彼此可以互溶。溶解度大小一般取决于溶剂的极性，所谓极性是用物质分子的偶极矩来衡量的。原子内的电子有一方被他方所强烈吸引时，原子内的电子排列发生不均衡，从而产生正负两极，称为电子偶极。偶极距越大，极性越强。极性溶剂溶解极性物质，非极性溶剂溶解非极性物质。极性越相近，则溶解度越高。

按照极性（介电常数ε）的大小，溶剂可分为极性（$\varepsilon=30\sim80$）、半极性（$\varepsilon=5\sim30$）和非极性（$\varepsilon=0\sim5$）三种。溶质分为极性物质和非极性物质。例如水和乙醇分子都有羟基，即都有极性，且极性相似，也就是说两者分子内聚能大小相近，因此两者不仅可以互溶，而且不受比例的限制；相反，因苯没有极性（即内聚能很小），水与苯内聚能相差很大，所以两者互不相溶。

非极性溶剂溶解非极性物质，因两者的内聚能都很小，不同分子之间的相互扩散和渗透也最终形成溶解现象。例如苯和甲苯可以完全互溶。

溶质能否在溶剂中溶解，除了考虑两者的极性外，对于极性溶剂来说，溶质和溶剂之间形成氢键的能力对溶解的影响比极性更大。

（1）极性溶剂　水和甘油等是常用的极性溶剂。水是强极性溶剂，可溶解电解质和极性化合物。极性溶剂的介电常数比较大，能减弱电解质中带相反电荷离子间的吸引力，产生“离子-偶极子结合”，使离子溶剂化（或水化）而分散进入溶剂中。而水对有机酸、糖类、低级醇类、醛类、低级酮、酰胺等的溶解是通过这些物质分子的极性基团与水形成氢键结合，即水合作用，形成水合离子而溶于水中。

（2）非极性溶剂　常用的非极性溶剂有氯仿、苯、液状石蜡、植物油和乙醚等。非极性溶剂的介电常数很低，不能减弱电解质离子间的吸引力，也不能与其他极性分子形成氢键。而非极性溶剂对非极性物质的溶解是由于溶质和溶剂分子间的范德华力作用的结果，溶剂分子内部产生的瞬时偶极克服了非极性溶质分子间内聚力而致溶解，而离子型的极性物质不溶于或仅微溶于非极性溶剂中。

（3）半极性溶剂　一些有一定极性的溶剂（如乙醇、丙二醇、聚乙二醇和丙酮等）能诱导某些非极性分子产生一定程度的极性而溶解，这类溶剂称为半极性溶剂。半极性溶剂可作为中间溶剂，使极性溶剂和非极性溶剂混溶或增加非极性物质在极性溶剂（如水）中的溶解度。如丙酮能增加乙醚在水中的溶解度。

相似相溶经验规则有一定的局限性，有些物质看起来很相似，但并不互溶。例如硝基甲烷不能溶解硝化纤维，氯乙烷不能溶解聚氯乙烯。

在液体渗透检测中所配制的渗透剂、清洗液和显像剂，绝大部分是由有机物配制成的，而且往往是由两种以上的有机物组成的。它们彼此混合后能形成一种稳定的分散体系，必须考虑物质间的相似相溶经验法则。

2.7　表面活性和表面活性剂

2.7.1　表面活性和表面活性剂的定义

若一种物质甲能显著降低另一种物质乙的表面张力，就说甲对乙具有表面活性。不同的表面活性物质其表面活性程度是不同的，一般在低浓度下能大大降低溶液表面张力的物质可以说是具有良好的表面活性的物质，即表面活性剂；否则，只能说这种物质（通常是两亲分子）具有表面活性。

纯液体是单组分体系，在指定温度下，它的表面张力是一定的，而溶液的表面张力不仅与温度有关，还与溶质的种类及浓度有关。在恒定温度下，将各种不同浓度的表面张力对浓度作图，所得曲线称为溶液表面张力等温线。常见的曲线有三类，如图2-22所示。

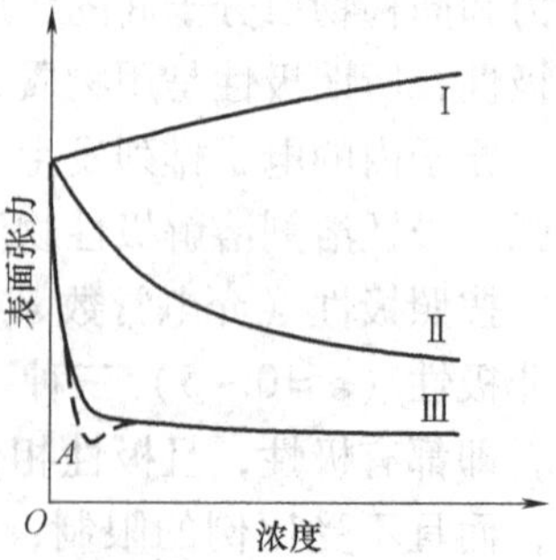

图2-22　溶液表面张力等温线

第一类：随着溶液浓度增大，溶液表面张力略有升高。

第二类：随着浓度的增大，溶液表面张力开始降低得较快，以后降低得较慢。

第三类：随着浓度的增大，溶液的表面张力开始急剧下降，达到一定浓度后，表面张力趋于恒定，几乎不再随浓度的增大而改变。

一般的无机盐（如 NaCl、Na_2SO_4、KNO_3、NH_4Cl 等）和不挥发性无机酸、碱（如 H_2SO_4、NaOH 等）溶液的表面张力随溶液浓度变化的趋势具有图 2-22 中曲线 I 的性质。由于这些物质的离子对水分子的吸引趋向于把水分子拉向溶液内部，因此在增加溶液表面积时所做的功中，还必须包括这部分静电引力所消耗的功，所以溶液的表面张力增大。

能使溶液表面张力显著减小的溶质即表面活性物质分为两种。一种是醇（ROH）、醛（RCHO）、酸（RCOOH）、酯（RCOOR′）、酮（RCOR′）等许多可溶性有机化合物，其溶液的表面张力随这类溶质浓度变化的趋势具有图 2-22 中曲线Ⅱ的性质；另一种是硬脂酸钠如肥皂 RCOONa、胺类（RNH_2）、烷基磺酸盐（RSO_3Na）、烷基硫酸盐（RSO_4Na）等，这类分子有着共同的特点，即分子是由亲水的极性基如—OH、—COOH 和憎水（亲油）的非极性基（碳氢基）组成。由于亲油基自发地趋向于表面而力图离开水，因此增大溶液单位表面积所需的功比纯水要小些，因此溶液表面张力降低，表面活性物质的分子易于在溶液表面上浓集。

第三类是少量的这类物质溶入，就能使溶液的表面张力急剧下降，但降低到一定程度之后，变化又趋于平缓，如图 2-22 中曲线Ⅲ的性质。

上述第二类物质和第三类物质都有表面活性，笼统称为表面活性物质，但只有第三类物质才称为表面活性剂。

2.7.2 表面活性剂分子的结构特点

表面活性剂分子一般由非极性的亲油疏水的碳氢链部分和极性的亲水疏油的基团共同构成。极性基易与水分子结合，具有亲水性质，故称为亲水基；非极性基是长链烃基，不易与水分子结合而易与油分子结合，具有亲油性质，故称为亲油基（也称为疏水基、憎水基）。一个表面活性剂分子的这两部分处于分子两端，形成形似火柴的不对称结构，亲水基为火柴头，对水和极性分子有亲和作用，亲油基为火柴梗，对油和非极性分子有亲和作用，因此表面活性剂具有“两亲”（又亲水又亲油）分子的特殊结构，称为两亲性质。

图 2-23 所示为表面活性剂两亲分子的结构。亲油基和水不能形成氢键，相互作用力也较弱；亲水基和水能生成氢键，相互作用力较强。碳氢链和水分子间并不存在排斥作用，只是它们间的吸引力小于水—水和极性基—水间的吸引力，故碳氢链表现出逃离水面而自相结合的趋势。由于表面活性剂两亲分子的结构，以及它在水溶液表面（或界面）呈定向排列，其极性端进入水相，非极性端进入空气相或油相，因而排列有序，如图 2-24 所示。由于排列在液体表面的极性头具有亲水性，因而能明显降低水的表面张力系数，改变了表面的润湿性能，并能产生乳化、破乳、起泡、消泡、分散、絮凝等方面的作用。

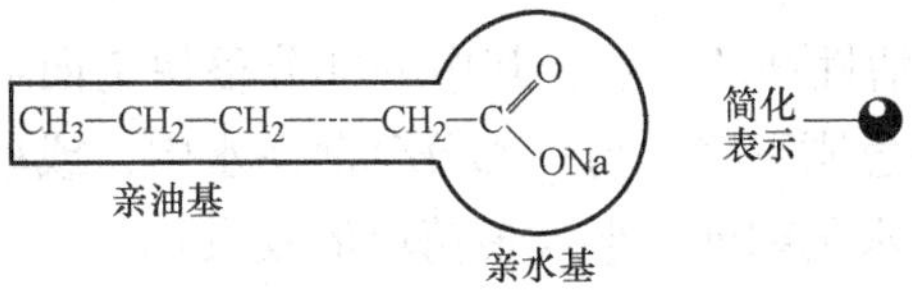

图 2-23　表面活性剂两亲分子的结构

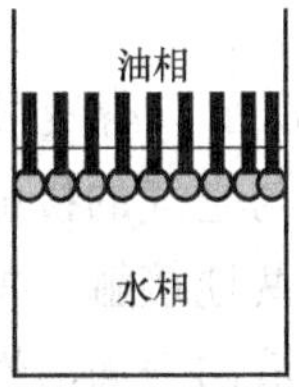

图 2-24　表面活性剂在两相界面的排列

构成表面活性剂的亲油基和亲水基的种类很多，有代表性的亲油基和亲水基见表 2-7。

表 2-7 表面活性剂的主要亲油基和亲水基

亲 油 基	亲 水 基
烷烃基 R—	羟酸基（脂肪酸基）—COONa
烷基苯基 R—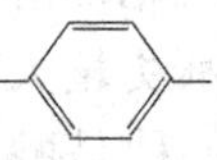—	羟基（多元基）—OH
烷基酚基 R—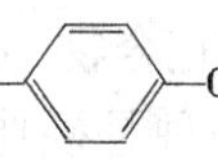—O—	硫酸基 —SO_3Na
脂肪酸基 R—COO—	硫酸酯基 —OSO_3Na
脂肪酸酰胺基 R—CONH—	磷酸盐 —P(=O)$(ONa)_2$
脂肪醇基 R—O—	胺盐、季铵盐 —N^+—$(CH_3)_2$
脂肪胺基 R—NH—	吡啶鎓盐 —N^+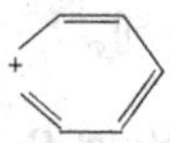
马来酸烷基酯基 R—O—C(=O)—CH_2—CH_2—C(=O)—O—R	氨基酸 —NH—CH_2CH_2COONa
烷基酮基 R—C(=O)—CH_2—	甜菜碱 —N+$(CH_3)_2CH_2COO$—
聚氧丙烯基 —O$\!\left(\text{CH(CH}_3\text{)—CH}_2\text{—O}\right)_n$—	氧乙烯基 —CH_2CH_2O—

表面活性剂加入水中，刚开始表面张力随表面活性剂浓度的增大而急剧减小，以后则大体保持不变（图 2-22 中曲线Ⅲ），表面活性剂的这一性质是由其分子的两亲结构决定的。如图 2-25 所示，随着表面活性剂浓度增大，水溶液中表面活性剂分子按 a ~ d 的顺序变化。

如图 2-25a 所示，在浓度极低时，空气和水的界面上还没有聚集很多的表面活性剂，几乎还是直接接触着的，水的表面张力减小得不多，近于纯水状态，单层分子的排列没有那么整齐。

如图 2-25b 所示，溶液很稀时，稍稍增大表面活性剂的浓度，其中一部分很快定向地排列在水面，使水与空气的接触面减小，使表面张力急剧下降，另一部分分散在水中，或单独存在，或三三两两地接触，把亲油基靠在一起，亲水基朝外，形成最简单的胶束。

胶束是当溶液内表面活性剂分子数目不断增加时，其亲油部分相互吸引，结合在一起，亲水部分向着水，几十个或更多分子结合在一起形成的结合粒子。

如图2-25c所示，当表面活性剂浓度达一定数值时，液面上排满了一层定向的表面活性剂分子，形成单分子膜。若再增加浓度，表面活性剂分子只能进入溶液，几十、几百地聚集在一起，形成亲油基向里、亲水基向外的胶束。表面活性剂在液面定向排满一层形成单分子膜的最低浓度称为临界胶束浓度，相当于曲线开始平缓部分所对应的浓度。

图2-25d所示为表面活性剂溶液浓度已大于临界胶束浓度时表面活性剂分子的状态，此时如再增加表面活性剂，由于这时液面已经形成单分子膜，空气和水的接触面积不会再缩小，溶液内胶束数目增多，聚集数增加，表面张力是不变的。此状态对应图2-22中曲线Ⅲ的水平部分。

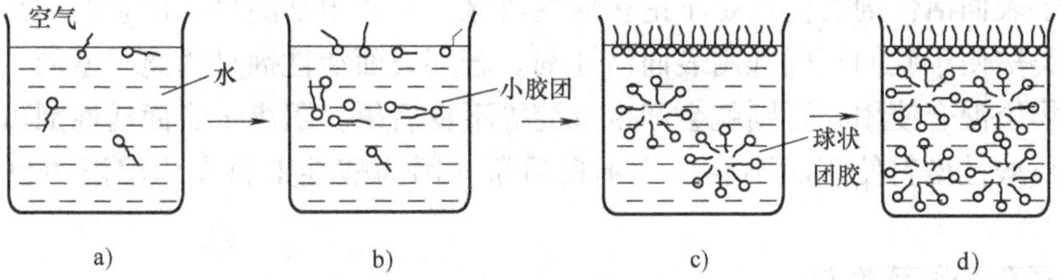

图2-25 表面活性剂的浓度变化和在溶液内形成胶束的过程

a）极稀溶液 b）稀溶液 c）临界胶束浓度的溶液 d）大于临界胶束浓度的溶液

优良的表面活性剂不但要具有亲水基和亲油基，而且它们的亲水、亲油性强弱必须匹配。亲油性太强会完全进入油相，亲水性太强则完全进入水相，因而不会像表面活性剂那样在油-水界面上定向排列，从而改变界面的性质。亲水基的强弱主要取决于亲水基的种类和数量，而亲油基的强弱除受基团种类结构影响外，还受烃链长短的影响。

一般地，亲油基为直链或支链烷烃，以8～20个碳原子为宜；亲油基为烷基酚或苯基，以8～16个碳原子为宜；若亲油基为烷基或萘基，则烷基数一般为2个，每个烷基碳原子数在3个以上。对于亲水基，其亲水性除取决于本身性质外，还取决于其数量，如多元醇中含有多个羟基，或聚环氧乙烷中含较多的氧乙烯基—CH_2—CH_2—O—，则会得到较强的亲水性。

2.7.3 表面活性剂的分类

表面活性剂的性质主要由亲水基决定，因此表面活性剂通常按亲水基结构和性质分类。而亲水基的结构可分为两大类：溶解于水后能离解成离子的离子型表面活性剂和在水中不能溶解的非离子型表面活性剂。

1. 离子型表面活性剂

离子型表面活性剂按其所带电荷种类可以分为阴离子、阳离子和两性离子表面活性剂。

1）阴离子表面活性剂：羧酸盐、硫酸酯盐、磺酸盐和磷酸酯盐等。例如

$$RCOONa \rightarrow RCOO^- + Na^+$$

2）阳离子表面活性剂：胺盐、季铵盐等。例如

$$C_{28}H_{37}NH_3Cl \rightarrow C_{28}H_{37}NH_3^+ + Cl^-$$

3）两性离子表面活性剂：氨基酸（R_2NHR_2COOH）、氨基磺酸和它们的盐（$R_2NHR_2SO_3Na$）。两性离子表面活性剂在酸性和碱性溶液中可以显示不同的物质。例如氨基酸在等电带显示非离子性

$$R_2NHR_2COOH \rightleftharpoons RNH_2^{+} + R_2COO^{-}$$

在碱性带显示阴离子性

$$R_2NHR_2COOH + OH^{-} \rightleftharpoons R_2NHR_2COO^{-} + H_2O$$

在酸性带显示阳离子性

$$R_2NHR_2COOH + H^{+} \rightleftharpoons R_2NH_2^{+} + R_2COOH$$

两性离子表面活性剂的优点是不论在酸性或碱性介质中都能显示出它们的活性。

此种分类法便于我们正确选用表面活性剂。若某表面活性剂是阴离子型的，它就不能和阳离子型的物质混合使用，否则就会产生沉淀等不良后果。阴离子表面活性剂可作染色过程的匀染剂，与酸性染料使用时不会产生不良后果，因为酸性染料在水溶液中也是阴离子型的。

2. 非离子型表面活性剂

非离子型表面活性剂含有在水中不电离的羟基—OH和醚基—O—，并以它们作为亲水基。由于羟基和醚基的亲水性弱，只靠一个羟基或醚基弱亲水基不能将很大的憎水基溶于水中，必须有多个这样的亲水基才能发挥出亲水性。

非离子型表面活性剂在水溶液中由于不是以离子状态存在，故稳定性高，不易受强电解质的影响，也不易受酸、碱的影响，与其他类型的表面活性剂的相溶性好，能很好地混合使用，在水和有机溶剂中，均具有较好的溶解性能，在一般固体表面上也不发生强烈吸附。所以在渗透检测中，通常采用非离子型的表面活性剂。

非离子型表面活性剂按亲水基主要分为聚乙二醇型和多元醇型两大类，其他还有聚醚型、配位键型非离子型表面活性剂。

（1）聚乙二醇型非离子表面活性剂　聚乙二醇型非离子表面活性剂包括高级醇环氧乙烷加成物、烷基酚环氧乙烷加成物、脂肪酸环氧乙烷加成物和高级脂肪酰胺环氧乙烷加成物。

（2）多元醇型非离子表面活性剂　多元醇型非离子表面活性剂主要有甘油的脂肪酸酯、季戊四醇的脂肪酸酯、山梨醇及失水山梨醇的脂肪酸酯。

2.7.4 渗透检测常用的表面活性剂

1. 脂肪醇聚氧乙烯醚

脂肪醇聚氧乙烯醚又称为聚乙氧基化脂肪醇，是非离子型表面活性剂中发展最快、用量最大的品种。这种类型的表面活性剂是用脂肪醇与环氧乙烷通过加成反应制得的，用以下通式表示

$$R—O—(CH_2CH_2O)_n—H$$

R一般为饱和的或不饱和的$C_{12\sim18}$的烃基，可以是直链烃基，也可以是带支链的烃基。n是环氧乙烷的加成数，也就是表面活性剂分子中氧乙烯基的数目，n越大，分子亲水基上的氧越多，与水就能形成更多的氢键，水溶性就越好。$n=1\sim5$时，产物能溶于油而不溶于水，常作为制备硫酸酯类阴离子表面活性剂的原料；$n=6\sim8$时，能溶于水，常用做纺织品

的洗涤剂和油脂乳化剂；$n=10\sim20$ 时，在工业上用做乳化剂和匀染剂。

当碳链 R 为 $C_{7\sim9}$、$n=5$ 时，生成的脂肪醇聚氧乙烯醚在工业上称为渗透剂 JFC；当碳链 R 为 $C_{12\sim18}$、$n=15\sim20$ 时，生成的脂肪醇聚氧乙烯醚在工业上称为平平加 O。当碳链 R 为 C_{12}时，生成的脂肪醇聚氧乙烯醚俗称 AEO。常用的乳化剂 MOA-3 及乳百灵 A 的主要成分之一即是脂肪醇聚氧乙烯醚。

2. 烷基酚聚氧乙烯醚

烷基酚与环氧乙烷起加成反应后得到烷基酚聚氧乙烯醚，常用的酚有辛基酚、壬基酚等。采用壬基酚时，其与 4 分子环氧乙烷加成的产物不能溶于水；与 6 分子或 7 分子环氧乙烷加成的产物在室温下即可完全溶于水；与 8 ~22 分子环氧乙烷加成的产物具有良好的润湿、渗透和洗涤能力，乳化力也较好，可用做洗涤剂和渗透剂；与 25 个以上分子环氧乙烷加成的产物无渗透、洗涤的能力，但乳化、分散力较好，可用做乳化分散剂、均染剂和缓染剂。常用的乳化剂 OP-20 和 TX-20 的主要成分之一即是烷基酚聚氧乙烯醚。烷基酚聚氧乙烯醚的化学稳定性高，即使在高温下也不易被强酸、强碱破坏，但其生物降解性差，主要用在金属的酸性洗涤剂和碱性洗涤剂中。

3. 失水山梨醇脂肪酸酯、聚氧乙烯失水山梨醇脂肪酸酯

失水山梨醇脂肪酸酯、聚氧乙烯失水山梨醇脂肪酸酯属多元醇型非离子表面活性剂，是由含多个羟基的多元醇与脂肪酸进行酯化反应而生成的酯类。多元醇非离子表面活性剂（不包括与环氧乙烷加成产物）的亲水性来自多元醇的羟基，所以它的亲水性小，亲油性大，多数具有自乳化性。而与环氧乙烷加成者，其亲水性来自聚氧乙烯基，它的亲水性由聚氧乙烯链的长短来确定，多数具有良好的亲水性。这类表面活性剂的特点是安全性高，对皮肤刺激性极小，广泛用于制作食品、药品和化妆品等方面的乳化剂和分散剂。

失水山梨醇月桂酸单酯商品名称为司盘-20，为油状物，溶于有机溶剂，适合作乳化剂，通常与其他水溶性表面活性剂复配使用。

司盘型表面活性剂是山梨醇和各种脂肪酸形成的酯。不同的脂肪酸决定了不同的商品牌号，如司盘-20 是失水山梨醇和月桂酸生成的酯，司盘-40 是失水山梨醇与棕榈酸生成的酯。这类表面活性剂都是油溶性的，国内生产的为“乳化剂 S”系列产品。

使失水山梨醇脂肪酸酯与环氧乙烷发生加成反应，则获得聚氧乙烯失水山梨醇脂肪酸酯，商品名称为吐温。根据所用的脂肪酸的种类和所加成上的环氧乙烷数目不同，聚氧乙烯失水山梨醇脂肪酸酯有不同的品种，如单月桂酸，环氧乙烷数为 21 ~22 时称为吐温-20；单棕榈酸，环氧乙烷数为 18 ~22 时称为吐温-40；单硬脂酸，环氧乙烷数为 18 ~22 时称为吐温-60；单油酸，环氧乙烷数为 21 ~26 时称为吐温-80；三油酸，环氧乙烷数为 22 时称为吐温-85 等。聚氧乙烯失水山梨醇脂肪酸酯具有乳化、增溶、润湿及分散等性能，大量用于食品和化妆品中作乳化剂等添加剂。表 2-8 所列为主要的司盘和吐温产品的化学成分及性能。

表 2-8　主要的司盘和吐温产品的化学成分及性能

商品名称	化学成分	*HLB*	熔点/℃
司盘-20	失水山梨醇月桂酸单酯	8.6	油状
司盘-40	失水山梨醇棕榈酸单酯	6.7	42 ~46
司盘-60	失水山梨醇硬脂酸单酯	4.9	49 ~53

（续）

商品名称	化学成分	HLB	熔点/℃
司盘-65	失水山梨醇硬脂酸三酯	2.1	44～48
司盘-80	失水山梨醇油酸单酯	4.3	油状
司盘-85	失水山梨醇油酸三酯	1.8	油状
吐温-20	聚氧乙烯失水山梨醇月桂酸单酯	16.7	油状
吐温-40	聚氧乙烯失水山梨醇棕榈酸单酯	15.6	油状
吐温-60	聚氧乙烯失水山梨醇硬脂酸单酯	14.9	油状
吐温-65	聚氧乙烯失水山梨醇硬脂酸三酯	10.5	27～31
吐温-80	聚氧乙烯失水山梨醇油酸单酯	15	油状
吐温-85	聚氧乙烯失水山梨醇油酸三酯	11	油状

2.7.5 表面活性剂的亲水亲油平衡值（*HLB*）

表面活性剂分子中的亲水基的亲水性和亲油基的亲油性之比是衡量表面活性剂效率的重要指标，表示表面活性剂的亲水性。即

$$\text{表面活性剂的亲水性}=\frac{\text{亲水基的亲水性}}{\text{亲油基的亲油性}}$$

从亲油基考虑，当表面活性剂的亲水基不变时，亲油基部分越长（即分子量越大），则水溶性越差，例如十八烷基的就比十二烷基的难溶解于水。因此，亲油性可用亲油基的分子量来表示。对于亲水基，由于种类繁多，不可能都用分子量来表示。但对聚乙二醇型非离子表面活性剂而言，当亲油部分相同时，分子量越大，其亲水性就越大。因此，非离子型表面活性剂的亲水性也可以用其亲水基的分子量大小来表示，同亲油基的示值有相同的单位。基于以上观点，格里芬（Griffin）提出了用 *HLB* 值来表示表面活性物质的亲水性。

聚氧乙烯型非离子表面活性剂的 *HLB* 值计算公式为

$$HLB=\frac{\text{亲水基部分相对分子质量}}{\text{表面活性剂相对分子质量}}\times\frac{100}{5}$$
$$=\frac{\text{亲水基的相对分子质量}}{\text{亲油基相对分子质量}+\text{亲水基相对分子质量}}\times\frac{100}{5} \tag{2-41}$$

石蜡完全没有亲水性，$HLB=0$；完全是亲水基的聚乙二醇 $HLB=20$，所以非离子型表面活性剂的 *HLB* 值介于 0～20 之间。$HLB=10$ 时，亲水、亲油性均衡。*HLB* 值表征了表面活性剂的亲水亲油性。表面活性剂的 *HLB* 值越大，亲水性越强；*HLB* 值越小，亲油性越强。

例3 已知表面活性剂辛基酚聚氧乙烯醚的分子式是 $C_8H_{17}C_6H_4(OCH_2CH_2)_{10}OH$，亲水基部分的分子结构是 $(OCH_2CH_2)_{10}OH$，求 *HLB* 值。分子量：O＝16，C＝12，H＝1。

解：

$$\text{亲水基部分的分子量}=20C+41H+11O=20\times12+41\times1+11\times16=457$$

$$\text{亲油基部分的分子量}=14C+21H=14\times12+21\times1=189$$

总的分子量 $457+189=646$

因此

$$HLB=\frac{457}{646}\times\frac{100}{5}=14.1$$

对于多数多元醇的脂肪酸酯型非离子表面活性剂，可用下式计算其 *HLB* 的近似值

$$HLB=20\times\left(1-\frac{S}{A}\right) \tag{2-42}$$

式中 S——酯的皂化值；

A——原料脂肪酸的酸值。

例如，甘油硬脂肪酸酯的 $S=161$，$A=198$，则其 $HLB=20\times\left(1-\frac{161}{198}\right)=3.8$。

阴离子和阳离子表面活性剂不能用上述的方法计算，因为阴离子表面活性剂和阳离子表面活性剂单位质量亲水基的亲水性比非离子型表面活性剂一般要大得多，而且由于亲水基的种类不同，单位质量亲水基的亲水性的大小也各不相同。

可用实验方法来测定 *HLB* 值，其中以浊度法最为简便。该方法是将表面活性剂加到一定量的水中，根据表面活性剂分散溶解于溶液的程度不同按表 2-9 中的标准对照估计。表 2-9 也列出了不同 *HLB* 值范围对应的应用类型，可通过 *HLB* 值来选择合适的表面活性剂。

表 2-9 不同 *HLB* 值的表面活性剂的水溶液外观及应用类型

HLB	水溶液外观	*HLB*	应用类型
1~4	不分散	1~3	消泡作用
3~6	不良分散	3~6	油包水型乳化作用
6~8	搅拌后成乳状液分散	7~18	水包油型乳化作用
8~10	稳定乳状液分散体	12~15	润湿作用
10~13	半透明至透明分散体	13~15	洗涤作用
大于13	透明溶液	15~18	增溶作用

表面活性剂的 *HLB* 值具有加和性，在使用两种以上表面活性剂的场合，混合表面活性剂的 *HLB* 值按式（2-43）计算

$$HLB=\frac{W_A HLB_A+W_B HLB_B+W_C HLB_C+\cdots}{W_A+W_B+W_C+\cdots} \tag{2-43}$$

式中 HLB_A、HLB_B、HLB_C…——表面活性剂 A、B、C…的 *HLB* 值；

W_A，W_B，W_C…——表面活性剂 A、B、C…的质量。

例4 求 30g 失水山梨醇单油酸酯司盘-80（$HLB=4.3$）和 70g 聚氧乙烯失水山梨醇单油酸酯吐温-80（$HLB=25$）混合后的 *HLB*。

解：由式（2-43）得混合后的 $HLB=\frac{30\times4.3+70\times25}{30+70}\approx18.8$。

在液体的渗透检测中，要用水冲洗多余的渗透剂，所采用乳化剂的 *HLB* 值多半在 12~15 之间。表 2-10 所列为几种常用表面活性剂的化学组成、*HLB* 值亲水性及应用范围。表中 *HLB* 值与用途的关系只是大致范围，在实际应用中并不严格符合这一界限。

表 2-10 几种常用表面活性剂的化学组成、*HLB* 值亲水性及应用范围

名称	化学组成	*HLB* 值	亲水性	应用范围
石蜡	碳氢化合物	0	亲油	
油酸	直链脂肪酸	2		HLB = 2.5 ~ 3 消泡剂
司盘-85	失水山梨醇三油酸酯	1.8		
司盘-65	失水山梨醇三硬脂酸酯	2.2		
阿特姆尔-67	单硬脂酸甘油酯	3.8		HLB = 3 ~ 6 W/O 型乳化剂
司盘-80	失水山梨醇单油酸酯	4.3		
司盘-60	失水山梨醇单硬脂酸酯	4.7		
MOA	脂肪醇聚氧乙烯醚	5.0		
司盘-40	失水山梨醇单棕榈酸酯	6.7		
司盘-20	失水山梨醇单月桂酸酯	8.6	亲水	HLB = 7 ~ 9 润湿剂
明胶	明胶	9.8		
聚乙二醇	聚乙二醇	20		HLB = 8 ~ 28 O/W 型乳化剂
钾皂	油酸钾	20		
OΠ-7	烷基苯酚聚氧乙烯醚	22.0		HLB = 23 ~ 25 W/O 型洗涤剂
润湿剂 JFC	脂肪醇聚氧乙烯醚	22.0		
乳百灵 A	脂肪醇聚氧乙烯醚	23.0		
TX-20	烷基苯酚聚氧乙烯醚	24.5		
吐温-60	聚氧乙烯失水山梨醇单硬脂酸酯	24.9		
吐温-80	聚氧乙烯失水山梨醇油酸单酯	25		HLB26 以上 增溶剂
吐温-40	聚氧乙烯失水山梨醇棕榈酸单酯	25.6		
吐温-20	聚氧乙烯失水山梨醇月桂酸单酯	26.7		
肥皂	油酸钠	28.0		

2.7.6 表面活性剂的相转型温度（*PIT*）

HLB 值虽然能反映表面活性剂的亲水、亲油情况，但它没有考虑到油相和水相本身的性质、表面活性剂浓度的影响、温度及各相体积的影响。针对 *HLB* 值的缺点，日本学者莜田耕三提出了相转型温度（*PIT*）的概念，用来衡量表面活性剂的亲水、亲油性质。

非离子型表面活性剂在低温下可形成水包油（O/W）型乳状液，随着温度升高，溶解度减小，*HLB* 值下降，最后达到某一温度，使得乳状液从原来的水包油（O/W）型转变为油包水型（W/O）。这一温度称为相转型温度 *PIT*，又称为亲水-亲油平衡温度（*HLB* 温度），此温度下表面活性剂的亲水性和亲油性正好平衡。

PIT 值同样可以反映出表面活性剂的亲水性与亲油性，还可以反映出油的种类、水溶液性质、温度和相体积等的影响。即使相同的表面活性剂，油的种类不同，*PIT* 值也不同。表面活性剂的亲水性越强，*PIT* 值也越高，在 *PIT* 时体系的表面张力才显最小值。

PIT 值的测定可用电导法，用 3% ~5% 的非离子型表面活性剂乳化等体积的油相和水相，然后梯度升温，搅拌并用电导仪测定电导率。因为 O/W 型的导电性高，W/O 型的导电

性低，所以转相时电导率有突变，此时的温度即为 *PIT* 值。

PIT 值与 *HLB* 值的关系近乎成直线，原因是 *HLB* 值大，其亲水性强，故需在较高温度下才能转相。*PIT* 值随油相性质而改变，油相极性越小，*PIT* 值越高。由一种非离子型表面活性剂与混合油相（A、B 两种油）组成的相转型温度 PIT_{AB} 有下列关系

$$PIT_{AB} = PIT_A \Phi_A + PIT_B \Phi_B \tag{2-44}$$

式中　PIT_A 和 PIT_B——只有 A 油和只有 B 油时的 *PIT* 值；

Φ_A 和 Φ_B——混合油相中的体积分数。

如果固定表面活性剂浓度，增大体系中油和水的比例，则 *PIT* 值增大；当固定表面活性剂与油相比例时，即使增大油和水的比例，*PIT* 值也不再改变。对于含聚氧乙烯链的非离子型表面活性剂，一般在表面活性剂浓度为3% ~5%时，*PIT* 值达到恒定。表面活性剂中聚氧乙烯链长分布越宽，*PIT* 值越高。在油相中加入添加剂会改变 *PIT* 值，如加入十二醇或油酸等极性添加剂，*PIT* 值变小；加入石蜡等非极性物质，*PIT* 值将变大。在水相中加入无机盐也使 *PIT* 值降低。

2.7.7　表面活性剂的性质

表面活性剂分子由亲油基和亲水基两部分组成，亲水基和亲油基的比例、分子形状、分子的大小都影响表面活性剂的性质。表面活性剂的分子结构与其润湿、渗透、乳化、分散和增溶等应用性能相关。

1. 临界胶束浓度（*CMC*）

当表面活性剂在溶液中的浓度超过一定值时，表面活性剂分子会在溶液内部自聚，以亲油基通过分子间的吸引力相互结合在一起，而亲水基则朝向水中形成各种形式的胶束。形成一定形状的胶束所需要表面活性物质的最低浓度称为临界胶束浓度，以 *CMC* 来表示。形成胶束的过程称为胶团化作用。

一般形成胶束的临界浓度为0.02% ~0.05%。在 *CMC* 值附近，由于胶束的形成，表面活性剂溶液的表面张力、渗透压、密度、蒸气压、光学性质、去污能力等理化性质会发生突跃，如图2-26所示。要充分发挥表面活性剂的作用（如去污作用，增加可溶性、润湿作用等），必须使表面活性剂的浓度大于 *CMC* 值。

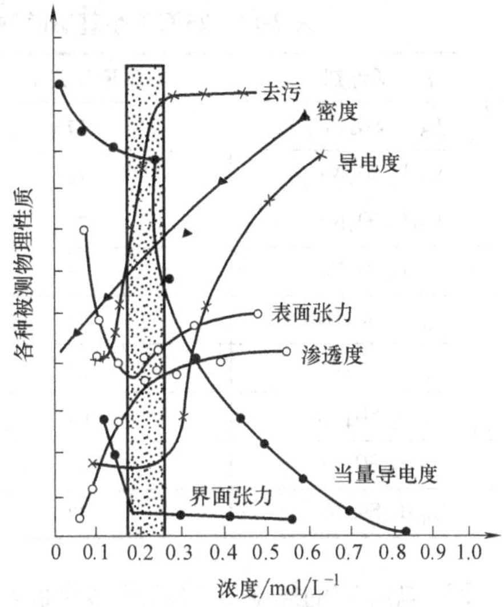

图2-26　某表面活性剂水溶液物理性质和浓度的关系

（1）胶束的形状　在离子型表面活性剂溶液中，当浓度较小（低于 *CMC* 值）时，溶液中主要是单个的表面活性剂离子；当溶液浓度较大或接近 *CMC* 值时，溶液中有少量小型胶束，如图2-27a所示；在浓度为 *CMC* 值或略大于 *CMC* 值时，胶束在溶液中呈球形结构，如图2-27b所示；当溶液中表面活性剂浓度为 *CMC* 值的20倍或更大时，由于胶束大小或结合数增加不再能保持球形结构而变成棒状胶束，如图2-27c所示；当溶液浓度更大时，成为板状或层状胶束，如图2-27d所示。非

离子型表面活性剂在水溶液中胶束的形状目前尚无定论。从已有的数据分析，当溶液浓度较稀时可能是球形胶束。

(2) 胶束的大小　胶束大小的量度是胶束聚集数，胶束聚集数是结合成一个胶束的表面活性剂分子（或离子）的平均数。一般常用光散射法测量，即先用光散射法测出胶束的相对分子质量——胶束量，再除以表面活性剂单体的相对分子质量就得到胶束聚集数。也可以用扩散—黏度法、电泳淌度法或超离心法等测定胶束聚集数。

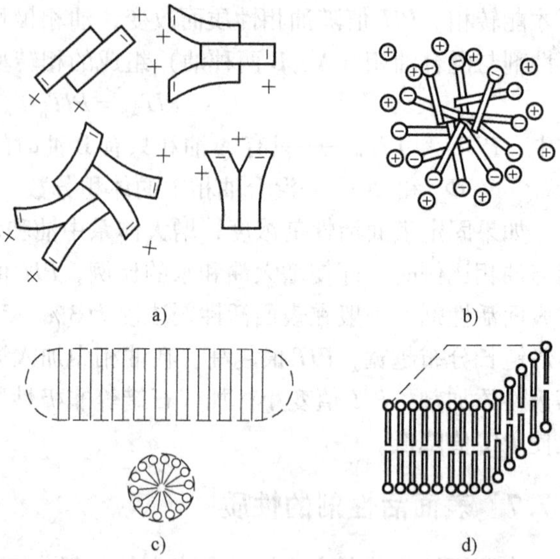

图 2-27　各种胶束形状

a）几种可能的小型胶束　b）球形胶束

c）棒状胶束　d）层状胶束

影响表面活性剂胶束大小的因素有以下几种。

1）表面活性剂分子结构的影响。表面活性剂分子中含有亲油性的烃链及亲水基，其对胶束大小的影响有这样一个普遍规律，即在水溶液中表面活性剂与溶剂的不相似性越大，则形成胶束的聚集数也越大。

例如在水溶液中，若表面活性剂的烃链增长，即碳原子数增加，则表面活性剂分子与溶剂水分子的不相似性增大，胶束的聚集数 n 增大，特别是非离子型表面活性剂，n 增加的趋势更大，表 2-11 揭示了这种变化规律。对聚氧乙烯型非离子表面活性剂，在相同烃链长度下，聚氧乙烯链增长，溶剂水的亲和性增大，聚集数 n 减小。

表 2-11　25℃下烷基硫酸钠同系物的聚集数 n、分布宽度 σ 及 σ/n 值

表面活性剂	聚集数 n	分布宽度 σ	σ/n 值
$C_6H_{13}SO_4Na$	17	6	0.353
$C_7H_{15}SO_4Na$	22	10	0.454
$C_8H_{17}SO_4Na$	27	—	—
$C_9H_{19}SO_4Na$	33	—	—
$C_{10}H_{21}SO_4Na$	41	—	—
$C_{11}H_{23}SO_4Na$	52	—	—
$C_{12}H_{25}SO_4Na$	64	13	0.203
$C_{14}H_{29}SO_4Na$	80	16.5	0.206
$C_{16}H_{33}SO_4Na$	100	11	0.110

2）电解质的影响。对离子型表面活性剂，由于电解质离子会压缩双电层，减少表面活性剂离子间的排斥作用，可以使更多表面活性剂离子进入胶束。因此，电解质加入到离子型表面活性剂溶液中会胶束的聚集数增加；电解质加入到如聚氧乙烯型非离子表面活性剂胶束聚集数的影响无一定规律，有时增加聚集数，有时减少聚集数，但总的来说影响不大。

3）有机添加剂的影响。有机物的加入能使表面活性剂水溶液胶束的聚集数增加。因为有机物进入胶束内核产生增溶现象，从而使胶束胀大，胶束的聚集数也就增加。

4）温度的影响。在离子型表面活性剂水溶液中，温度升高会导致胶束的聚集数降低，但影响不大。对于非离子型表面活性剂，温度升高，胶束的聚集数急剧增大。

（3）*CMC* 值的影响因素　临界胶束浓度是表征表面活性剂的表面活性的一种度量。*CMC* 值越小，形成胶束所需要的浓度越低，即表面活性剂可在较低浓度下发挥更大效能。下面介绍各种因素对 *CMC* 值的影响。

1）亲油基的影响。离子型表面活性剂碳氢链的碳原子数通常在 8～16 的范围内，其水溶液的临界胶束浓度随碳原子数的增加而降低。对于离子型表面活性剂同系物，每增加一个碳原子，临界胶束浓度约下降一半。而对于非离子型表面活性剂，增加亲油基中碳原子的个数，临界胶束浓度降低得更为明显：每增加两个碳原子，临界胶束浓度下降至原来的 1/10。若烃链碳原子数超过 16 个，链长对 *CMC* 值的影响减小；若链长超过 18 个碳原子，*CMC* 值基本不随碳链的增加而变化。烃链碳原子数 N_C 与 *CMC* 的关系可用下式表示

$$\lg CMC = A - BN_C \tag{2-45}$$

式中　N_C——碳氢链的碳原子数目；

A、B——经验常数，可在手册或书中查到。

通常情况下，亲油基的碳氢链带有分支的表面活性剂，比相同碳原子（CH_2-基团）数的直链化合物的临界胶束浓度大得多。如二辛基二甲基氯化铵［$(C_8H_{17})_2N(CH_3)_2Cl$］和直链的十六烷基三甲基氯化铵［$C_{16}H_{33}NH(CH_3)_2Cl$］的临界胶束浓度分别为 2.7×10^{-2} mol/L 和 1.4×10^{-3}mol/L。在烃链中存在 C＝C 时，比同条件下的 C－C 的临界胶束浓度大 3～4 倍。若在烃链中引入—O—、—OH 等极性基，则 *CMC* 值明显增大。

亲油基碳链长度相同而化学组成不同时，*CMC* 值会有显著差别。碳氢表面活性剂的 *CMC* 值远大于相同碳链长度的碳氟表面活性剂，如全氟辛基磺酸钠的 *CMC* 值为 8.0mol/L，与十二烷基磺酸钠相当，而辛基磺酸钠的 *CMC* 值为 0.16mol/L，显然，1 个 CF_2-基团对 *CMC* 值的贡献相当于 1.5 个—CH_2—基团。

2）亲水基的影响。在水溶液中，离子型表面活性剂的临界胶束浓度远比非离子型的大。当亲油基相同时，离子型表面活性剂的临界胶束浓度约为聚氧乙烯型非离子型表面活性剂的 100 倍，两性型表面活性剂的临界表面胶束浓度则与相同碳链长的离子型表面活性剂的 *CMC* 值相近。极性基从末端位置移到靠近中间位置，*CMC* 值增大。含多个亲水基的表面活性剂比同碳链长的含单个亲水基的表面活性剂的 *CMC* 值更大，而亲水基的种类对 *CMC* 值影响不大。

对于聚氧乙烯非离子型表面活性剂水溶液，随氧乙烯基数目 n 的增多，*CMC* 值增大。因为氧乙烯基数目增多，表面活性剂更亲水。n 与 *CMC* 值的关系为

$$\lg CMC = A' + B'n \tag{2-46}$$

式中　A'、B'——与亲油基种类和温度有关的常数。

3）温度的影响。温度对表面活性剂水溶液的影响是复杂的。开始时 *CMC* 值随温度升高而减小，中间经过一最小值，然后随温度升高而增大。这是因为一开始随着温度升高，表面活性剂分子动能增大，增加了分子相互接触的机会而聚集成胶束，因而 *CMC* 值减小；达到最低值后，继续升温使亲水基的水合作用下降，亲油基碳链之间的凝聚力减弱，而且因温

度升高，胶束的动能增大，使得胶束不易形成，*CMC* 值上升。

除上述各种影响因素外，无机强电解质和有机物质的添加对表面活性剂的临界胶束浓度也有不同程度的影响。如在水溶液中添加电解质会导致 *CMC* 值减小。电解质对离子型表面活性剂 *CMC* 值的影响较大，对两性表面活性剂影响次之，对非离子型表面活性剂影响较小。电解质使离子型表面活性剂的 *CMC* 值减小的原因主要是反电荷离子作用。电解质的正离子与阴离子表面活性剂的作用、电解质的负离子与阳离子表面活性剂的作用降低了表面活性剂离子间的相互作用，因而使 *CMC* 值下降。

少量有机物的加入能导致表面活性剂水溶液的 *CMC* 值很大的变化。如脂肪醇能减小离子型表面活性剂的 *CMC* 值，这是由于脂肪醇参与胶束的形成，插入胶束外层表面活性剂之间，从而减少它们之间的排斥力，使胶束易于形成。但加入醇或其他有机物并非总使 *CMC* 值减小。如一些碳原子较少、水溶性很强的醇，在浓度很低时可使 *CMC* 值减小，但在高浓度则会使 *CMC* 值增大。

2. 表面活性剂的溶解度

表面活性剂大多在水溶液中使用，表面活性剂的溶解性是表面活性剂的一个基本性质。表面活性剂的溶解度和温度的关系与通常的化合物不同，离子型表面活性剂和非离子型表面活性剂有很大差别。一般来说，表面活性剂的亲水性越强，其在水中的溶解度越大，亲油性越强，则越易于溶于“油”，因此表面活性剂的亲水性和亲油性也可以用溶解度或与溶解度有关的性质来衡量。

（1）克拉夫特（Krafft）温度　离子型表面活性剂在低温时溶解度较低，随着温度的升高，其溶解度缓慢地增加，达到某一温度后其溶解度突然迅速增加，该温度称为克拉夫特点（Krafft Point）或 *K. P* 点。图 2-28 所示的 *K* 点即为 *K. P* 点。当溶液中表面活性剂的浓度未超过 *CMC* 值时（区域Ⅰ），溶液为真溶液；当继续加入表面活性剂时，则有过量表面活性剂析出（区域Ⅱ）；此时再升高温度，体系又成为澄明溶液（区域Ⅲ），区域Ⅲ是表面剂活性剂的胶束溶剂。当温度超过 *K. P* 点后，溶解度之所以急剧增加是由于表面活性剂以胶束形式溶解，*K. P* 点实际上是分子溶解和胶束溶解的分界点。温度低于 *K. P* 点不能形成胶束，只有温度高于 *K. P* 点才形成胶束。因此，*K. P* 点对应溶液的浓度即为 *CMC* 值。

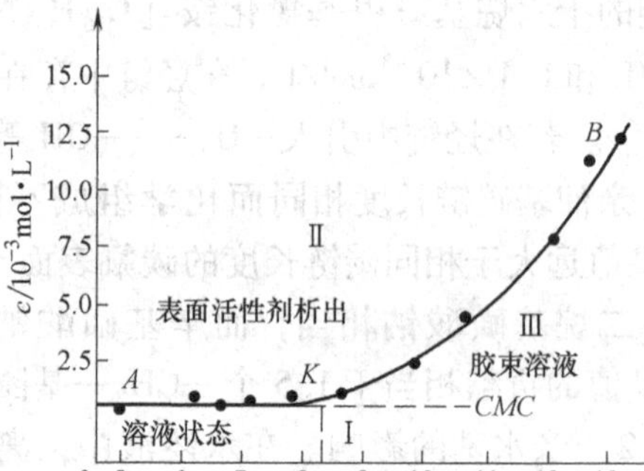

图 2-28　某离子型表面活性剂的溶解曲线

K. P 点与离子型表面活性剂的烃链长度密切相关。同系物的碳氢链越长，其 *K. P* 点越高，*CMC* 值越小，在同一温度下的溶解度越高。

（2）浊点　非离子型表面活性剂的亲水基主要是聚氧乙烯基。升高温度会破坏聚氧乙烯基同水分子的结合，会使非离子型表面活性剂的溶解度下降甚至析出。当温度升高到一定值时，溶液突然变浑浊，溶液呈现浑浊的最低温度称为浊点，即 *C. P* 点。非离子型表面活性剂存在浊点的原因是其在水中的氢键被破坏。聚氧乙烯型非离子表面活性剂在通常情况下的分子形状是锯齿形，在水溶液时是婉曲形，亲水的氧原子被置于链的外侧，亲油性的

—CH_2—基位于内侧，醚键中的氧原子与水分子中的氢以微弱的化学结合力形成氢键，因而增大了在水中的溶解度。由于氢键的键能较低，因而醚键氧原子与水分子的结合不是很牢靠，当温度上升时，氢键被削弱，升到一定温度，氢键断裂，表面活性剂从溶液中析出，使溶液突然变浑浊。表面活性剂在浊点以下溶于水，在浊点以上则不溶于水。

在亲油基相同的同系物中，加成的环氧乙烯分子数越多，亲水性越强，浊点就越高；环氧乙烷的物质的量相同时，亲油基的碳原子数越多，亲油性越强，浊点越低。

3. 表面活性剂在溶液表面上的吸附

表面活性剂分子具有亲水基与亲油基组成的两亲结构，亲水基使分子有进入水的倾向；而亲油的碳氢长链则阻止其在水中溶解而从溶剂内部迁移，有逃离出水相的倾向。上述两种倾向平衡的结果是表面活性剂在表面聚集，亲水基伸向水中，亲油基伸向空气并形成单分子膜。表面活性剂在液体表面层中的浓度高于本体溶液中浓度的现象叫做正吸附，表面活性剂在液体表面层中的浓度低于本体溶液中的浓度的现象则称为负吸附。表面活性剂在水表面吸附的结果是水表面似被一层非极性的碳氢链覆盖，从而导致水或水溶液的表面张力下降，表面性质大大改变。例如水不能润湿石蜡表面，但在水中加入适当的表面活性剂后，水就能润湿石蜡表面。

表面活性剂在气-液界面上相对聚集、定向排列，其亲水的极性基朝向极性较大的一相，而亲油的非极性基朝向极性较小的一相，并形成单分子膜，在极性不同的任意两相界面，包括气-液，气-固，液-液，液-固界面上，均可发生上述现象。这样一方面可使表面活性剂的分子处于稳定状态，另一方面也降低了两相界面上界面能。

2.7.8 表面活性剂的作用

表面活性剂的分子具有不对称的两亲结构，这就决定了表面活性剂的界面吸附、分子的定向排列、以及形成胶束等基本性质，其结果都是使界面张力降低，使体系处于稳定状态。表面活性剂的许多用途都与这些基本性质有关，主要有润湿作用（渗透作用）：用作润湿剂、渗透剂；乳化作用、分散作用和增溶作用：用作乳化剂、分散剂、增溶剂；发泡作用、消泡作用：用作起泡剂、消泡剂；洗涤作用：用作洗涤剂。

液体渗透检测主要利用表面活性剂的润湿、增溶和乳化作用。

1. 润湿作用

表面活性剂分子是由具有极性的亲水基和具有非极性的亲油基组成的有机物。它的非极性亲油基一般是8~28碳的直链烃，因此表面活性剂都是两亲分子。吸附在水表面时采用亲水基向着水，亲油基脱离水的表面定向。这种排列使表面上不饱和的力场得到某种程度上的平衡，从而降低了表面张力（或界面张力），使水能较好地湿润固体或液体表面，从而改善润湿程度。实际应用中可用润湿速度（时间）来评价表面活性剂的润湿性。

影响润湿作用的因素如下：

（1）温度　一般来说，温度升高，润湿性能增强。高温下短链表面活性剂润湿性能不如长链表面活性剂，这是由于温度上升长链表面活性剂的溶解度增大；低温下短链表面活性剂的润湿性能好于长链表面活性剂。非离子型表面活性剂在温度接近浊点时，润湿性能最佳。

（2）表面活性剂浓度　表面活性剂浓度 c 小于临界胶束浓度 CMC 时，润湿时间的对数

与 $\ln c$ 呈线性关系。$\ln c$ 增大，润湿性能增强，这是由于表面活性剂浓度 c 小于临界胶束浓度 *CMC* 时，表面活性剂未达到饱和吸附，增加润湿性能浓度需要大些。表面活性剂浓度 c 大于临界胶束浓度 *CMC* 时，不再呈线性。浓度对固-液界面吸附的影响不大，故一般浓度略高于 *CMC* 值即可。

（3）分子结构

1）亲油基。直链烷烃亲水基在链末端，直链碳原子数为 22 ~ 28 润湿性能最佳；相同的亲水基，随 C 原子数量增多，*HLB* 值降低。*HLB* 值为 7 ~ 25 润湿性能最佳，例如烷基硫酸酯 $R\text{-}OSO_3Na$，R 为 C_{22} ~ C_{24} 润湿性能最佳；直链烷基苯磺酸钠以 C_{20} 润湿性能最佳；支链烷基苯磺酸钠润湿性能较直链好，其中以 2-丁基辛基最有效；磷酸酯盐以烷基为双亲基的润湿性能最好。

2）亲水基。亲水基在分子中间的润湿性能比在末端的好，如琥珀酸二异辛酯磺酸钠结构、渗透剂 OT。

非离子表面活性剂：R 中碳原子数为 7 ~ 20 润湿能力最佳。

2. 增溶作用

表面活性剂在水溶液中形成胶束后具有使不溶于水的有机物溶解度显著增大的能力，且此时溶液呈透明状，胶束的这种作用称为增溶。能产生增溶作用的表面活性剂叫做增溶剂，被增溶的有机物称为被增溶物。如果在已增溶的液体中继续加入被增溶物，达到一定量后，溶液由透明状变为乳浊状，这种乳液即为乳状液。在此乳状液中再加入表面活性剂，溶液又变得透明无色。虽然这种变化是连续的，但乳化和增溶本质上是不同的。增溶作用可使被增溶物的化学势能显著降低，使体系变得更稳定，即增溶在热力学上是稳定的，只要外界条件不变，体系不随时间变化，其过程是平衡可逆的，而且增溶形成完全透明、外观与真溶液相似的溶液体系。例如，100mL100% 的油酸钠水溶液可溶解苯达 10mL 之多而不呈混浊，而乳化在热力学上是不稳定的。

表面活性剂的增溶机理在胶束理论产生之后得到了正确的解释。当溶液中形成胶束以后，胶束内部相当于非极性“液相”，从而为非极性有机物的溶解提供了“溶剂”，结果发生增溶过程。可见，增溶过程实际上是增溶物分子溶入胶束内部，而在水中的浓度并没增加。X 射线衍射的结果表明，增溶过程中球状胶束和棒状胶束的直径变大，层状胶束的厚度变大。

增溶作用具有广泛的应用，如肥皂、洗涤剂可除去油污就是由于表面活性剂的增溶作用。

3. 乳化作用

两种互不相溶的液体，其中一相以微滴状分散于另一相中，这种作用称为乳化作用。乳化作用往往不会自动发生或长久存在。例如，将油和水放在一起进行剧烈搅拌，虽然也能形成暂时乳化状态，但搅拌一旦停止，油与水又马上分为上下两层，这是由于油、水间存在着较大的界面张力，油在搅拌作用下变成微滴之后，油、水间的接触面积会大大增加，表面能迅速增大，成为一种内能很高的不稳定体系，以致一旦停止搅拌，便会分为两层，恢复成为两相接触面积最小的稳定状态。如果在油和水中加入一定量合适的表面活性剂再进行搅拌，由于表面活性剂在油-水界面上有定向吸附的能力，亲水基伸向水，亲油基伸向油，从而降低了油、水间的界面张力，使体系的界面能下降。在降低界面张力的同时，表面活性剂分子紧密地吸附在油滴周围，形成具有一定机械强度的单分子保护膜，当油滴相互接触、碰撞时，这种保护膜能阻止油滴的聚集，从而使乳液稳定存在。这种能使乳化作用顺利发生的表面活性剂叫做乳化剂，乳化剂一般有如下几种物质。

1）表面活性剂，如肥皂、洗涤剂等。

2）具有亲水性质的大分子化合物，如明胶、蛋白质和树胶等。

3）不溶性固体粉末，如 Fe、Cu、Ni 的碱式硫酸盐，$PbSO_4$、Fe_2O_3、$CaCO_3$、粘土以及炭黑等。

若选择离子型表面活性剂作为乳化剂，还会在油-水界面上形成双电层和水化层，都有进一步防止油滴聚集的作用；若选择非离子型表面活性剂作为乳化剂，则会在油滴周围形成比较牢固的水化层，起防凝聚作用。

经乳化作用形成的油-水分散体系叫做乳状液。乳状液有两种类型：一种是水包油型（油/水型），以 O/W 表示，水包油型是油类液体以微粒状分散在水中，其中油是内相（不连续相）、水是外相（连续相），例如牛奶就是奶油分散在水中形成的 O/W 型乳状液；另一种是油包水型（水/油型），以 W/O 表示，油包水型是水呈微粒状分散在油中，其中水是内相（不连续相）、油是外相（连续相），例如新开采出的含水原油就是缩小水珠分散在石油中形成的 W/O 型乳状液。一般来讲，亲水性强的乳化剂易形成 O/W 型乳状液，而亲油性强的乳化剂易形成 W/O 型乳状液。

可根据油、水性质的不同对乳状液进行鉴别，方法有如下五种：

（1）染色法　苏丹Ⅲ为油溶性染料，在乳状液中加入少量此种染料，如乳状液整体呈红色，则为 W/O 型乳状液；如染料保持原状，经搅拌后仅液珠带色，则为 O/W 型乳状液。若在乳状液中加入少量甲基橙，乳状液整体呈红色，则为 O/W 型乳状液；如染料保持原状，经搅拌后仅液珠带色，则为 W/O 型乳状液。为提高鉴别的可靠性，往往同时用油溶性染料和水溶性染料先后进行试验。

（2）稀释法　O/W 型乳状液能与水混溶，W/O 型乳状液能与油混溶，利用这种性质可判断乳状液类型。例如，将乳状液滴于水中，如液滴在水中扩散开来则为 O/W 型的乳状液，如浮于水面则为 W/O 型乳状液。还可以沿盛有乳状液的容器壁滴入油或水，如液滴扩散开来则分散介质与所滴的液体相同，如液滴不扩散则分散介质与所滴的液体不同。

（3）电导法　水、油的导电性相差很大，借此可确定乳状液的类型。O/W 型乳状液较 W/O 型乳状液导电性大数百倍，所以在乳状液中插入两电极，在回路中串联氖灯，当乳状液为 O/W 型时灯亮，为 W/O 型时灯不亮。

（4）滤纸润湿法　此法适用于重油和水的乳状液，将乳状液滴于滤纸上，若液体能快速展开，在中心留下一小滴油，则乳状液为 O/W 型的；若乳状液不展开，则为 W/O 型的。此法对于在纸上能铺展的油、苯、环己烷、甲苯等所形成的乳状液不适用。

（5）光折射法　利用水和油对光折射率的不同可鉴别乳状液的类型。令光从左侧射入乳状液，乳状液粒子起透镜作用，若乳状液为 O/W 型的，粒子起集光作用，用显微镜观察仅能看见粒子的左侧轮廓；若乳状液为 W/O 型的，与此相反，只能看到粒子的右侧轮廓。

乳化剂都是表面活性剂，但不是所有的表面活性剂都能成为良好的乳化剂，只有在水中能形成稳定胶束的表面活性剂才具有良好的乳化分散能力。乳化剂应有适当的 *HLB* 值，例如非离子型表面活性剂，其 *HLB* 值在 8 ~ 18 之间可形成 O/W 型乳液，在 3 ~ 6 之间则可形成 W/O 型乳液。乳化剂与被乳化物应有相似的分子结构，应能显著地降低被乳化物与水之间的界面张力。乳化剂应具有强烈的水化作用，在乳化粒子周围形成水化层、或使乳化粒子带有较高电荷，以阻止乳化粒子的聚集。

凡能降低界面张力的添加物都有利于乳状液的形成及稳定，在研究一系列的同族脂肪酸作乳化剂的效应时也说明了这一点。随着碳链的增长，界面张力的降低逐渐增大，乳化效应也逐渐增强，形成具有较高稳定性的乳状液。但是低的界面张力并不是决定乳状液稳定性的唯一因素，有些低碳醇（如戊醇）能将油-水界面张力降至很低，但却不能形成稳定的乳状液；有些大分子（如明胶）的表面活性并不高，但却是很好的乳化剂。固体粉末作为乳化剂可形成相当稳定的乳状液。因此，降低界面张力虽使乳状液易于形成，但单靠界面张力的降低还不足以保证乳状液的稳定性。对于一定体系、乳化方法和要求的乳状液的类型而言，选择乳化剂时可以参考下列一些通用原则。

1）有良好的表面活性，能显著降低油-水界面张力并能在界面上吸附。

2）乳化剂在油-水界面上能形成稳定的和紧密排列的凝聚态膜。

3）水溶性乳化剂易得 O/W 型的乳状液，油溶性乳化剂易得 W/O 型的乳状液。

4）乳化剂应能适当增大外相黏度，以减小液滴的聚结速度。

5）满足乳化体系的特殊要求，如渗透剂要求低毒或无毒。

选择乳化剂的常用方法有两种：*HLB* 法和 *PIT* 法。*HLB* 法适用于各类表面活性剂，但未涉及温度、油/水体积比等因素的影响；后者只适用于非离子型表面活性剂。

（1）*HLB* 法　*HLB* 值是表面活性剂的亲水亲油平衡值，*HLB* 法的原则是乳化系统所需的 *HLB* 值与乳化剂的 *HLB* 值应尽可能一致。乳化系统所需的 *HLB* 值见表 2-12 。混合乳化剂的 *HLB* 值的计算可参照 2. 7. 5 节所述方法。

1）确定被乳化系统所需的 *HLB* 值的方法。选择一对 *HLB* 值相差较大的乳化剂按不同比例混合，得不同 *HLB* 值的系列混合乳化剂。用这些混合乳化剂分别乳化被乳化系统，测定乳化效率（测定液滴的生存时间、乳状液分层时间、液滴大小及分布），以乳化效率对这些混合乳化剂的 *HLB* 值作图，得钟形曲线。曲线最高峰相对应的 *HLB* 值即为将指定被乳化系统乳化时所需的 *HLB* 值。图 2-29 所示为确定一乳化系统所需 *HLB* 值的实例，由图可知该系统被乳化所需的 *HLB* 值为 10. 5。

表 2-12　乳化系统所需的 *HLB* 值

油相	*HLB* 值		油相	*HLB* 值	
	O/W	W/O		O/W	W/O
石蜡	10	4	油酸	17	—
蜂蜡	9	5	DDT	11 ~ 13	—
石蜡油	7 ~ 8	4	DDV	14 ~ 15	—
芳烃矿物油	12	4	十二醇	14	—
烷烃矿物油	10	4	硬脂酸	17	—
煤油	14	—	四氯化碳	16	—
苯	15	—	棉籽油	7. 5	—
甲苯	11 ~ 12	—	蓖麻油	14	—

由表 2-9 可知，HLB 值对于选择合适的乳化剂以控制乳状液类型是比较有用的。一般来说，只要求所乳化的“油”的 HLB 值等于乳化剂的 HLB 值即可制得稳定的乳状液，但“油”的 HLB 值还与所制备的乳状液类型有关，例如石蜡油在 O/W 型的乳状液中 HLB 值为 10，而在 W/O 型乳状液中 HLB 值为 4。实践证明，欲制得稳定的乳状液通常至少需要配用两种乳化剂，式（2-47）表示了需要乳化的油与混合乳化剂的 HLB 值之间的关系

$$\frac{W_A HLB_A + W_B HLB_B}{W_A + W_B} = HLB_{油} \tag{2-47}$$

式中 W_A、W_B——使“油”稳定乳化所需加入的乳化剂 A 和 B 的质量；

HLB_A、HLB_B——乳化剂 A 和 B 的 HLB 值；

$HLB_{油}$——将“油”乳化为指定类型的乳状液所要求的 HLB 值。如 $HLB_{油}$ 未知，可以通过一系列的乳化试验来确定。取性能良好的 HLB 值为已知的亲油乳化剂和亲水乳化剂（例如司盘-40 和吐温-40）配制成各种比例的混合乳化剂（混合乳化剂的总重量为定值）进行一系列乳化试验。根据试验得到的最稳定的或乳化效率最高的乳状液所需的乳化剂配比，从式（2-47）求得 HLB 油的数值。一些专门的著作已给出了一些常用的乳化剂和“油”的 HLB 值，根据这些数值已制得多种有用的乳状液。

2）最佳混合乳化剂的选择。多选择几对乳化剂混合，使各混合乳化剂的 HLB 值与被乳化系统乳化所需的 HLB 值相等。用这些混合乳化剂乳化指定系统，测定乳化效率。以图 2-29 所示为例，各混合乳化剂的 HLB 值均为 10.5，乳化效率为图中实心黑圆点。显然，在后来选择的混合乳化剂中，有的乳化效率可能高于确定被乳化系统所需 HLB 值时选用的混合乳化剂。图 2-29 中最高的实心黑圆点所用的混合乳化剂为相对最佳乳化剂。

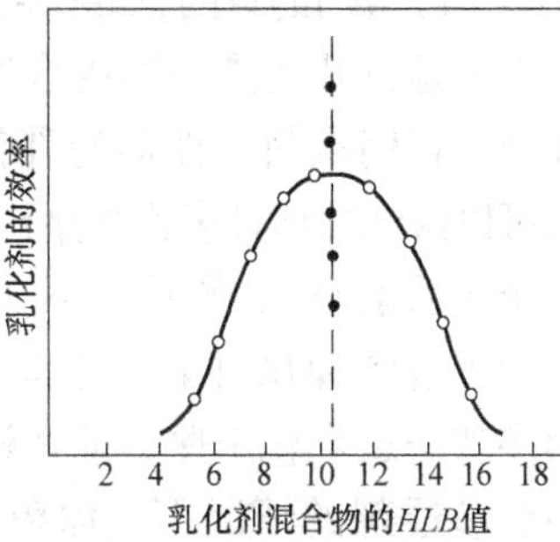

图 2-29 确定乳化系统所需 HLB 值及乳化剂的选择

（2）PIT 法 转相温度（PIT）是另一种表示乳化剂亲水和亲油性质的度量，是指在某一特定系统中乳化剂的亲水和亲油性质达到适当的平衡时的温度。对于非离子型表面活性剂的 HLB 值受温度的影响比较大，低温时它们是亲水的，形成 O/W 型乳状液；高温时它们是亲油的，形成 W/O 型乳状液，可见它们的亲水和亲油性质随温度而变。在转相温度（PIT）下，乳化剂的亲水和亲油性质恰好平衡，故称其为亲水-亲油平衡温度，记作 HLB 温度或 PIT。

研究表明，表面活性剂的亲水链越长，PIT 值越高。乳化剂分子中聚氧乙烯链越长，则分子的亲水性越高，需要较高的温度方能降低分子的水化度，PIT 值就高些。PIT 值与油相的性质也有关，它随油相的极性降低而升高。

PIT 值可以帮助我们选择合适的非离子型表面活性剂作乳化剂。对于 O/W 型乳状液，合适乳化剂的 PIT 值应该比乳状液保存温度高 20～60℃；对于 W/O 型乳状液，应选择 PIT 值低于乳状液保存温度 10～40℃的乳化剂。

乳化剂的乳化作用在液体渗透检测的清洗过程（如清除试件表面多余的渗透剂）中起着重要作用。清洗过程是指清洗试件表面上多余渗透剂的过程。对于试件表面多余的渗透剂的清洗有三种方法：用水清洗、用乳化剂清洗以及用溶剂清洗。其中用溶剂清洗是利用渗透

剂与溶剂（化学试剂）之间起化学反应，生成了另一种物质；或是溶剂稀释、溶解于渗透剂而清洗掉试件表面上多余的渗透剂的。用水清洗和用乳化剂清洗主要是利用表面活性剂的乳化作用以达到清洗试件表面多余渗透剂的目的。下面主要分析如何利用表面活性剂的乳化作用去除试件表面的渗透剂。

渗透检测中使用的渗透剂是属于油类物质，所以只有采用 O/W 型的表面活性剂才能清除掉试件表面多余的渗透剂。表面活性剂分子本身具有性质不同的极性基团，即亲水基和亲油基。当渗透剂里含有这样的表面活性剂时，其亲油基一端与渗透剂相连，亲水基一端游离在空气中，定向整齐地排在渗透剂的表面上。当用水去清洗试件表面多余的渗透剂时，亲水基一端很快与水结合在一起，由于用的是 O/W 型的表面活性剂，这种表面活性剂亲水极性大于亲油极性，加上水的冲洗，从而减弱渗透剂在试件上的附着力，在水分子的吸引和水压的作用下，使渗透剂很容易以液滴形式从试件上脱落下来。离开试件表面的渗透剂液滴内同样含有表面活性剂，那些表面活性剂分子迅速、自发、定向而整齐地排列在液滴的整个表面层上，亲水基朝水、亲油基朝向渗透剂液滴内，在液滴表面形成了单分子膜，使那些从试件表面上脱落下来的渗透剂液滴稳定地分散于水中，并随水流而被冲掉，从而达到洗涤试件表面上多余渗透剂的目的，如图 2-30 所示。

以上是自乳化渗透剂内含有表面活性剂的成分，利用表面活性剂的乳化作用，用水直接可以清洗掉试件表面多余渗透剂的过程。

至于后乳化渗透剂内不含有表面活性剂，为了清洗掉试件表面上多余的渗透剂，必须多加一道乳化工序，即在试件表面上存有多余渗透剂的情况下，涂敷一层乳化剂。对于试件表面多余的渗透剂，乳化剂的亲油基伸入渗透剂内，亲水基游离于空气中，在水的作用下，试件表面上多余的后乳化渗透剂与自乳化渗透剂一样，同样可以达到清洗的目的。其清洗的原理与自乳化渗透剂的清洗类同。

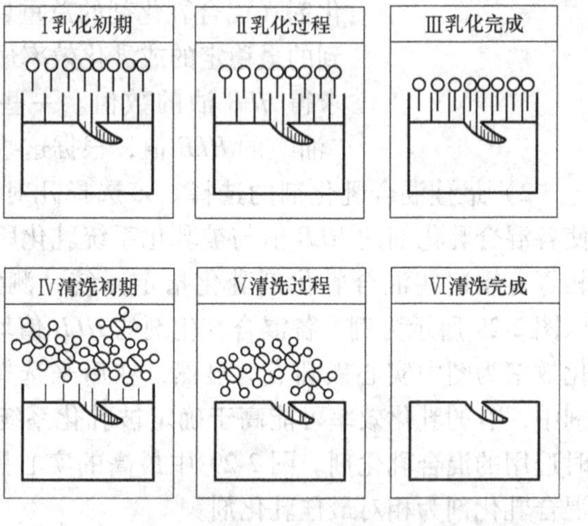

图 2-30　利用乳化作用的清洗过程

2.8　渗透检测中的光学基础

2.8.1　光的本质

光是由一种称为光子的基本粒子组成的，具有粒子性与波动性即具有波粒二象性。

光的波动性是指光是一种电磁波，是能量的一种存在形式，它可以通过电磁辐射的方式从一个物体传播到另一个物体，因此光的本质是一种电磁波。从图 2-31 所示的电磁波谱可见，广义来说光包括紫外线、可见光和红外线三部分，位于 X 射线和微波之间。从狭义上讲，光指的就是可见光。可见光是波长在 380 ~ 780nm 范围内的电磁波，是电磁波谱中能够引起人眼视觉感受到光亮的部分。波长比紫光更短的部分（10 ~ 400nm）称为紫外线（或称为紫外光 UV）。

荧光渗透检测所用紫外线的波长为330～390nm，中心波长为365nm，属A类紫外线，称为UV-A或长波紫外线；波长为280～320nm的紫外线称为UV-B或中波紫外线，又称红斑紫外线，UV-B具有使皮肤变红的作用，还可引起晒斑和雪盲，不能用于荧光渗透检测。波长为200～280nm的紫外线为UV-C或短波紫外线，UV-C具有光化和杀菌作用，能伤害眼睛，也不能用于荧光渗透检测。

波长比红色光更长的电磁波部分（780nm～2mm）称为红外线（或称为红外光IR）。再长为无线电波，红外线主要产生热效应（红外加热）。

光的粒子性是指光束是微粒流，这些微粒就是光子，光子的运动速度就是光速。不同波长的光具有不同的能量，即由不同能量的光子组成。光子具有的能量 E 正比于光的频率

$$E = h\nu \tag{2-48}$$

光子具有的能量 $h\nu$ 是频率为 ν 的光所具有的能量的最小单位，不能再进行分割，故光子又称为光量子。在光和其他物质相互作用时，能量的交换是按 $h\nu$ 的形式一份一份地进行的，即能量是不连续的。

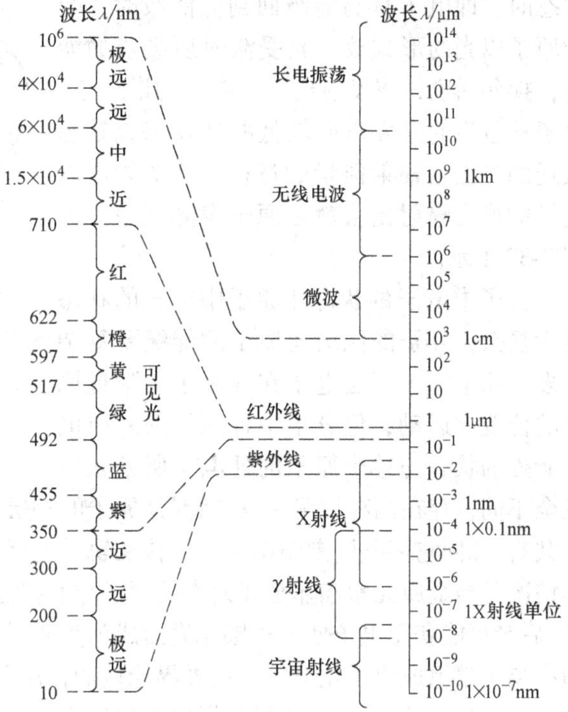

图2-31　电磁波谱

干涉、衍射和偏振表明光是一种波；光电效应和康普顿效应表明光是一种粒子。大量光子的传播规律体现为波动性，频率越低、波长越长的光，其波动性越显著；个别光子的行为体现为粒子性，频率越高、波长越短的光，其粒子性越显著。光在传播过程中往往表现出波动性，在与物质发生作用时往往表现为粒子性。光既具有波动性，又具有粒子性，因此说光具有波粒二象性。

2.8.2　发光原理

原子是由原子核和核外电子组成的。原子核位于原子的中心，电子在原子核外按照一定规律不停地绕核运动，运动着的电子本身具有能量，这能量与它所处的轨道层有关，即不同的轨道层上具有不同的能量。

轨道层即是电子层，分别称为K层、L层、M层、N层……在同一电子层中，还可以分为S、p、d、f电子亚层。每一层上的电子数不能超过 $2n^2$ 个（n 表示电子层数）。因此，第一层上最多容纳2个电子，第2层上最多容纳8个电子，第三层最多容纳18个电子……。核外电子根据其能量大小依次排列在各电子层上。凡是数量满足 $2n^2$ 个电子的电子层称为闭合层，在闭合层以外的电子通常称为外层电子或外电子。

轨道层实际上构成了原子的能级。在正常状态下，原子将处于最小能级的稳定状态中，这个状态叫做基态；其他的状态都具有比基态高的能量，叫做激发态。如果在外界能量的作

用下，如光的照射、电子轰击等，电子将吸收能量从低能级跃迁到高能级，这种状态的原子，称为受激原子。当原子从受激态回到正常态时，即电子从高能级回到低能级时，受激原子以光的形式放出它受激时所吸收的能量，换句话说，将发射出一定频率的谱线来。原子从较高的激发态向较低的激发态或基态跃迁的过程是辐射能量的过程，这个能量以光子的形式辐射出去就是原子发光现象，如图 2-32 所示。

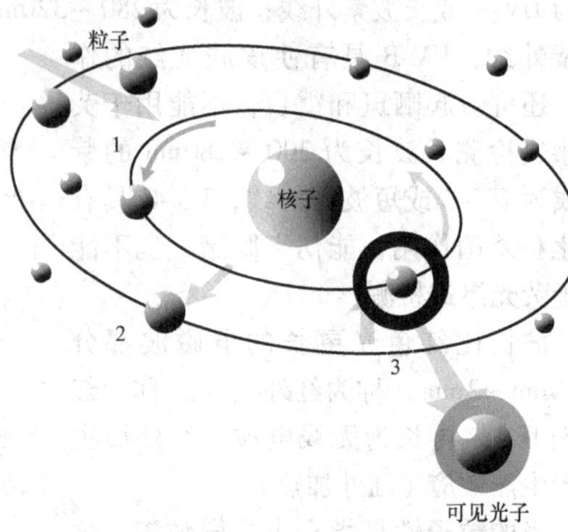

图 2-32 原子发光原理

分子中电子的状态比原子中电子的状态更为复杂，分子的能级比原子的能级要复杂得多。原子的内壳层电子在其原子核附近原来的位置上运动，但分子中各原子的外层电子所处的状态与单个原子的外电子所处状态完全不同，存在两种情况：一种情况是原子的外层电子组成电子对，为分子内互相结合的原子所共有，如同它们共同围绕两个原子核在轨道上运动一样，即由共价键组成共价化合物；另一种情况是当金属元素和非金属元素的原子相互接近时，前者可能失去最外层电子而成为正离子，后者可能获得电子使电子层充满而成为负离子，正负离子在库仑力的作用下结合成分子，即由离子键组成离子化合物。在外界能量的作用下，分子同样可以处于受激状态，当它回到正常态时也将释放能量，该能量同样以光的形式辐射出，也发射出一定频率的谱线来。

基态分子中的电子处于尽可能低能的轨道中。要使电子从低能轨道跃迁到高能轨道，作用于分子的光波必须赋予电子以足够的能量。激发一个电子所需要的最低能量是电子跃迁前后两个轨道之间的能量差 ΔE

$$\Delta E = E_2 - E_1 = h\nu = hc/\lambda$$

1mol 光子的能量

$$E = Ahc/\lambda = 1.196 \times 10^5 \text{kJ} \cdot \text{mol}^{-1}/\lambda \tag{2-49}$$

或

$$E = Ahc/\lambda = 2.86 \times 10^4 \text{kcal} \cdot \text{mol}^{-1}/\lambda \tag{2-50}$$

式中 A——阿伏伽德罗常量，其值为 $6.023 \times 10^{23} \text{mol}^{-1}$；

h——普朗克常量，$h = 6.626 \times 10^{-34} \text{J} \cdot \text{s}$；

c——真空中的光速，$c = 3 \times 10^8 \text{m} \cdot \text{s}^{-1}$；

λ——光的波长，单位为 m。

依据上述关系可方便地在分子激发能和所需光波的波长之间进行换算。例如，通常有机分子激发所需要的最低能量是 167.4kJ/mol（40kcal/mol），所需要的最高能量是 585.8kJ/mol（140kcal/mol），激发它们所需要的光波的波长分别为 700nm 和 200nm，即有机分子的激发通常需要紫外线或可见光。

2.8.3 光致发光

光致发光是指物体依赖外界光源进行照射，从而获得能量，产生激发导致发光的现象；也指物质吸收光子（或电磁波）后重新辐射出光子（或电磁波）的过程。在正常状态下，原子将处在具有最小能量的稳定状态中，称为基态。在外界能量的作用下，如光照射、电子转移等，电子将吸收能量，从低能级的轨道跃到高能级的轨道，使电子的能量升高，由基态跃迁到能量较高的某一状态，称为激发态。高能级的激发态相对于基态是一种不稳定的状态，会在很短的时间内自发地向能量较低的基态过渡，使处于高能状态的电子跳跃到较低能级的轨道上，电子由高能级轨道跃迁到低能级轨道时，将辐射出一定能量的光子，当光子的波长在可见光波长的范围内时，就会出现光致发光现象。从量子力学理论的角度，这一过程可以描述为物质吸收光子跃迁到较高能级的激发态后返回低能态，同时放出光子的过程。

能产生光致发光现象的物质，称为光致发光物质。光致发光物质常分为两类：磷光物质和荧光物质，两者之间的区别在于：磷光物质在外界光源停止照射后，仍能持续发光；荧光物质在外界光源停止照射后，立刻停止发光的。

荧光渗透检测时，用紫外线照射荧光渗透剂的发光就属于光致发光的过程。荧光渗透剂中的荧光染料属于荧光物质，它能吸收紫外线的能量发出荧光。不同的荧光物质发出的荧光颜色不同，波长也不同，它们的波长一般在510～550nm的范围内。因为人眼对黄绿色光较为敏感，故在荧光渗透检测中，常使用能发出波长为550nm左右的黄绿色荧光的荧光物质，如YJP-2、YJP-25等。

荧光和磷光的产生涉及光子的吸收和再发射两个过程。

1. 激发过程

电子激发态的多重态用$(2s+1)$表示，s为电子自旋角动量量子数的代数和，其数值为0或1。

分子吸收能量使电子能级从基态跃迁到激发态，同时伴随振动能级和转动能级的跃迁。在分子能级跃迁的过程中，电子的自旋状态也可能发生改变。应用于分析化学中的荧光和磷光物质几乎都含有$\pi \to \pi^*$跃迁的吸收过程，它们都含有偶数电子。根据泡利不相容原理，在同一轨道上两个电子的自旋方向要彼此相反。大多数的稳定分子具有闭壳层结构，分子中的电子都是自旋成对的，即$s=0$。这样的分子处于自旋单重态，它们没有永久磁矩。在外加磁场中，电子的自旋仍然两两偶合在一起，其净自旋磁矩仍为零，但电子的轨道角动量绕磁场方向旋近，因而在磁场方向出现净轨道磁矩，其方向与外加磁场的方向相反，这样的物质宏观上表现出抗磁性。当分子吸收能量后，在跃迁过程中不发生电子自旋方向的变化，这时分子处于激发的单重态；如果在跃迁过程中还伴随着电子自旋方向的改变，这时分子便有两个自旋不配对的电子（此分子称开壳层分子），即$s=1$，分子处于激发的三重态，用符号T表示，具有净自旋磁矩。如果未成对电子的轨道磁矩没有被"猝熄"，还会有净轨道磁矩。开壳层分子未成对电子的自旋磁矩和轨道磁矩构成了开壳层分子的磁矩，它是开壳层分子的永久偶磁矩。在外加磁场时，分子的永久偶磁矩受到磁场力的作用，它将反抗热运动而取向，沿磁场方向排列，使磁场得到加强，这样的物质宏观上表现顺磁性。

2. 发射过程

处于激发态的分子是不稳定的，通常以辐射跃迁或无辐射跃迁的方式返回到基态，这就是激发态分子的失活。辐射跃迁的去活化过程，发生光子的发射，即产生荧光和磷光；无辐射跃迁的去活化过程包括振动弛豫、内转换、系间跨越及外转换等过程。如图2-33所示，S_0、S_1、S_2分别表示分子的基态、第一和第二激发单重态；T_1、T_2分别表示第一和第二激发三重态。

（1）振动弛豫　振动弛豫是指分子将多余的振动能量传递给介质而衰变到同一电子态的最低振动能级的过程。发生振动弛豫的时间约为10^{-12}s数量级。

（2）内转换　内转换指在相同多重态的两个电子能级间，电子由高能级转移至低能级的无辐射跃迁过程。当两个电子能级非常靠近以致其能级有重叠时，内转换很容易发生。两个激发单重态或两个激发三重态之间能量差较小，并且它们的振动能级有重叠，显然这两种能态之间易发生内转换。

（3）荧光发射　激发态分子经过振动弛豫降到激发单重态的最低振动能级后，如果是以发射光量子跃迁到基态的各个不同振动能级，又经振动弛豫回到最低基态时就发射荧光。从荧光发射过程明显地看到，荧光是从激发单重态的最低振动能级开始发射，与分子被激发至哪一个能级无关，荧光发射前后都有振动弛豫过程。因此荧光发射的能量比分子所吸收辐射的能量低，所以对于溶液中分子荧光光谱的波长与它吸收光谱波长的比较，荧光的波长要长一些（斯托克斯位移）。

（4）系间跨越　系间跨越是指不同多重态间的两个电子态间的无辐射跃迁，同时伴随着受激电子自旋状态的改变，如 $S_1 \to T_1$。在含有重原子（如溴或碘）的分子中，系间跨越最常见。这是因为在原子序数较高的原子中，电子自旋和轨道运动间的相互作用变大，原子核附近产生了强的磁场，有利于电子自旋的改变，所以含有重原子化合物的荧光很弱或不能发生荧光。

（5）外转换　外转换是指激发分子通过与溶剂或其他溶质分子间的相互作用使能量转移，而使荧光或磷光强度减弱甚至消失的过程。这一现象又称为“熄灭”或“猝灭”。

（6）磷光发射　第一激发单重态的分子有可能通过系间跨越到达第一电子激发三重态，再通过振动弛豫转至该激发三重态的最低振动能级，由此激发态跃回至基态时便发射磷光。激发三重态的平均寿命为 $10^{-4} \sim 10s$，因此磷光在光照停止后仍可维持一段时间。

着色渗透剂里含有大多为油溶性的染料，其中以偶氮系染料为最多，它们都具有偶氮基、羟基和胺基结构。这类物质溶于溶剂中，在日光的照射下吸收光能，同时也放出红色光线的谱线来，所以着色渗透检测的缺陷显示多为红色显示。着色渗透剂的颜色强度称着色强度，它与溶液的浓度成正比。

荧光渗透剂的发光现象有赖于渗透剂中荧光物质发光。荧光物质大多数也是油类物质，它们彼此在结构上也是不完全一样的，不同荧光物质的分子有不同的本征频率，吸收入射光能后产生的荧光波长也不完全一样，因而荧光颜色就有差异。图2-33所示为分子内的光物理过程。

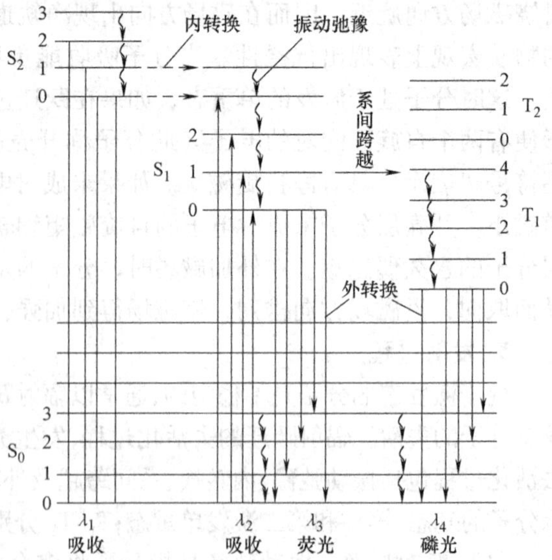

图2-33　分子内的光物理过程

3. 产生荧光的条件

分子产生荧光必须具备如下两个条件：

1）分子必须具有与所照射光的辐射频率相适应的结构，才能吸收激发光。

2）吸收了与其本身特征频率相同的能量之后，必须具有一定的荧光量子产率。

荧光量子产率 φ 也称荧光效率或量子效率，它表示物质发射荧光的能力，定义

为荧光物质吸光后发射的光子数与其所吸收的激发光的光子数之比值，通常用下式表示

$$\varphi = \frac{荧光发射光子数}{荧光吸收光子数}$$

在产生荧光的过程中，涉及许多辐射和无辐射跃迁过程，如荧光发射、内转移、系间跨越和外转换等。很明显，荧光量子产率与上述每一个过程的速率常数都有关。

用数学式来表达这些关系可得

$$\varphi = kf/(kf + \sum ki)$$

式中　kf——荧光发射过程的速率常数；

$\sum ki$——其他有关过程的速率常数的总和。

凡是能使 kf 值升高而使其他 ki 值降低的因素，都可增强荧光。

实际上，对于强荧光分子（如荧光素），其量子产率在某些情况下接近1，说明 $\sum ki$ 很小，可以忽略不计。一般 kf 主要取决于化学结构，而 $\sum ki$ 则主要取决于化学环境，同时也与化学结构有关。磷光的量子产率与此类似。

2.8.4　光的吸收

光在介质中传播时部分能量被介质吸收，光的吸收遵守如下规律：

$$I = I_0 e^{-\alpha L} \tag{2-51}$$

式中　I_0——入射光强，单位为cd；

I——透射光强，单位为cd；

L——光在介质中通过的距离，单位为cm；

α——吸收系数，单位为 cm^{-1}。

上述规律先由P. 布给于1729年通过实验得到，后由J. H. 朗伯利用一个简单假设从理论上推出，故称布给-朗伯定律。1852年，A. 比尔通过实验证明，当光被溶解在透明溶剂中的物质吸收时，若浓度不太大，溶质分子间的相互影响可忽略，则吸收系数 α 与溶液浓度 c 成正比，即

$$\alpha = \chi c$$

式中　χ——与浓度无关的物质常数。

吸收规律可写成

$$I = I_0 e^{-\chi c L} \tag{2-52}$$

式（2-52）称为比尔定律，常被用来测定溶液的浓度。

渗透检测着色（荧光）强度的度量指标之一为消光值 K，是指光线通过渗透剂被吸收的程度。光线通过有色溶液后部分光线被溶液吸收使透射光强度减弱。消光值 K 与渗透剂中染料的浓度及光线所透过的液层厚度的乘积成正比，可表示为

$$K = \lg \frac{I_0}{I} = acL \tag{2-53}$$

式中　K——消光值；

I_0——入射光强；

I——透射光强；

L——光线所透过的渗透剂液层厚度；

c——渗透剂中染料的浓度；

a——比例常数。

由此可见，渗透剂的消光值 K 越大，着色（荧光）强度就越大，缺陷显示越清晰。溶液的消光值一般用比色光度计测定。

若介质对光的吸收程度与波长无关，则称为一般吸收；若对某些波长或一定波长范围内的光有较强吸收，而对其他波长的光吸收较少，则称为选择吸收。大多数染料和有色物体的颜色都是选择吸收的结果。多数物质对光在一定波长范围内吸收较少（表现为对光透明），而在另一些波段内则对光有强烈吸收（表现为不透明），例如对可见光透明的普通玻璃对红外线和紫外线有强烈吸收。

当光线照射物质时，可能全部被吸收，或部分被吸收，也可能不被吸收。例如，当白光照射于一片黄色玻璃时，白光中的蓝光被吸收，而其他颜色的光透过该玻璃而呈现黄色。这是由于各种物质的分子具有不同结构，因而它们具有特殊的频率，当所照射的光线和被照射物质的分子具有相同的频率时，则发生共振现象，这种共振过程是物质的分子对光能吸收的过程，即光被该物质的分子所吸收。白光中的黄光在通过黄色玻璃时不被吸收，是由于黄光的振动频率和该玻璃分子中电子的振动频率不相同的缘故。当然，白光中的黄光虽不被黄色玻璃所吸收，但并不意味着黄光和黄色玻璃分子之间没有发生任何作用。实际上，当透过黄色玻璃时黄光的速度被降低了，这说明黄光本来所具有的能量（光能）在通过黄色玻璃时损耗了一部分。

物质的分子吸收光能时，发生了能量转移。根据量子理论，分子从光线中吸收的能量是以光量子为单位的，每个量子所具有的能量与它的频率成正比。分子具有一系列的能级，各能级之间相差不大。当自某一能级转移至能量较高的其他另一能级时，它吸收了等于这两个能级之差的能量。在光线照射下，物质的分子吸收了一部分能量，跃迁至较高能级而成为激发分子。在很短时间内（约 10^{-8}s），它们首先因撞击而以热的形式损失掉一部分能量。从能量守恒与转换观点来看，受激分子以光的形式所放出的能量，不可能比它受激时所吸收的能量多。由公式（2-48）可知，能量的减少即表现为分子从受激状态转变到正常状态时，所放出的光波波长总是长于入射光（激发物质）的波长。

2.8.5 荧光强度与荧光发光效率

荧光强度 I_f 正比于吸收的光量 I_a 与荧光量子产率 φ

$$I_f = \varphi I_a \tag{2-54}$$

式中 φ——荧光量子产率，又根据比尔定律

$$I_a = I_0 - I_t = I_0(1 - e^{-2.303\varepsilon cL})$$

式中 I_0、I_t——入射光强度和透射光强度；

ε——该物质的摩尔消光系数；

c——化合物在体系中的浓度；

L——光在介质中通过的距离，即光程长度。

代入式（2-54）得

$$I_f = \varphi I_0(1 - e^{-2.303\varepsilon cL}) \tag{2-55}$$

在只有小部分光被吸收时，式（2-55）可简化为

$$I_f = 2.3\varphi I_0 \varepsilon cL \tag{2-56}$$

当入射光强度I_0和I一定时，式（2-56）为

$$I_f = Kc \tag{2-57}$$

即荧光强度与荧光物质的浓度成正比，但这种线性关系只有在极稀的溶液中，当$\varepsilon cL \leqslant 0.05$时才成立。对于较浓的溶液，由于猝灭现象和自吸收等原因，荧光强度和浓度不呈线性关系。

荧光渗透剂的荧光发光效率指荧光染料吸收紫外线转换成可见荧光的效率，直接影响荧光强度的大小。荧光渗透剂发光时各变量的关系可表示为

$$I_f = \varphi I_0 (1 - e^{-KcX}) \tag{2-58}$$

式中　I_f——可见光内测定的荧光强度；

I_0——被检试件表面测定的紫外线强度；

c——荧光染料的有效浓度；

K——荧光染料的消光系数；

X——荧光渗透剂的膜层厚度；

φ——染料系统产生的可见光量。

由此可知，当K、c、X值增大时，荧光强度增大。但X值增加到一定厚度时，由于自熄作用，荧光强度不再增加。

2.8.6　光度学基础知识

光是一种客观的物理量，光度量是光辐射能为平均人眼接收所引起视觉刺激大小的度量，即具有平均人眼视觉响应特性的人眼所接收到的辐射量的度量。渗透检测检验场地光环境及检测光源的评价离不开定量的分析和说明，在光度学中涉及一系列的物理光度量，用以描述光环境与光源特征。

1. 辐射通量

辐射通量是指在单位时间、单位面积元上辐射的所有波长的光能量，即光源表面上单位面积的辐射功率，用来描述光源发射辐射的能力。辐射通量用ϕ_e来表示，单位是瓦特（W）或焦耳/秒（J/s）。

如图2-34所示，设光源表面S向所有方向辐射出各种波长的光，此光源表面的一个面积元dS的辐射情况，可以用单位时间内该面积元dS辐射出来的所有波长的光能量（也就是通过该面积元的辐射功率）来表示，这就是面积元dS的辐射通量。

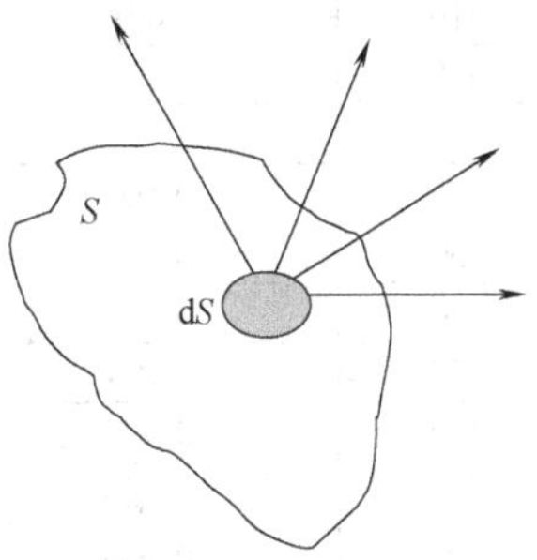

图2-34　辐射通量

对于光源上任一面积的辐射通量，不同波长的光在其中所占的比例是不同的，设$e(\lambda)$为辐射通量随波长λ变化的函数，又称谱辐射通量密度。

从光源面积元dS辐射出来的波长在λ到$\lambda + d\lambda$间的光辐射通量为

$$d\phi_e = e(\lambda)d\lambda$$

于是，从面积元dS发出的各种波长的总辐射通量为

$$\phi_e = \int_0^\infty e(\lambda)d\lambda \tag{2-59}$$

2. 光谱光视效率

人眼对不同波长（或颜色）的光波具有不同的灵敏度，即当具有相同的辐射通量而波长不同的光作用于人眼时，人所感受的明亮程度是不一样的。人对不同波长光响应的灵敏度是波长的函数，称为光谱光视效率函数，简称视见函数。

国际照明委员会(CIE)所测定的标准光度观察者的光谱光视效率$v(\lambda)$的数值见表2-13。图2-35所示为明视觉和暗视觉的光谱光视效率实验曲线，其纵坐标为光谱光视效率。明视觉以$v(\lambda)$表示，暗视觉以$v'(\lambda)$表示。暗视觉曲线的峰值向短波方向移动了约50nm，当不同的单色光辐射通量能够产生相等强度的视觉时，$v(\lambda)$与这些单色光的辐射通量成反比。实验表明，在同等辐射功率的情况下，空气中波长为555nm的黄绿光(频率为540×10^{12}Hz的单色辐射)对人眼造成的光刺激强度最大，光感最强，曲线具有最大值。通常取这个最大值作为单位1。例如对于波长为660nm的红光来说，光视效率的相对值是0.061。也就是说，为了使它引起和波长为555nm的黄绿光相等强度的视觉，所需的辐射通量是波长为555nm黄绿光的辐射通量的1/0.061=16倍左右，或者说黄绿光对人眼的刺激比同样功率的红光或蓝光要强。

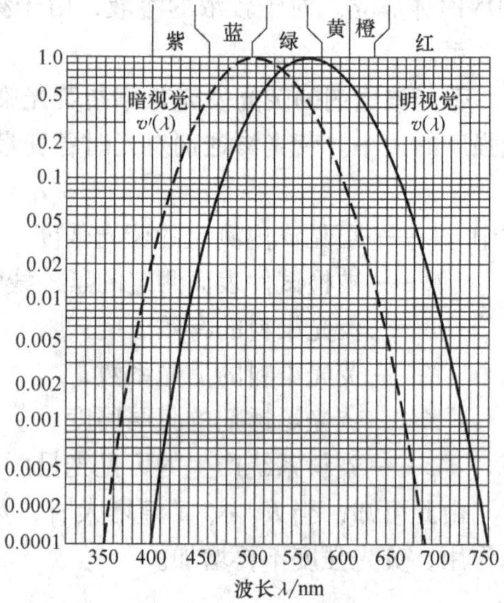

图2-35 光谱光视效率曲线

表2-13 CIE标准光度观察者的光谱光视效率$v(\lambda)$

λ/nm	明视觉$v(\lambda)$	暗视觉$v'(\lambda)$	λ/nm	明视觉$v(\lambda)$	暗视觉$v'(\lambda)$
380	0.0000	0.000589	580	0.870	0.1212
390	0.0001	0.002200	590	0.757	0.0555
400	0.0004	0.00929	600	0.631	0.03315
410	0.0012	0.03484	610	0.503	0.01593
420	0.0040	0.0966	620	0.381	0.00737
430	0.0116	0.1988	630	0.265	0.003335
440	0.023	0.3281	640	0.175	0.001497
450	0.038	0.455	650	0.107	0.000677
460	0.060	0.567	660	0.061	0.0003129
470	0.091	0.676	670	0.032	0.0001480
480	0.139	0.793	680	0.017	0.0000715
490	0.208	0.904	690	0.0032	0.00003533
500	0.323	0.982	700	0.0041	0.00001780
510	0.503	0.977	710	0.0021	0.00000914
520	0.710	0.935	720	0.00105	0.00000478
530	0.862	0.811	730	0.00052	0.000002546
540	0.954	0.650	740	0.00025	0.000001379
550	0.995	0.481	750	0.00012	0.000000760
555	1	0.430	760	0.00006	0.000000425
560	0.995	0.3288	770	0.00003	0.000000248
570	0.952	0.2076	780	0.000015	0.000000139

3. 光通量

辐射通量表示光源或某一面积输出的光能量，而光源的照明效果是依据人眼的感觉来评定的，受人眼的光谱光视效率函数的影响。光通量是光源在单位时间内发出的光的总量，描述客观辐射通量在人眼中引起的主观视觉强度，以 ϕ_v 表示，单位是流明（lm）。

光通量的数值很大程度上依赖光源辐射通量的多少，辐射通量中只有 380～760nm 波长的辐射才能引起人眼的光刺激，所以光通量的数值还取决于人眼的光谱光视效率 $v(\lambda)$，对于明视觉有

$$\phi_v = \int \mathrm{d}\phi_v(\lambda) = K_m \int_0^{\infty} v(\lambda) e(\lambda) \mathrm{d}\lambda \tag{2-60}$$

式中　$e(\lambda)$——辐射通量的光谱分布；

$v(\lambda)$——光谱光视效率；

K_m——辐射的光谱（视）效能的最大值，单位为 lm/W。

在单色辐射时，明视觉条件下的 K_m = 683lm/W（λ_m = 555nm）。由光通量和辐射通量之间的换算由理论和实验可知，1W 的波长为 555nm 的黄绿光（频率为 540×10^{12}Hz）的单色辐射的辐射通量等于 683lm 的光通量，或 1lm 的波长为 555nm 的黄绿光（频率为 540×10^{12}Hz）的单色光通量等于 1/683W = 0.001464W 的辐射通量。

4. 发光强度

发光强度简称光强，定义为发光体在给定方向的立体角元 $\mathrm{d}\Omega$ 内传输的光通量 $\mathrm{d}\phi_v$ 除以该立体角元之商，即单位立体角内发出的光通量，可表示为

$$I = \frac{\mathrm{d}\phi_v}{\mathrm{d}\Omega} \tag{2-61}$$

式中　I——发光强度，单位为 cd。

发光强度是表征光源发光能力大小的物理量，也是表示光源向空间某一方向上单位立体角内所辐射的光通量的大小。在数量上，1cd = 1lm/sr。1cd 是指单色光源（频率为 540×10^{12}Hz，波长为 0.555μm）的光，在给定方向上（该方向上的辐射强度为 1/683W/sr）的单位立体角内发出的发光强度。

如果在有限立体角 Ω 内传播的光通量 ϕ_v 是均匀分布的，则

$$I = \frac{\phi_v}{\Omega} \tag{2-62}$$

式中　Ω——立体角。

一个任意形状的封闭锥面所包含的空间称为立体角。如图 2-36 所示，以任一锥体顶点 O 为球心，任意长度 r 为半径作一球面，被锥体截取的一部分球面面积为 S，则此锥体限定的立体角 Ω 为

$$\Omega = \frac{S}{r^2}$$

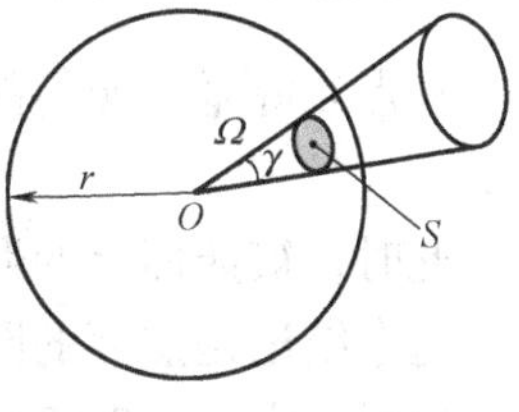

图 2-36　立体角示意图

立体角的单位是球面度（sr），以圆球为例，整个球的表面积为 $4\pi r^2$，则这个球所占的空间（即立体角）为

$$\Omega = \frac{4\pi r^2}{r^2} = 4\pi$$

均匀发光体（如点光源）在各个方向均匀发光，可得点光源辐射的光通量为

$$\phi_v = 4\pi I \tag{2-63}$$

5. 照度

照度是表征受照面被照明程度的物理量，它可用入射在受照物体单位面积上的光通量的数值来度量，以 E 表示。如图 2-37 所示，如果照射在物体面积元 dS 上的光通量为 $d\phi_v$，则照度可表示为

$$E = \frac{d\phi_v}{dS} \tag{2-64}$$

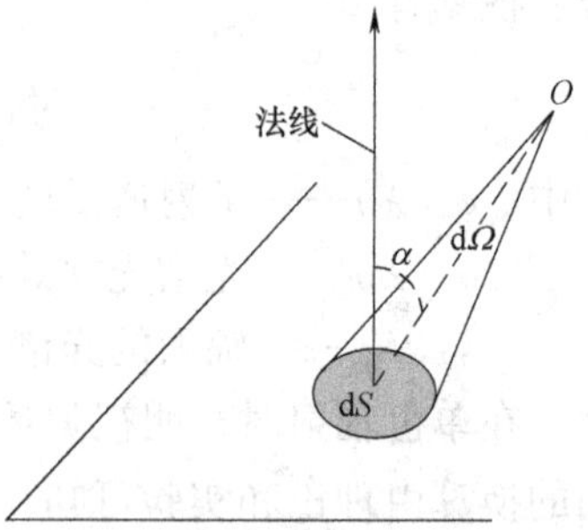

图 2-37 照度示意图

照度的单位是勒克斯（lx）。1lx 是 1lm 的光通量均匀分布在 $1m^2$ 的表面上所产生的照度，即 $1lx = 1lm/m^2$。如果受照表面均匀受光，即受照表面上照度处处相等，则受照表面所接受的照度为

$$E = \frac{I}{S}$$

对点光源来说，$d\phi_v = I d\Omega$，因而照度

$$E = \frac{I d\Omega}{dS} = \frac{I\cos\alpha}{R^2} \tag{2-65}$$

式中 R——点光源距受光物体面积元 dS 中心的距离；

α——光束中轴线与受光处表面法线之间的夹角。

由此可见，点光源所造成的照度反比于光源到受照面的距离的平方，而正比于光线入射角的余弦。因为在大多数情况下物体不是自己发光的，所以照度有重要的意义。

表 2-14 所列为一些实际情况下照度的近似值。

表 2-14 一些实际情况下照度的近似值 （单位：lx）

无月夜星光在地面上所产生的照度	3×10^{-4}	检查视力时视力表上应有的照度	100 ~ 300
接近天顶的满月在地面所产生的照度	0.2	晴朗的夏日在采光好的室内的照度	100 ~ 500
观看仪器的示值	30 ~ 50	夏日太阳不直接射到的露天地面的照度	1000 ~ 10000
在办公室工作时所需的照度	20 ~ 100		

在点光源垂直照射的情况下，光线入射角 $\alpha = 0°$时有

$$E_0 = I/R^2$$

此时，被照面上的照度和光源的发光强度成正比，和光源到被照面间距离的平方成反比。这个结论是照度的距离平方反比定律。

同样，由式（2-65）可知，当投射光距离不变，而光线入射角为 α 时，照度的表达式可写为

$$E = E_0 \cos\alpha \tag{2-66}$$

式（2-66）表明被照射表面的照度和表面法线与光线方向之间夹角的余弦成正比，这就是照度余弦定理。

综上所述，垂直于光线方向的被照射表面的照度具有最大值。随着 α 角的增大，照度减小。所以使用照度计测量被测面照度时，必须使照度计调节到正确位置，照度计位置不准时测得的读数不是被测面的照度，计算所得的被测面的有效光通量会偏小。

6. 亮度

人们能够识别物体的形状和明暗，是由于光源或受照物体反射的光线进入人眼，在视网膜上成像。视觉上的明暗程度取决于进入眼睛的光通量在视网膜上所成物像的照度。因此，确定物体的明暗要考虑两个因素：一是光源或受照物体在指定方向上的投影面积（决定物像的大小），二是光源或受照物体在该方向上的发光强度（决定物像上的光通量密度）。亮度就是根据这两个条件建立的新的光度量参量。

如图 2-38 所示，光源从某一面积元 dS 出发，包围在一个立体角元 $d\Omega$ 内，光束的轴线与 dS 法线成一个角度 α。在光束轴线方向上，面积元的表观面积是 $dS\cos\alpha$。根据朗伯定律，从立体角元 $d\Omega$ 中发射出的光通量 $d\phi_v$ 正比于 $d\Omega$ 和发光体表观面积 $dS\cos\alpha$，比例系数和发光面的性质有关，不随角 α 的变化而变化。这个系数用 L 表示，称为光源的亮度，它是表征发光表面发光能力的强弱并与发光表面特性有关的物理量，可以用单位面积的光源表面在法线方向的单位立体角内发出的光通量来量度。于是 $d\phi_v = L\,(dS\cos\alpha)\,d\Omega$，因此

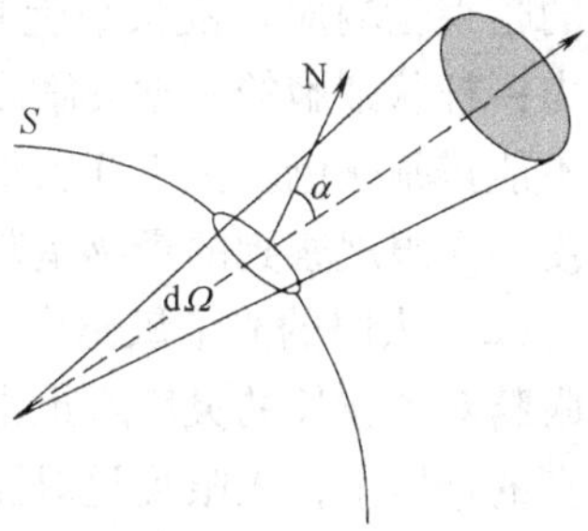

图 2-38　亮度示意图

$$L = \frac{d\phi_v}{(dS\cos\alpha)\,d\Omega} \tag{2-67}$$

式中　L——亮度，单位为 cd/m^2。

在亮度均匀的条件下，亮度可用下式计算

$$L = \frac{I}{S} \tag{2-68}$$

应当指出，光源的亮度常常在各个方向上不相同，所以在谈到一点或一个有限表面的亮度时需要指明方向。

综上所述，光通量、发光强度、照度和亮度这四个光度量有不同的应用领域，并且可以互相换算。光通量表征光源辐射能量的大小，发光强度用来描述光通量在空间的分布密度，照度说明受照物体受光表面的光通量密度，亮度表示光源或受照物体表面的明暗差异，它不但与光源有关，而且与物体表面吸收和反射特性有关。

2.8.7　人眼的视觉特征

1. 人眼的构造

人眼是人的光接收器，人眼接收的信息占整个人全部接收信息的 70% 左右。人眼是由角膜、虹膜、晶状体、睫状体和玻璃体组成的光学系统。人眼的结构如图 2-39 所示，作为敏感和信号处理部分的带有盲点和黄斑的视网膜，是构成人眼视觉的关键部分。

人眼的视网膜上有锥状细胞和杆状细胞两类含有光敏物质的感光细胞。在视神经进入眼内腔的盲斑部分，既无锥状细胞，也无杆状细胞，是不感光的盲区。在黄斑中心的凹处完全没有杆状细胞，是具有最高视觉分辨力的区域。从黄斑向视网膜边缘移动，锥状细胞和杆状

细胞混合在一起，杆状细胞比锥状细胞小得多，而且没有独立地与视神经联系，而是合成一簇（多数达500条一簇），这对于产生高敏感度的视觉至关重要。视网膜边缘几乎全部为杆状细胞了。

2. 人眼的视觉特性

（1）视觉的适应　人眼能在一个相当大的范围内适应视场亮度。当人眼适应大于或等于$3cd/m^2$的视场亮度后，视觉由锥状细胞起作用，这是人眼的明视觉响应；当人眼适应小于或等于$3\times10^{-5}cd/m^2$视场亮度之后，视觉只由杆状细胞起作用，这是人眼的暗视觉响应。锥状细胞具有高分辨力和颜色分辨力；杆状细胞的视觉灵敏度比锥状细胞高数千倍，但不能辨别颜色。由于杆状细胞没有颜色分辨能力，故夜间人眼观察到的景物呈灰白色。

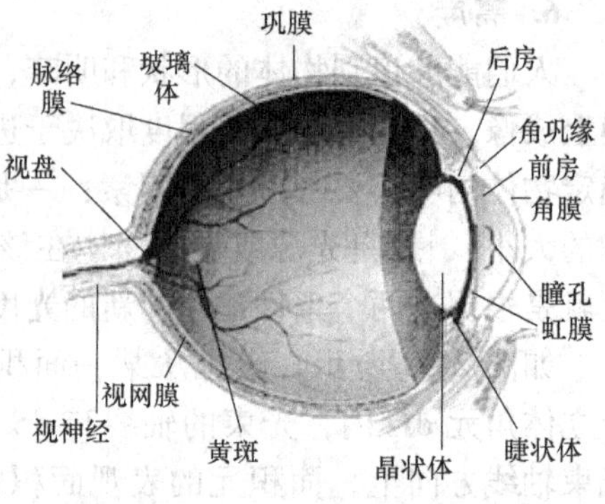

图2-39　人眼的结构

（2）人眼的光谱敏感度　人眼对各种不同波长的辐射光有不同的敏感度，并且不同人的眼睛对各波长的灵敏度也常有差异。对大量具有正常视力的观察者所做的实验表明：在较明亮的环境中，人眼视觉对波长为555nm左右的黄绿光最敏感；在较暗的环境中，人眼对波长为512nm左右的蓝绿光最敏感。

当照明度由明视状态转变为暗视状态，光谱敏感度曲线向短波段移动，敏感峰由黄绿部分移至蓝绿部分，如图2-40所示。人眼能在不同亮暗程度的条件下工作，这是因为眼睛对不同亮度条件有适应的能力，这种能力称为眼睛的适应。

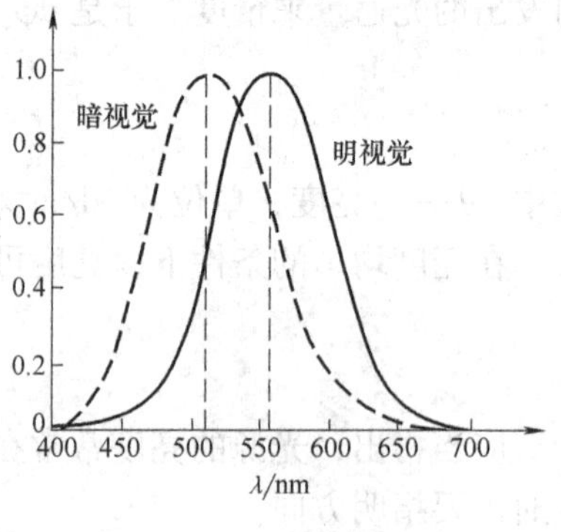

图2-40　人眼的光谱灵敏度曲线

眼睛的适应是一种当周围照明条件发生变化时眼睛所产生的变化过程，可分为对暗适应和对亮适应两种。前者发生在自光亮处到黑暗处的时候，后者发生在自黑暗处到光亮的时候。当环境亮度从亮到暗时，就出现锥状细胞向杆状细胞活动的转换，此时眼睛的敏感度提高，适应于感受十分微弱的光能。暗适应过程是逐渐完成的，其刺激瞳孔的增大，使进入眼睛的光能量增加。正常眼睛的暗适应过程是：最初5min对光的敏感度提高很快，以后渐慢；8～25min对光的敏感度又增加很快，以后渐慢；约30min达到完全暗适应状态，之后不再随时间而变化。由暗处到亮处要产生炫目现象，这表明对光适应也要有一定的时间，适应过程需几分钟。对光适应时，眼睛的敏感度降低，这是由于在照度良好的条件下，光的强弱不影响眼睛的工作能力。

（3）人眼的阈值对比度　人眼的视觉探测是指在一定背景中把目标鉴别出来。目标在背景中的衬度以对比度C来表示：

$$C=\frac{L_t-L_b}{L_b} \tag{2-69}$$

式中　L_t——物体亮度；

L_b——背景亮度。

在给定的视场亮度、给定的目标大小等条件下，人眼能够将目标从背景中分辨出来的最小对比度，称为人眼的阈值对比度。当观察亮度（或照度）不等的两个面时，如果亮度（照度）很低，就区分不出差别；但如果将两个面的亮度按比例提高，则到一定大小的亮度（照度）时，就可以观察出它们的差别来。即在不同的亮度（或照度）的情况下，人眼的阈值对比度是不同的。

3. 渗透检测观察的条件

渗透检测通常依赖于检测人员对显示的观察，所以为目视观察提供的照明是很重要的。

着色检验的显示是在白光源下进行观察的，太阳光、白炽灯、荧光灯管或蒸气汞灯都是很好的光源。白光源的光谱特征是希望被渗透液反射的成分弱而其他成分强，这样在试件上能得到满意的白色显像剂背景，而渗透剂的显示则较暗，从而可获得最大的反差。泛光的可见面较大，有利于观察大型的相对平整的表面，对于形状复杂的试件，灯光很难照到整个表面，最有效的办法是用手提式点光源照明。着色检测时，观察时使用的白光，其波长范围为400～760nm，检测场地、被检试件表面的白光照度不低于1000lx，现场检测时应不低于500lx。

荧光渗透检测的缺陷显示要在黑暗的检验室中于黑光灯的照射下观察。黑光是一种比可见光波长更短的不可见光，其波长为330～390nm，中心波长为365nm，一般用黑光灯得到。紫外线能使荧光渗透剂产生荧光，荧光检测就是利用荧光渗透剂受紫外线照射而激发产生荧光这一现象为基础的。其荧光波长为520～550nm，其中心波长为550nm，呈黄绿色。眼睛在暗场环境下对黄绿色波长范围内的光有最高的视觉灵敏度。相对来说眼睛对黑光不太敏感，特别是存在可见光时。在暗场时，眼睛的敏感度会急剧增加。

检验室里的可见光对检验结果会有很大的影响，可见光越强，观察荧光显示越困难，能够辩认出荧光显示所需的黑光照度就越大。暗室中白光照度应不大于20lx，黑光照度应不小于1000$\mu W/cm^2$。检验员进入暗室至少要有5min适应暗室的时间。检验时黑光进入眼睛或黑光反射到眼睛会引起视觉模糊。但是黑光并无害处，经过一段时间眼睛模糊的视觉就会消失。若眼睛发花比较严重，可以开始戴一副黄色玻璃眼镜，不准戴墨镜或变色镜，这会降低检验的效果和质量。

2.8.8　对比度与可见度

1. 对比度

痕迹显示和围绕这个痕迹显示的表面背景之间的亮度或颜色（光）之差，称为对比度。渗透检测用痕迹显示和围绕该痕迹显示的表面背景之间的反射光、发射光的相对量来表示，这个相对量称为对比率。试验测量结果表明，从纯白色表面上反射的最大光强度约为入射白光强度的98%，从最黑的表面上反射的最小强度约为入射白光强度的3%。这表明黑白表面之间能得到最大的对比率为33∶1。实际上要达到这个比值是极不容易的，试验测量结果表明，黑色染料显示与白色显像剂背景之间的对比率为9∶1，而红色染料显示与白色显像剂背景之间的对比率却只有6∶1。

采用着色检验时，红色染料显示与白色显像剂背景之间的对比率约为6∶1。采用荧光检验时，荧光显示与不发荧光的背景之间的对比率（即使周围环境不可避免有些微弱的白光存在）可达300∶1，甚至可达1000∶1，在完全暗的理想情况下，可达无穷大。由于着色渗透检测时痕迹的红色显示与白色显像剂背景之间的颜色对比率远小于荧光渗透检测时痕迹的荧光显示与不发光的背景之间的对比率，因此荧光渗透检测比着色渗透检测具有更高的检测灵敏度。

着色渗透检测时，红色染料显示与白色显像剂背景之间应形成鲜明的色差；荧光渗透检测时，背景亮度必须低于要求显示的荧光亮度。

2. 可见度

可见度是观察者在一定的本底、外部光等条件下能看到显示的一种特征，与显示的颜色、背景的颜色、显示的对比度、显示本身反射或发射光的强度、周围环境光线的强弱及观察者的视力等因素有关。人眼在强的白光下对光强度的微小差别不敏感，对颜色对比度差别的辨别能力很强；在暗场中，人眼辨别颜色和颜色对比度的本领很差，但能看见微弱的光源，对黄绿色光具有最好的可见度。荧光渗透液在黑光照射下发出的正是黄绿色荧光。荧光渗透检测时采用的荧光渗透剂在紫外线照射下发黄绿色荧光，因而缺陷显示在暗室里具有最好的可见度。

复 习 题

2-1 自然界中的物质有哪三种状态？各有什么特点？

2-2 界面和表面的区别是什么？常见的表面现象有哪些？

2-3 画图说明分子间作用力与分子间距离的关系？

2-4 什么是表面张力？试举例说明自然界存在表面张力的现象。什么是表面张力系数？表面张力系数与哪些因素有关？

2-5 产生表面张力的原因是什么？

2-6 减小表面自由能的三种方式是什么？

2-7 简述黏附力、内聚力和附着层的定义。润湿现象产生的原因是什么？

2-8 润湿的类型有哪些？

2-9 试阐述液体润湿固体的条件。

2-10 什么是接触角？接触角与润湿程度的关系是什么？影响接触角的因素有哪些？

2-11 试写出湿润方程，并作出简图注明方程中各符号的含义。

2-12 沾湿、浸湿和铺展过程中自由能变化各是多少？发生沾湿、浸湿和铺展的能量判据式和接触角判据各是什么？

2-13 试写出任意弯曲液面下的附加压强——拉普拉斯（Laplace）公式的表达式。讨论平面、球面和圆柱面的附加压强。

2-14 附加压强与曲率半径的关系是什么？

2-15 什么是毛细管和毛细现象？毛细现象产生的原因是什么？

2-16 试写出湿润液体在毛细玻璃管内上升高度计算式，并指出各符号的意义。

2-17 试写出两平行板间润湿液面高度表达式，并指出各符号的意义。

2-18 什么是吸附现象？渗透探伤中哪些地方发生吸附？

2-19 物理吸附和化学吸附的区别有哪些？

2-20 什么是溶解度？它对渗透探伤灵敏度有何影响？

2-21 什么是表面活性与表面活性物质？试通过表面活性分子结构简述其特性。

2-22 溶液表面张力与浓度的关系如何？试分别画图说明。

2-23 表面活性剂分子的结构特点是什么？表面活性剂的“两亲”性质是指什么？

2-24 表面活性剂降低溶液表面张力的原因是什么？

2-25 表面活性剂的分类如何？渗透检测中，为什么通常采用非离子型表面活性剂？

2-26 渗透检测中常用的表面活性剂有哪些？

2-27 什么是 *HLB* 值，简述 *HLB* 值不同时对应的作用关系。试写出单一成分和多种成分的非离子型表面活性剂 *HLB* 值计算式。

2-28 不同 *HLB* 值的表面活性剂在水中分散情况如何？

2-29 试阐述不同 *HLB* 值的表面活性剂对应哪些用途。

2-30 计算 500g 润湿剂 JFC（$HLB=12.0$）与 1500gMOA（$HLB=5.0$）混合后的 *HLB* 值。

2-31 计算月桂醇聚氧乙烯醚 $C_{12}H_{25}(OC_2H_4)_{10}$ 的 *HLB* 值（原子量 C=12、H=1、O=16）。

2-32 表面活性剂的基本性质是什么？

2-33 什么是胶束？什么是临界胶束浓度？

2-34 表面活性剂为什么易于在界面上吸附？

2-35 在液体渗透检测中，主要是利用表面活性剂的哪些作用？

2-36 表面活性剂的增溶作用是什么？产生增溶作用的根本原因是什么？

2-37 什么是表面活性剂的乳化作用？什么是乳状液？乳状液的类型有哪些？

2-38 对乳状液进行鉴别的方法有哪些？如何进行鉴别？

2-39 可见光、紫外光、荧光三者的区别是什么？试写出三者的波长范围。

2-40 紫外光谱是如何分区的？荧光渗透检测所用紫外线波长范围是多少，属于哪类紫外线？可见光的波长范围是多少？

2-41 试写出布给-朗伯定律的表达式，并指出各符号的意义。

2-42 试写出比尔定律的表达式，并指出各符号的意义。

2-43 什么是光致发光？什么是磷光物质？什么是荧光物质？

2-44 分子产生荧光必须具备的条件是什么？什么是荧光量子产率？

2-45 影响荧光强度的因素有哪些？

2-46 简述辐射通量、光通量、发光强度、照度和亮度的定义及各自的单位。

2-47 渗透检测目视观察的条件是什么？

2-48 什么是对比度和可见度？从对比度和可见度方面叙述荧光检测和着色检测的差别。

2-49 试述渗透检测中现象的基本物理过程。

第3章 渗透检测剂

渗透检测剂是用来检验试件表面开口缺陷的试剂，它包括渗透剂（渗透作用）、清洗剂（清洗作用）或乳化剂（乳化作用）及显像剂（显像作用）等。

3.1 渗透剂

渗透剂是一种具有很强渗透能力的溶液。渗透剂能渗入表面开口的缺陷中并由显像剂吸附回渗，从而显示缺陷的痕迹。渗透剂的性能直接影响渗透检测的灵敏度。

3.1.1 渗透剂的分类

渗透剂按所含染料成分可分为荧光渗透剂、着色渗透剂及荧光着色渗透剂三大类。荧光渗透剂含有荧光染料，在黑光照射下，缺陷图像发出黄绿色荧光，需在暗室的黑光灯下观察缺陷图像。着色渗透剂含有红色染料，在白光下观察缺陷图像，缺陷显示红色。着色荧光渗透剂含特殊染料，缺陷图像在白光下显示鲜艳的暗红色，在黑光照射下显示明亮的荧光。

渗透剂按溶解染料的基本溶剂分为水基渗透剂和油基渗透剂两大类。水基渗透剂以水为基本溶剂，在水中溶解染料。水基渗透剂中加有特殊表面活性剂，降低了水的表面张力，从而提高水的润湿能力。油基渗透剂的基本溶剂是“油”类物质，例如航空煤油、灯用煤油、5号机械油和200号溶剂汽油等。与水基渗透剂相比，油基渗透剂的渗透能力强，检测灵敏度较高。

渗透剂按多余渗透剂的去除方法可分为水洗型渗透剂、后乳化型渗透剂和溶剂去除型渗透剂三种。水洗型渗透剂又分为水基渗透剂和自乳化型渗透剂，水基渗透剂直接用水去除试件表面多余的渗透剂。自乳化型渗透剂是在油基渗透剂中加入一定数量的乳化剂，试件表面多余的渗透剂也可以直接用水清洗去除。后乳化型渗透剂中不含有乳化剂，试件表面多余渗透剂的去除需要增加乳化剂乳化这一工序，才能用水清洗去除。根据乳化剂乳化形式的不同，后乳化型渗透剂又分为亲油性后乳化型渗透剂与亲水性后乳化型渗透剂两种。溶剂去除型渗透剂是用有机溶剂将试件表面多余渗透剂去除。

按渗透检测灵敏度水平分类，渗透剂可分为很低、低、中、高、超高五类。水洗型荧光渗透剂有低、中、高灵敏度水平。后乳化型荧光渗透剂有标准（中等）、高、超高灵敏度水平。着色渗透剂有低、中灵敏度水平。

此外，根据特殊应用场合需要，还有一些专用的渗透剂，如与液氧相容渗透剂、低硫钠渗透剂和低氟氯渗透剂等。

3.1.2 渗透剂的组成

通常，渗透剂是由溶质和溶剂组成的溶液。有少数渗透剂是悬浮液，如过滤型微粒渗透剂是发光染料微粒悬浮于渗透剂中。溶液型渗透剂的主要成分是染料、溶剂和表面活性剂以及其他多种用于改善渗透剂性能的附加成分。荧光染料是荧光渗透剂的发光剂，着色染料是着色渗透剂的颜色显示剂。溶剂用于溶解染料和起渗透作用。表面活性剂用于降低表面张力，增强润湿作用。这里主要介绍溶液型渗透剂的组成。

渗透剂的成分见表3-1。

表3-1　渗透剂的成分

渗透剂的种类		荧光染料	着色染料	溶剂	表面活性剂
荧光渗透剂	水洗型	✓		✓	✓
	后乳化型	✓		✓	
	溶剂去除型	✓		✓	
着色渗透剂	水洗型		✓	✓	
	后乳化型		✓	✓	
	溶剂去除型		✓	✓	△

注：△表示根据需要，有时使用代用溶剂。

1. 染料

（1）荧光染料　荧光染料是荧光渗透剂的发光剂，荧光染料要求发光强，色泽鲜艳，对可见光和紫外光照射的稳定性好，对试件无腐蚀，容易清洗。由于人们对波长为550nm的黄绿色最敏感，所以要求荧光染料发出黄绿色的荧光。目前常用的荧光染料有：①苝类化合物，如YJP-15、YJP-35和YJP-1；②萘酰亚胺化合物，如YJN-68、YJN-42和YJN-47；③咪唑化合物，如YJI-43；④香豆素化合物MDAC。比较它们的性能，能发现苝系荧光染料具有荧光强、色泽鲜明、对光和热稳定性较好等优点。例如，用苝系荧光黄染料（YJP-15）配成的荧光渗透剂就兼有这些特点，尤其在紫外光或日光照射下，荧光强度无明显下降，从而可以延长使用寿命。

荧光染料的荧光强度和波长与所用的溶剂及其浓度有关。如YJP-15在氯仿中呈强黄绿色荧光，在石油醚中呈绿色荧光，而且前者强度较后者为高。荧光强度随着染料的浓度增加而增高，但浓度达到某一数值后即不再继续增高，甚至会减弱。

为提高荧光渗透剂的荧光强度，一种荧光渗透剂中往往要加进两种以上的荧光染料，组成激活系统，起到“串激”作用。“串激”就是第二种染料发出的荧光谱与第一种染料的吸收谱相一致。这时，第一种染料在溶液中吸收第二种染料的荧光得到激发，增强了自身发出的荧光强度。由此可知，“串激”并非两种染料荧光谱的简单叠加，而是第二种染料增大了第一种染料的荧光强度，第二种荧光染料发出的波长比第一种染料的波长要短，它所吸收的也是更短的波长。这样可以充分利用激发光源的全部能谱。例如，香豆素化合物吸收365nm波长紫外光发出的425~440nm蓝紫色光谱恰好与苝系或萘酰亚胺系的吸收光谱（430nm左右）相重合并被其吸收，放出510nm的绿色荧光。从而增大了萘酰亚胺系染料在紫外线照射下发出的黄绿色荧光强度。此外，在荧光染料YJP-1和YJP-35中加入PEB、MDAC、DT或YJI-43，则它们的荧光强度显著增大。在荧光染料YJN-42、YJN-47和YJN-68中加入DT、MDAC后，其荧光强度也有显著提高。

（2）着色染料　着色染料是着色渗透剂的颜色显示剂，着色染料必须鲜明地对缺陷部位染色，才能与显像剂的白色衬底形成鲜明的对照。着色染料要求色泽鲜艳，颜色浓，易溶解；与显像剂形成鲜明的对比色泽；易清洗，杂质少，无腐蚀性，对人体无危害。一般使用容易引起人们注意且对白色反差大的红颜色。

染料有油溶型、醇溶型及油醇混合型三类，一般着色渗透剂的着色染料多为油溶型的红色染料，如苏丹红、烛红128、烛红223、油溶红、荧光桃红和刚果红等，其中尤以偶氮系染料中的苏丹Ⅳ使用最广，它的化学名称为偶氮苯。偶氮-β萘酚分子式为 $C_6H_5N_2 \cdot COH_4 \cdot N_2 \cdot C_{10}H_6(OH)$。它们大都具有偶氮基（—N=N—）、羟基、胺基结构，一般不溶于水，而溶于乙醇、油脂等溶剂。

2. 溶剂

渗透剂的溶剂所起的作用一方面是溶解染料，另一方面是对缺陷部位起渗透作用。在多数情况下都是将几种溶剂组合使用，在各成分的特性达到平衡的基础上组成配方。

溶剂大致可分为基本溶剂和起稀释作用的溶剂两大类。基本溶剂必须具有充分溶解染料、鲜明地发挥荧光颜色与着色染料的色泽等条件，此外，还要求具有高沸点下难于挥发、对金属不腐蚀、没有或基本没有气味等特点。根据以上要求，一般使用高沸点酯类、高沸点乙醇类和多元醇衍生物等。

稀释溶剂除可调节黏度与流动性，还起降低材料费的作用。它要求具备的条件是与基本溶剂互溶、对金属不腐蚀、无难闻气味、毒性小等，一般使用链型或环状碳氢化合物。

（1）荧光渗透剂溶剂　干粉状态的荧光染料在紫外线照射下并不发射明亮的荧光，染料溶解到溶剂中才可发射出明亮的荧光。荧光染料的发光强度和波长与所用的溶剂及染料在该溶剂中的溶解度有关。因此，对于选定的荧光染料，为得到理想的黄绿色荧光，选择合适的有机溶解染料是很重要的。试验证明，荧光强度随荧光染料在溶剂中的浓度的增加而增加，但浓度增加到某一极限值后，荧光强度不再继续增加，反而还出现减弱的现象。因此，不能单靠增加浓度来提高荧光强度。

渗透剂中的溶剂应具有良好的溶解性和较强的渗透力。渗透剂灵敏度的高低不仅取决于染料溶解在溶剂中所具有的荧光强度（即波长）和发光强度，还取决于渗透剂（即溶剂）的渗透能力。

染料在溶剂中（如煤油）溶解度很低，故需采用中间溶剂，如苯醇、酮、醚、脂、氯仿等。先将染料溶解在中间溶剂中，然后再与溶剂互溶，得到符合要求染料浓度的溶液，为了使这种溶液具有良好的互溶性，使荧光染料在低温下不从溶剂中分离出来，渗透剂中需加入一定量的耦合剂，如乙二醇单丁醚和二乙二酸丁醚，同时使渗透剂具有较好的乳化性、清洗性和互溶性。

邻苯二甲酸二丁酯是常用的溶剂。煤油表面张力小，润湿能力强，也是一种良好的溶剂。但是煤油对染料的溶解度小，若加入邻苯二甲酸二丁酯，不仅可提高对染料的溶解度，在较低温度下使染料不致沉淀出来，还可以调整渗透剂的黏度和沸点，减少试剂的挥发，使渗透剂具有优良的综合性能。

在选择溶剂时，应尽量选择那些易于水洗、对试件及容器无腐蚀、不易挥发、气味小、毒性小、闪点高、相对密度小、黏度低、表面张力系数小、价格便宜的溶剂。

一些有机溶剂的物理常数见表3-2。

（2）着色渗透剂溶剂　着色渗透剂中使用的溶剂是用来溶解染料的，也起着渗透作用。溶剂的选择主要依据染料的化学结构，应选择与着色染料结构和极性相似的溶剂，如苏丹Ⅳ

与水杨酸甲酯、苯甲酸酯的结构和极性相似。常用染料的溶剂有煤油、松节油、苯、乙醇、乙二醇、水杨酸甲酯、水杨酸异戊酯及α-溴代萘等。着色渗透剂中也常用二甲苯或苯作溶剂。这些溶剂具有渗透力强、对染料溶解能力大等优点，但它们有一定的毒性，挥发性也较大。

表3-2　一些有机溶剂的物理常数

化学物名称	密度/(g/cm³)	表面张力系数/(×10⁵N/cm)	黏度/(×10⁻⁶m²/s)	闪点/℃
水	0.9992	72.8	1.004	—
乙醇	0.789	23	1.521	57
乙二醇	1.115	47.7	17.85	232
乙醚	0.736	17.01	0.3161	49
丙酮	0.70	23.7	0.3218	0
甲乙酮	0.8007	27.9	0.524	—
乙二醇单丁醚	0.904	—	—	165
苯	0.876	28.87	0.5996	—
二甲苯	0.880	30.03	—	—
萘	0.665	21.8	0.61	30
四氯乙烯	1.5953	35.6	0.988	—
煤油	0.84	23	1.65	40
邻苯二甲酸二丁酯	1.048	—	—	315

3. 表面活性剂

水洗型渗透剂中添加了一定量的表面活性剂分散在渗透剂中，利用水分进行自乳化，有利于水洗。表面活性剂应能与溶剂充分互溶，防止荧光染料或着色染料的性能老化，对金属不腐蚀。

表面活性剂吸附在油-水界面上，可降低油-水界面的张力，起到乳化作用，所以称之为乳化剂。水洗型渗透剂中加入的乳化剂是水包油型乳化剂，如OΠ-10、OΠ-7、乳百灵A、JFC、MOA、吐温-80及斯盘-20等。

乳化剂与水混合后，其黏度随含水量的多少而变化。在某一含水量范围内，黏度有极大值，高于或低于此范围，黏度较小，这个范围称为凝胶区，如图3-1所示。利用乳化剂的凝胶现象可提高渗透剂的检验灵敏度。清洗试件时，试件表面接触大量的水，使被清洗的渗透剂中乳化剂的含水量超过凝胶区范围，此时黏度小而易被清洗掉。缺陷处的渗透剂接触水很少，含水量处于凝胶区，不易被水清洗掉，故提高了检验灵敏度。

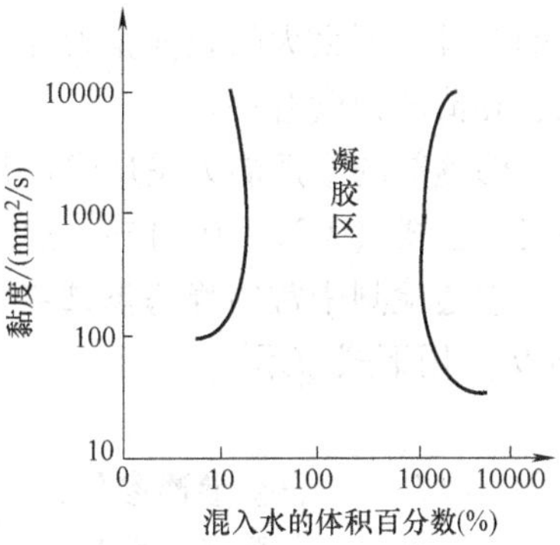

图3-1　非离子型乳化剂的凝胶区

表面活性剂除了有乳化作用之外，还能起到一定的增溶作用，可提高染料和溶剂的互溶性。

一种表面活性剂往往达不到良好的乳化效果，通常选择两种或两种以上的表面活性剂组合使用。水洗型荧光渗透剂应具有遇到大量的水可自乳化，混入微量的水时，不发生混浊，反而能将其溶化，并且不发生性能老化等特性。因此，通常选择 *HLB* 值较低与较高的两种以上的表面活性剂组合使用。

3.1.3 渗透剂的性能

1. 渗透剂的综合性能

理想的渗透剂应具备以下主要性能：

1）渗透力强，能较容易地渗入试件表面细微的缺陷中去。

2）较好的截留性能，能较好地保留在表面开口的缺陷中，即便是浅而宽的开口缺陷，也不容易被清洗出来。

3）清洗性好，容易从试件表面清洗去除。

4）有良好的润湿显像剂的能力，可充分润湿试件且不产生难闻气味。

5）操作性良好，扩展成薄膜时，对荧光渗透剂仍有足够的荧光亮度；对着色渗透剂仍有鲜艳的颜色。

6）储存保管中需保持稳定，稳定性不受温度变化的影响。

7）有较好的化学惰性，不使金属腐蚀、变色。

8）闪点高，不易着火。

9）对操作人员的健康无害。

10）废液及清洗后的污水处理简单。

2. 渗透剂的物理化学性能

渗透剂的物理化学性能主要包括渗透性能、黏度、密度、挥发性、闪点、化学稳定性、发光强度、化学惰性、含水量、容水量、溶解性及毒性等。

（1）渗透剂的物理性能

1）表面张力与接触角。表面张力和润湿能力是确定一种渗透剂是否具有高的渗透性能的两个最主要因素。渗透剂的表面张力用表面张力系数表示。由于液体的渗透性在相当程度上取决于它的表面张力系数，因此作为渗透剂主体的溶剂应选用表面张力系数低的液体，如苯、煤油、甲苯、乙醇、松节油、乙酸乙酯等。水的表面张力系数较大，因而渗透性较差，当用水作为着色渗透剂和荧光渗透剂的溶剂时，应加入一些降低表面张力系数的表面活性剂，以提高渗透性。渗透剂接触角表示渗透剂对试件表面或对缺陷的润湿能力。一种好的渗透剂应具有不太大的表面张力和较小的接触角。渗透剂的渗透性能与被检试件的材料、表面状态和清洁程度有关。

渗透剂的渗透能力是用渗透剂在毛细管中上升的高度来衡量的，从液体在毛细管中上升高度的公式（2-31）中可知：渗透剂的渗透能力与表面张力系数和接触角的余弦的乘积成正比。渗透检测中常用静态渗透参量（*SPP*）来表征渗透剂渗入缺陷的能力。静态渗透参量（*SPP*）用下式表示

$$SPP = \alpha\cos\theta \tag{3-1}$$

式中 *SPP*——静态渗透参量；

α——表面张力系数；

θ——接触角。

静态渗透参量值越大，渗透剂渗入缺陷的能力越强。当接触角 $\theta \leqslant 5°$时，$\cos\theta \approx 1$，因此 $SPP = \alpha$。因而可以近似地说，静态渗透参量是当 $\theta \leqslant 5°$时的表面张力，这时渗透剂具有较强的渗透能力。

静态渗透参量通常以 mN/m 或 N/m 为单位，其换算关系为

$$1\text{N/m} = 10^3\text{mN/m}$$

2）黏度。黏度是液体分子间存在内摩擦力而互相牵制的表现，是用来衡量液体流动时的阻力的物理量。渗透剂性能用运动粘度表示，运动粘度的单位是 m^2/s。

液体在毛细管中上升的高度与液体黏度没有关系，因此黏度对渗透剂的渗透能力是没有影响的。水为低黏度液体，20℃时黏度为 $1.004 \times 10^{-6}m^2/s$，但水的渗透性能并不好。煤油的黏度在20℃时为 $1.65 \times 10^{-6}m^2/s$，比水的黏度高，煤油却是很好的渗透剂。

黏度不影响渗透剂渗入缺陷的能力，但因黏度与流体的流动性有关，故对渗透剂的渗透速率有较大的影响。渗透剂的渗透速率常用动态渗透参量（*KPP*）来表征，它表示受检试件浸入渗透剂所需的相对停留时间，动态渗透参量用下式表示

$$KPP = \frac{\alpha\cos\theta}{\eta} \tag{3-2}$$

式中 *KPP*——动态渗透参量；

α——表面张力系数；

θ——接触角；

η——黏度。

动态渗透参量的单位是 m/s。从式（3-2）可知，黏度对动态渗透参量的影响很大，黏度越高，动态渗透参量越小。黏度大的渗透剂不能很快涂覆在试件表面，渗入到表面开口的缺陷中所需的时间较长，不易从试件表面上滴落下来，损耗较大，污染较大。黏度值太低的渗透剂容易渗入到表面开口的缺陷中去，但在去除表面多余渗透剂的操作中也容易被水冲洗掉。缺陷显像后，若擦去显示再次显像，其重复显示的能力较差。

黏度值大小是渗透剂的一项重要指标。渗透剂的黏度通常不宜太高，也不宜太低。各种渗透剂的运动粘度一般在（4～10）$\times 10^{-6}m^2/s$（38℃）时较为适宜。

3）密度。渗透剂的主要成分是低密度的有机溶剂，如煤油等，一般密度均小于 $1g/cm^3$。渗透剂的密度比水小，水进入渗透剂（后乳化型的）中能沉于槽底，不会对渗透剂产生严重污染。水洗时，渗透剂漂浮在水面上，很容易溢流于槽外。

在不同温度下，渗透剂的密度是不相同的。除水外，液体的密度与温度成反比，温度越高，密度越小，渗透能力越强。渗透剂制造厂给定的密度性能指标值是在某一温度条件下测得的。渗透剂的密度值可采用液体相对密度天平测量，也可用相对密度计直接测定。

当水洗型渗透剂被水污染时，由于乳化剂的作用，水分散在渗透剂中，使渗透剂的密度增大。

4）挥发性。挥发性是指化合物由固体或液体变为气体或蒸气的过程，可用液体的沸点或液体的蒸气压来表征。沸点高，难挥发；沸点低，易挥发。容易挥发的渗透剂，着火的危险性也越大。在渗透检测过程中，易挥发的渗透剂在滴落过程中易干在试件表面上，给水洗带来困难；也容易干在缺陷中而不易回渗到试件表面，严重时会导致难以形成缺陷的显示，使检测失败。因此，渗透剂应不易挥发为好。

在实际的渗透检测中，一般在不易挥发的渗透剂中加进一定量的挥发性液体，这有利于缺陷的检出，提高检测灵敏度。渗透剂在试件表面滴落时，一方面，易挥发的成分挥发掉，使染料的浓度得以提高，有利于提高缺陷显示的着色强度或荧光强度；另一方面，渗透剂从缺陷中渗出时，易挥发的成分挥发掉，从而限制了渗透剂在缺陷处的扩散面积，使缺陷显示轮廓清晰，更有利于检测人员的观察。

5）闪点和燃点。渗透剂的闪点是液体在温度上升过程中，液面上方挥发出充分可燃性蒸气与空气混合，以明火与之接触时，会发生短暂的闪光（一闪即灭）现象时的渗透剂最低温度。闪点并不是燃点，燃点是液体遇到明火可形成连续燃烧（持续时间不小于5s）的最低温度。燃点高于闪点。通常，闪点低，燃点也低，引起着火的危险性大。从安全方面考虑，渗透剂的闪点越高，则越安全。

测定闪点的方法有开口杯法和闭口杯法两种，开口杯法测定的闪点要比闭口杯法高15~25℃。开口杯法是将试样盛于开口油杯中进行试验，测出的闪点称为开口闪点。闭口杯法是将试样置于带盖的油杯中，盖上有一可开闭的窗孔，加热过程中窗孔关闭，测试闪点时窗孔打开，测得的闪点称为闭口闪点。闭口杯法的测定重复性比开口杯法好，且测得的数值偏低，不会超出使用安全值，故渗透检测中常采用闭口闪点。

对水洗型渗透剂，原则上要求闭口闪点应大于50℃；而对后乳化型渗透剂，闭口闪点一般为60~70℃。便携式喷罐内的渗透剂闪点低，内部压力随时间、温度的变化而变化，使用时应特别注意避免接触烟火，室内操作时，应具有良好的通风条件。

6）电导性。对静电喷涂渗透剂，由于被检试件接正极并接地，喷枪头装有负高压电极（电压可至-100~-80kV），喷枪提供负电荷给渗透剂，故要求渗透剂有较高电阻，避免产生逆弧传给操作者。

7）发光强度。通常进入缺陷的渗透剂数量极少，为了达到肉眼可辨的程度，液体必须具有足够的荧光亮度或鲜艳的色泽。

着色强度和荧光强度用两种方法来度量，一种是用渗透剂的消光值大小，另一种是用渗透剂的临界厚度的大小。消光值越大，着色强度越大，缺陷显示越清晰。被显像剂吸附上来的渗透剂层厚度达某一值时，再增加其厚度，该渗透剂的着色（或荧光）强度也不增加，此时的液层厚度就称为渗透剂的临界厚度。可见，临界厚度越小，着色（或荧光）强度就越大，越有利于缺陷的显示。

一般用黑点试验的方法来衡量荧光渗透剂的发光强度。黑点直径越小，荧光渗透剂发光强度越强。

（2）渗透剂的化学性能

1）化学惰性。渗透剂应不腐蚀盛放渗透剂的容器。渗透剂的pH值一般控制在7~8范围内，在使用过程中被水污染而引起pH值上升或下降，会导致对被检材料的腐蚀或与盛放容器起反应。因此，使用时需根据被检试件材料的耐蚀能力来确定pH值的实际控制范围。

硫、钠等碱金属的存在，在高温下会使某些金属试件产生热腐蚀现象，尤其镍基合金的试件。钛合金试件很容易与卤族元素（如氟、氯）起作用，在使用中产生热腐蚀应力裂纹。因此，宇航、原子能等工业用的渗透剂都要限制渗透剂中S、Cl、Na、F等元素的含量。对盛装液氧的装置，渗透剂应不与液氧起反应，油基或类似的渗透剂不能满足这一要求，需使用特殊的渗透剂。用来检验橡胶、塑料等试件的渗透剂也应不与其反应，应采用特殊配制的渗透剂。

2）对光和热的稳定性。渗透剂的稳定性是指渗透剂对光、热和温度的耐受能力，即渗透剂在长期储存或使用时，在光、热和温度的影响下不发生变质、分解、混浊及沉降等现象。

荧光渗透剂对黑光的稳定性是相当重要的，可用荧光渗透剂的耐光试验测得。荧光渗透剂在 $1000\mu W/cm^2$ 的黑光下连续照射 1h，用照射前的荧光亮度值与照射后的荧光亮度值的百分比来表示荧光渗透剂的稳定性，其稳定性应在 85%以上；着色渗透剂在强白光照射下不应褪色。对温度的稳定性包括冷、热稳定性，即在高温和低温下，渗透剂都应保持良好的溶解度，不发生变质、分解、混浊和沉淀现象。

3）含水量和容水量。渗透剂中水分的含量与渗透剂总量之比的百分数称为含水量。渗透剂在使用中很容易被水污染，当渗透剂的含水量超过某一极限时，会出现分离、混浊、凝胶或灵敏度下降等现象，这一极限值称为渗透剂的容水量。

渗透剂含水量越小越好，通常规定不超过 5%（质量分数）。渗透剂的含水量采用蒸馏法测量。渗透剂的容水量指标越高，抗水污染的性能越好。

4）清洗性。清洗性包括乳化性和水洗性两项技术指标。要求渗透剂在规定的水洗温度、压力、时间等条件下，试件表面多余渗透剂在水洗后，应达到不残留明显的荧光背景或着色底色的程度。否则，在试件表面上会造成不良衬度，影响检验效果。其测试用表面经过吹砂的试片进行。

5）溶剂溶解性。渗透剂的溶剂溶解性指渗透剂被清洗的溶剂溶解的能力和渗透剂的溶剂对染料的溶解度。渗透剂中的溶剂对溶解度的性能要求主要涉及两方面：一方面是渗透剂的溶剂溶解性，它是衡量渗透剂清洗性能的重要指标，如果溶剂溶解性差，则很难清洗掉试件表面多余的渗透剂，造成不良的背景，影响检查的效果。另一方面是渗透剂中的溶剂对染料具有良好的溶解性，渗透剂是将染料溶解到渗透溶剂中而配成的。染料在渗透溶剂中的溶解度高，就可以得到高浓度的渗透剂，因而可以提高渗透剂的发光强度，提高检验灵敏度。

6）毒性。渗透剂的毒性主要取决于用以配制渗透剂的各个组分的毒性。在渗透检测中常用最高允许浓度来表示毒性强弱。渗透剂的主要成分是煤油，煤油的允许吸入量为 500mg/L。一般检测剂的毒性与煤油相差不大，近年来发展的低毒型材料甚至比煤油的毒性还低。尽管如此，操作者应避免皮肤长时间接触渗透剂，避免吸进渗透剂的蒸气。

渗透剂制造厂家应对配制好的渗透剂进行毒性试验，毒性允许浓度值越大，毒性越低。

3.1.4　荧光渗透剂

荧光渗透剂的染料是荧光染料，检测时在黑光灯下观察。常用的荧光渗透剂有水洗型、后乳化型和溶剂去除型三种。

1. 水洗型荧光渗透剂

水洗型荧光渗透剂的基本成分是荧光染料、油基渗透溶剂、互溶剂和乳化剂等。水洗型荧光渗透剂有水基型和自乳化型两种。

（1）水基型荧光渗透剂　水基型荧光渗透剂的基本成分是荧光染料和水，以水作溶剂，在水中溶解荧光物质。水的渗透能力比较差，但在水中加入适量的表面活性剂可以降低水的表面张力，从而把水变成一种比较好的渗透溶剂。但即便如此，水仍达不到油基或醇基渗透溶剂那样好的渗透能力，因此其检测灵敏度低，只能用于对检测灵敏度要求不高的试件。一些与油基或醇基渗透剂可能发生化学反应而破坏的部件（如塑料、橡胶等制成的部件）常采用水基渗透剂。

水基型荧光渗透剂常用的配方是：增白洗衣粉（荧光染料）+100%水（渗透溶剂）。这种配方具有毒性低、易清洗、安全无毒、易配制等特点。

（2）自乳化型荧光渗透剂　自乳化型荧光渗透剂的基本成分是荧光染料、油性溶剂、渗透溶剂、乳化剂等。由于自乳化型荧光渗透剂含有乳化剂，可直接用水冲洗，成本较低。它具有洗涤方便、在黑光灯下具有明亮荧光、操作简单、检验费用小的优点，但其灵敏度不高，且遇水后易污染。水洗型渗透剂中含有的乳化剂易与水相混溶，酸和铬酸盐有水存在时易与渗透剂的染料发生化学反应，故酸和铬酸盐将影响检测灵敏度。

自乳化型荧光渗透剂的配方较复杂，不同类型、不同牌号的配方各不相同。表3-3给出了自乳化型荧光渗透剂的一种典型配方。

表3-3　自乳化型荧光渗透剂的一种典型配方

成　分	比例(质量分数)	作　用	成分	比例(质量分数)	作　用
10号变压器油	66%	渗透溶剂	MOA-3	9%	乳化剂
邻苯二甲酸二丁酯	17%	溶剂	6502	6%	乳化剂
三乙醇胺油酸皂	2%	乳化剂	YJP-43	0.2g/100mL	荧光染料

各种水洗型荧光渗透剂的检测灵敏度和从试件表面上去除的难易程度是有差异的。按其检测灵敏度高低可分为超低灵敏度、低灵敏度，中（标准）灵敏度、高灵敏度和超高灵敏度五个等级。超低灵敏度和低灵敏度的水洗型荧光渗透剂易于从粗糙表面上去除，主要应用于轻合金铸件的检验，典型牌号有ZY11、Ardrox-970P22、Magneflux-ZL19、HM220和MARKTEC-P110A等；中等灵敏度水洗型荧光渗透剂主要用于精密铸钢件，精密铸铝件，焊接件，铝、镁铸件机加工后的检验，典型牌号有ZY21、Ardrox-970P23、Magneflux-ZL60D和MARKTEC-P122等；高灵敏度的水洗型荧光渗透剂难于从粗糙表面上去除，要求有良好的机加工表面，用于涡轮叶片之类的精密铸件机加工后的检验，典型牌号有ZY31、Magneflux-ZL67、Ardrox-970P25和MARKTEC-P130等。

水洗型荧光渗透剂还有超低灵敏度和超高灵敏度两个等级。属于超低灵敏度的水洗型荧光渗透剂有Magneflux-ZL5B、Ardrox-970P21和MARKTEC-P100等。属于超高灵敏度的荧光渗透剂有ZY41、Magneflux-ZL56、Ardrox-970P26E和MARKTEC-P141D等。

2. 后乳化型荧光渗透剂

后乳化型荧光渗透剂的基本成分是荧光染料、油基渗透溶剂、互溶剂和润滑剂，不含乳化剂。由于乳化剂的渗透能力差，渗透速度慢，因而保留在缺陷中的荧光渗透剂不容易在单独的乳化工序中与乳化剂混合，不会因为表面荧光渗透剂乳化后进行水洗时控制不当而造成过洗现象，故后乳化荧光渗透剂能发现非常细微的缺陷。在严格控制乳化时间的情况下，能不使浅而宽的开口缺陷中的荧光渗透剂被乳化到，所以也能检测试件表面浅而宽的开口缺陷。

后乳化型荧光渗透剂显示缺陷的重复性较好，这也是由于后乳化型荧光渗透剂中不含有乳化剂。当第一次试验后，残留在缺陷中的荧光渗透剂可以用溶剂去除掉，第二次渗透时，荧光渗透剂又可渗入缺陷中去，故重复显现效果好。而水洗型渗透剂中含有乳化剂，当用溶剂清洗时，只能将荧光渗透剂中的油基成分清洗掉，而将乳化剂保留在缺陷中，使第二次渗透困难，重复显示缺陷的效果不好。除此之外，由于后乳化型荧光渗透剂不含乳化剂，故不能吸收水分，即便有水也将因为密度大于荧光渗透剂而沉到槽底，所以水对后乳化型荧光渗透剂的污染影响很小。酸和铬酸盐对后乳化荧光渗透剂的影响也不像水洗型荧光剂那样明显，这是因为酸和铬酸盐仅在有水存在的情况下才与荧光染料发生反应。一般来说，后乳化型荧光渗透剂具有渗透能力强、检测灵敏度高、在紫外线照射下有较强的荧光辉度、在缺陷中的保留性好等特点，特别适合于检测浅而细微的缺陷，适用于要求较高的试件检测。

后乳化型荧光渗透剂的检测灵敏度高，要求被检试件表面光洁、无不通孔和螺纹等。若对粗糙表面的试件采用后乳化型荧光渗透剂检验，会使清洗困难、荧光背景过深、假缺陷显示多而造成检测灵敏度下降。采用此种荧光渗透剂，必须严格控制乳化时间才能保证检测灵敏度高。由于要进行单独的乳化工序，故操作复杂，检测周期长，检测费用高。

后乳化型荧光渗透剂分为亲油性和亲水性两大类。亲油性后乳化型荧光渗透剂与亲水性后乳化型荧光渗透剂可以通用，仅在去除时使用的乳化剂不同而已。前者使用亲油性乳化剂，后者使用亲水性乳化剂。例如，美国磁通公司各种灵敏度等级的亲油性与亲水性后乳化型荧光渗透剂的型号是相同的，区别仅在于前者使用 ZE-4B 型亲油性乳化剂，后者使用 ZR-10B 亲水性乳化剂（质量分数为 20%）；英国阿觉克斯公司也一样，前者使用 9PR3 型亲油性乳化剂，后者使用 9PR12 型亲水性乳化剂（质量分数为 10%）；还有日本美柯达公司，前者使用 E400 型亲油性乳化剂，后者使用 R500 型亲水性乳化剂（质量分数为 30%）。

后乳化型荧光渗透剂按其灵敏度不同，可分为低灵敏度、标准（中）灵敏高、高灵敏度和超高灵敏度四类。标准灵敏度的后乳化型荧光渗透剂应用于各种变形材料的机加工试件的检测，此类荧光渗透剂典型牌号有 HY21、Ardrox985P12、Magneflux-ZL2C 和 MARKTEC-P220 等。高灵敏度的后乳化型荧光渗透剂应用于检验灵敏度要求较高的变形材料的机加工试件。此类典型荧光渗透剂有 HY-31、Magneflux-ZL27A、Ardrox985P13 和 MARKTEC-P230 等。超高灵敏度的后乳荧光渗透剂仅在特殊情况下使用，用于发动机上关键的机加工锻件，如涡轮盘，涡轮轴等，此类荧光渗透剂典型的有 HY-41、Magneflux-ZL37、Ardrox985P14 和 MARKTEC-P240 等。

后乳化荧光渗透剂配方见表 3-4 和表 3-5。

表 3-4 后乳化型荧光剂配方之一

配制顺序	成分及其作用	比例(质量分数)	清洗种类	性能和特点
1	灯煤或 5 号机械油(渗透溶剂)	25%	乳化剂 + 水	配方有较高灵敏度，可发现宽 0.7μm 的微裂纹，配方稳定性好，毒性较低，且对钢和轻合金基本无腐蚀
2	邻苯二甲酸二丁酯(互溶剂)	65%		
3	LPE305(表面活性剂)	10%		
4	YJP-15(荧光染料)	0.45g/100mL		
5	荧光增白剂 PEB(增白剂)	2g/100mL		

表 3-5 后乳化型荧光渗透剂配方之二

配制顺序	成分及其作用	比例(质量分数)	清洗种类	性能和特点
1	灯煤或5号机械油(渗透溶剂)	10%	乳化剂+水	配方有较高灵敏度,可发现宽 0.7μm 的微裂纹,配方稳定性较好,且对钢或铝合金基本无腐蚀
2	邻苯二甲酸二丁酯(互溶剂)	80%		
3	LPE305(表面活性剂)	10%		
4	YJP-15(荧光染料)	0.85g/100mL		
5	荧光增白剂 PEB(荧光染料)	4.25g/100mL		

3. 溶剂去除型荧光渗透剂

溶剂去除型荧光渗透剂的基本成分与后乳化型荧光渗透剂类似，它可用于不允许接触水的试件检测，适合于外场检测和对大试件作局部检测。此类渗透剂用溶剂擦拭去除，灵敏度高，适用于无水场所的渗透检测。

溶剂去除型荧光渗透剂分低、中、高和超高四种灵敏度等级。所有同等级的水洗型荧光渗透剂和后乳化型荧光渗透剂均可作为同等级灵敏度的溶剂去除型荧光渗透剂使用。溶剂去除型荧光渗透剂仅在去除试件表面多余渗透剂时使用。

溶剂去除型荧光渗透配方见表 3-6。

表 3-6 溶剂去除型荧光渗透配方

配制顺序	成分及其作用	比例(质量分数)	清洗剂种类	性能和特点
1	YJP-1(荧光染料)	0.25g/100mL	丙酮	该配方灵敏度一般,低毒,成本低廉,配制方便
2	煤油(溶剂、渗透溶剂)	85%		
3	航空煤油(增光剂)	15%		

3.1.5 着色渗透剂

着色渗透剂中所含的染料是着色染料，一般可分为水洗型着色渗透剂、后乳化型着色渗透剂和溶剂去除型着色渗透剂三类。

1. 水洗型着色渗透剂

水洗型着色渗透剂有两种，一种是水基的，另一种是油基（自乳化）的。

(1) 水基型着色渗透剂　水基型着色渗透剂以水作溶剂，在水中溶解红色染料。作为溶剂的水无色无臭，无味无毒，不可燃，且来源方便，因而有使用安全、不污染环境、价格低廉等优点。有些同油类接触容易引起爆炸的部件（如盛放液态氧的容器）进行着色检测时应采用水基型着色渗透剂。目前，水基型着色渗透剂的灵敏度不高，所以这类配方的应用还有很大的局限性。水基型着色渗透剂的典型配方见表 3-7。

表 3-7 水基型着色渗透剂的典型配方

成　分	比　例	作　用	性能和特点
刚果红	2.4g/100mL	染料(酸性)	该配方灵敏度低,无毒,使用安全,不污染环境,成本低廉,配制方便
水	100mL	溶剂	
氢氧化钾	0.6g/100mL	中和剂	
表面活性剂	2.4g/100mL	润湿	

（2）自乳化型着色渗透剂 自乳化型着色渗透剂的基本成分是在高渗透性油液内溶解油溶性的红色染料，且着色渗透剂本身含有乳化剂。当试件用自乳化着色渗透剂渗透后，即可用水直接冲洗，从而达到清除试件表面剩余渗透剂的目的。由于自乳化着色渗透剂中加入了一定量的乳化剂，故渗透性能受影响，其检测灵敏度也有所降低。着色渗透剂容易吸收水分，当吸收的水分达到一定量时，着色渗透剂就会产生混浊、沉淀等被水污染的现象。为提高油基自乳化型着色渗透剂的抗水污染能力，可适当增加亲油性乳化剂的含量，以降低着色渗透剂的亲水性。此外，由于非离子型乳化剂遇水后会产生凝胶现象，采用非离子型乳化剂的着色渗透剂本身就有一定的抗水污染能力，在一定程度上，可以提高检测灵敏度。自乳化型着色渗透剂的配方见表3-8。

表3-8 自乳化型着色渗透剂的配方

配制顺序	成分及其作用	比例（质量分数）	清洗剂种类	性能和特点
1	油基红（染料）	1.2g/100mL	水	配方含亲水性较强的乳化剂吐温-60，它能产生凝胶现象。汽油和二甲基萘有增强凝胶现象的作用。该配方毒性低，但灵敏度一般，且化学稳定性差，配置较长时间后有沉淀物
2	二甲基萘（溶剂）	15%		
3	α-甲基萘（溶剂）	20%		
4	200号溶剂汽油（渗透剂）	52%		
5	萘（助溶剂）	1g/100mL		
6	吐温-60（乳化剂）	5%		
7	三乙醇胺油酸皂（乳化剂）	8%		

2. 后乳化型着色渗透剂

后乳化型着色渗透剂的基本成分是在高渗透性油液和有机溶剂内溶解油溶性红色颜料，添加润湿剂、互溶剂等附加成分，不含乳化剂。这类着色渗透剂的特点是渗透力强，检测灵敏度高，因而在实际检测中应用较广，它特别适于检查浅而微细的表面缺陷，但不适于检查表面粗糙的试件，也不适于检测有不通孔和螺纹的试件。

溶剂去除型着色渗透剂的基本成分与后乳化型着色渗透剂相似，故后乳化型渗透剂通常可以直接作为溶剂去除型渗透剂使用。溶剂去除型着色渗透剂通常采用低黏度、易挥发的溶剂作为渗透溶剂，故这种渗透剂的渗透能力强，可用丙酮等有机溶剂直接擦洗去除，检测时常与溶剂悬浮式显像剂配合使用，可得到与荧光法相近的灵敏度。后乳化型着色渗透剂的配方见表3-9。

表3-9 后乳化型着色渗透剂配方

成　分	比例（质量分数）	作　用	清洗剂种类	性能和特点
苏丹红Ⅳ	0.8g/100mL	染料	乳化剂	该配方渗透力强，检测灵敏度高。将乙酸乙酯倒入苏丹红Ⅳ中时要防止出现结块，每加一种溶剂，必需搅拌均匀
乙酸乙酯	5%	溶剂		
航空煤油	60%	溶剂、渗透		
松节油	5%	溶剂、渗透		
变压器油	20%	增光剂		
丁酸丁酯	10%	助溶剂		

3. 溶剂去除型着色渗透剂

溶剂去除型着色渗透剂应用最广，且多装在压力喷罐中使用，与清洗剂、显像剂配套出售，适用于大型试件的局部检测和无电无水的野外作业，但成本较高，效率较低。由于使用喷罐，对闪点和挥发性的要求也不像在开口槽中使用的渗透剂那样严格。总体上，着色渗透剂的灵敏度较低，不适于检测细微的疲劳裂纹、应力腐蚀裂纹或晶间腐蚀裂纹。试验表明：着色渗透剂能渗透到细微裂纹中去，但要形成同荧光渗透剂所能得到的显示，则需要体积之比大得多的着色渗透剂。溶剂去除型着色渗透剂配方见表 3-10。

表 3-10 溶剂去除型着色渗透剂配方

<table>
<tr><th>成分</th><th></th><th>比例</th><th>清洗剂种类</th><th>作用及配制顺序</th></tr>
<tr><td rowspan="3">甲</td><td>异丙醇</td><td>20%</td><td rowspan="7">丙酮或 HD-BX 清洗剂</td><td rowspan="7">荧光桃红经乙醇助溶后再与异丙醇相混，丙基红、苏丹Ⅳ均由 OT 助溶，然后两种染剂互相混合，组成色深较高的复合剂，最后加入少量邻苯二甲酸二丁酯作抑制剂</td></tr>
<tr><td>乙醇</td><td>60%</td></tr>
<tr><td>荧光桃红</td><td>染料</td></tr>
<tr><td rowspan="3">乙</td><td>OT</td><td>10%</td></tr>
<tr><td>丙基红</td><td>染料</td></tr>
<tr><td>苏丹Ⅳ</td><td>染料</td></tr>
<tr><td colspan="2">邻苯二甲酸二丁酯</td><td>10%</td></tr>
</table>

3.1.6 特殊类型的渗透剂

1. 高灵敏度水洗型荧光渗透剂

高灵敏度水洗型荧光渗透剂的基本成分与一般的水洗型荧光渗透剂相同。但要达到与后乳化型荧光渗透剂相同程度的高灵敏度，还应具备如下性能：荧光亮度比一般水洗型荧光渗透剂高、更易观察，即使渗透剂的液膜厚度（膜厚）变小，也应保持高亮度；水洗时，缺陷内部的渗透剂比一般的渗透剂难于冲洗，相反应残留更多的渗透剂。

缺陷越小，渗入缺陷的渗透剂量越少，因而荧光亮度减弱。如果将具有某一荧光亮度的渗透剂的液膜厚度减小至某一界限点以下，极薄层荧光渗透剂不能发出荧光。为了使液膜在薄至一般渗透剂的界限点以下时仍能保持较高的亮度，就必须使荧光染料具有更高的亮度，选择更易观察的荧光波长，并使其含量比一般的渗透剂更高。

通常在将水添加到水洗型荧光渗透剂中时，在水很少的情况下，由于成分中表面活性剂的作用，水的粒子变成可溶性，不会发生混浊。然而，随着水量的不断增加，水的粒子便开始分散，形成油包水（W/O）型乳浊液。当向这种乳浊液增添水时，其会逐渐变粘（形成黏稠物）。但如果继续加水，达到某一界限时，则发生相的转换，形成水包油（O/W）型乳浊液，并且，黏度也在这时急速下降。此时正是适合水洗清除的状态。检查内部窄小的缺陷时，缺陷内部的供水不如表面部分，因此，可长时间持续在稠化状态，起到堵塞作用，防止渗透剂脱出。高灵敏度水洗型荧光渗透剂正是着眼于此，为使稠化状态长时间持续，需在成分（溶剂与表面活性剂）及其配比上合理调配。如果表面残余的渗透剂的稠化状态持续时间过长，则不利于水洗，因此一定要互相兼顾。

2. 反应型着色渗透剂

反应型着色渗透剂是在渗透剂中加入无色的碱性染料，如若丹明型的乳胺体或结晶紫型的内酯体，这些染料具有油溶性，将其溶解到溶剂中后，就能构成无色以至淡黄色的渗透剂。显像剂中特别添加酸性白土以及酚醛树脂等固体酸性粉末这一类成分。当缺陷内部的渗透剂被显像剂吸收时，渗透剂中的乳胺体或内酯体便与显像剂中的固体酸反应，使乳胺环或内酯环开环后，发出颜色，分别成为若丹明型染料（红色）和结晶紫型染料（蓝色）。这两种染料可以指示缺陷部分，为检测提供方便。

3. 着色荧光渗透剂

着色荧光渗透剂是在渗透溶剂中溶解的一种特殊的染料，它在白光下呈鲜艳的暗红色，而在黑光灯照射下发出明亮的荧光。这种渗透剂在白光下具有着色渗透检测的灵敏度，而在黑光灯下检测则具有荧光渗透检测的灵敏度，也就是一种渗透剂同时完成两种灵敏度的检测，故又称为双重灵敏度的渗透剂。需要指出的是，着色荧光渗透剂不是将着色染料和荧光染料同时溶解到渗透溶剂中配制而成的。由于分子结构上的原因，着色染料若与荧光染料混到一起，将会猝灭荧光染料所发出的荧光。

4. 高温下使用的渗透剂

对高温试件进行检测时，涂覆在试件上的荧光渗透剂中的染料很快遭到破坏，荧光猝灭。因此，通常的荧光渗透剂不能用于高温试件的检测。高温下使用的渗透剂，应能在短时间内与高温试件接触而不被破坏，用这种渗透剂进行检测时，检测速度应尽量快，要在染料未完全破坏前完成检测。

5. 过滤性微粒渗透剂

过滤性微粒渗透剂是一种固体染料微粒悬浮于液体溶剂中的悬浮液，固体染料微粒是比要检测的裂纹的宽度还要大一点的微粒。过滤性微粒渗透剂一般是油基的，喷涂在被检测的多孔性材料表面。当渗透剂流进开口缺陷时，染料微粒就会聚集在开口的缺陷处，这些留在表面的微粒沉积就可以提供缺陷显示。根据实际需要，这种微粒可以是着色染料，也可以是荧光染料。这种过滤性微粒渗透剂显示缺陷示意图如图3-2所示。

过滤性微粒渗透剂中的发光染料微粒的大小和形状必须适当，若微粒过细，则这些微粒虽然随着渗透剂的流动而聚集到缺陷上，但又会很快地渗入缺陷的内部，这样就会减少聚集到缺陷上部的微粒的数量，从而降低灵敏度；若微粒过大，则其流动性差，不能随渗透剂流动，难于形成缺陷显示。微粒的形态最好是球形，使其具有较好的流动性。微粒的颜色应选择与被检件表面颜色反差大的那一种，以提高灵敏度。

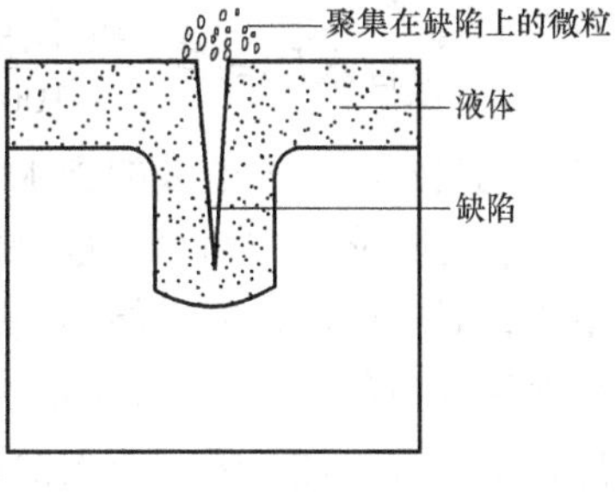

图3-2　过滤性微粒渗透剂显示缺陷示意图

渗透剂中悬浮微粒的液体溶剂应根据被检试件材料不同而各不相同。通常，这种液体使用水或石油类溶剂。如检测混凝土时，可使用含有分散剂的水；但检测陶土制品时，由于水可引起陶土制品的分离，不能使用水，而常使用石油类溶剂。渗透剂中悬浮微粒的液体溶剂必须能充分润湿被检试件的表面，以使微粒能自由地流动到缺陷上，从而显示出缺陷。这种液体的挥发性不能太大，否则微粒在流动中就会被干燥在试件表面上；挥发性也不能太小，否则流动性太差，会使渗透剂长时间残留在表面上。

使用这种渗透剂之前应充分搅拌，待微粒均匀后方可使用。施加渗透剂时，最好用喷枪喷涂，压力以20～30Pa为宜；不允许刷涂，因为刷涂会妨碍微粒的流动，在微粒上划出伪缺陷显示。使用这种渗透剂，不需显像剂。过滤性微粒渗透剂是一种比较适用于检测粉末冶金试件、碳石墨制品及陶土制品等材料的渗透剂。

3.1.7 渗透剂的性能鉴定（测试）方法

1. 外观

荧光渗透剂和着色剂在白光下观察应清澈透明，色泽鲜艳，无变色、浑浊、分层和沉淀等现象。着色渗透剂在白光下观察应是红色。荧光渗透剂在黑光灯照射下应发出黄色或绿色荧光。着色荧光渗透剂在日光下观察，其颜色是红色、橙色或紫色。

2. 润湿性

荧光渗透剂和着色渗透剂应很容易润湿铝板表面。把渗透剂涂到清洁光滑的铝板表面，并涂抹成薄膜，10～15min 后观察，薄膜层不应起泡或收缩。

3. 腐蚀性

在磨光的 ME20M 镁合金、7A04 铝合金和 30CrMnSiA 钢的试样上评定。按 100mm × 10mm × 4mm 的规格加工成试样，把试样清洗干净并干燥，然后将试样分别置于三个装有渗透剂的玻璃试管中，让试样一半浸入渗透剂中，一半留在液面上，把试管用橡皮塞塞紧，不应进水。把试管置于 50℃ ±1℃ 的恒温水槽中，经 3h 后，将试样从试管中取出，用蘸有无水乙醇的棉花擦净并干燥，用目视查看试样表面有无失光、变色或腐蚀现象。如果试样的两半没有明显的不同，说明渗透剂基本无腐蚀。

4. 含水量

水洗型渗透剂的含水量用水分测定器来测量。测量方法为：如图 3-3 所示，取 100mL 渗透剂和 100mL 无水溶剂（如二甲苯）置于容量为 500mL 的圆底玻璃烧瓶中，摇动 5min，使其均匀混合，用电炉、酒精灯或小火焰煤气灯加热烧瓶，并控制回流速度，使冷凝管的斜口每秒滴下 2～4 滴液体。含水量按下式计算

$$\text{含水量}=\frac{\text{集水管中水的容量（mL）}}{100\text{（mL）}}\times 100\% \qquad (3\text{-}3)$$

标准中规定水洗型渗透液的含水量不应超过 5%。

后乳化荧光渗透剂含水量测定：对于后乳化荧光渗透剂，水进入槽中，对荧光渗透剂性能影响比水洗型为小，其含水量测定可用一根两端开口的、内径为 3mm 的玻璃管，直立插入荧光渗透剂槽的底部，将上端封住，吸入荧光渗透剂和水，从玻璃管荧光渗透剂和水分层处，直接按比例测出含水量。假如不明显，可在黑光灯下进行观察。

5. 容水量

容水量的测定方法是以一定量的水逐次加入渗透剂中，每加一次将渗透剂与水摇晃均匀，观察是否有混浊、凝胶、分层等现象，并检查灵敏度是否下降。记录逐次加进水的含量，当出现上述现象时加水即刻停止。容水量按下式计算

$$\text{容水量}=\frac{\text{加入水的体积}}{\text{渗透剂的体积}+\text{加入水的体积}}\times 100\% \qquad (3\text{-}4)$$

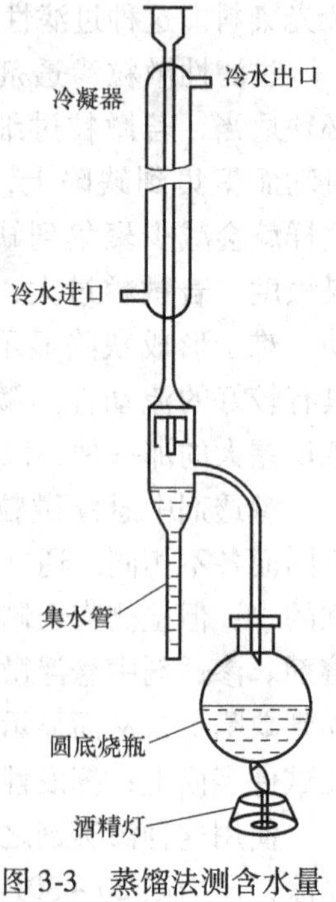

图 3-3 蒸馏法测含水量

水洗型渗透液在开口槽中使用时，需要测量其容水量，具体的测量方法为：取50mL渗透液置于100mL的量筒中，以0.5mL的增量逐次往渗透液中加水，每次加水后，用塞子塞住量筒，颠倒几次，观察渗透液是否有混浊、凝胶、分层等现象，并检查灵敏度是否下降。记录逐次加入水的含量，当出现混浊、凝胶、分层或检验灵敏度下降现象时为止，则

$$容水量=\frac{加入水的总量\ (\mathrm{mL})}{50\mathrm{mL}+加入水的总量\ (\mathrm{mL})}\times 100\% \tag{3-5}$$

6. 渗透剂灵敏度测试

使用中的渗透液与未使用过的清洗剂或乳化剂和显像剂组成渗透系统，按渗透检测标准规定的工艺操作采用组合B型试块上的五点压痕进行检测，各灵敏度等级的渗透剂所显示的裂纹点数应不少于表3-11的规定。

表3-11　渗透检测灵敏度等级与显示点数

检测灵敏度等级	检测灵敏度所处的水平	五点试片所能显示的星形裂纹	检测灵敏度等级	检测灵敏度所处的水平	五点试片所能显示的星形裂纹
1级	低灵敏度	1～2	3级	高灵敏度	3～4
2级	中灵敏度	2～3	4级	超高灵敏度	4～5

7. 荧光渗透剂的荧光亮度比较测定

长期使用的荧光渗透剂，由于试件预处理未清洗干净或使用中混入杂质会对荧光渗透剂造成污染，使荧光亮度降低，从而达不到缺陷检测灵敏度。因此，荧光渗透剂使用一段时间以后，要测量其荧光亮度。

荧光渗透剂荧光亮度的粗略测定方法是：将使用中的渗透剂和标准渗透剂在紫外线下进行比较，用两根玻璃试管，一根装上标准渗透剂，另一根装上使用中的渗透剂，密封后放置4h以上，在白光下或紫外光下比较颜色的鲜艳程度或荧光亮度，并观察渗透剂是否有分层、沉淀现象。

标准渗透剂的制备方法是：在每批新的渗透剂和乳化剂中取0.5kg，分别放在密闭的玻璃容器内，注明材料批号标志，避免阳光的照射，防止温度对它的影响，以此作为标准渗透剂。

荧光亮度的比较测定可用黑光辐照度计测定，其方法步骤为：分别用标准荧光渗透剂和待测量的荧光渗透剂浸湿两张干净滤纸并烘干，在紫外光下比较，若两者发光强度无明显差别，则说明使用中的荧光渗透剂荧光强度合格；若有明显差别，再做进一步比较适应试验。具体方法为：将标准渗透剂和待测渗透剂各取10mL分别装入试管，并分别加入90mL二氯甲烷进行稀释；裁剪80mm×80mm滤纸10张，各取5张分别浸入标准渗透剂和待测渗透剂中。取出放入85℃以下温度的烘箱中烘干（约10min），打开荧光亮度计，用黑光灯对准荧光板，调节黑光灯的高度，使荧光亮度计指示值为250lx。固定好黑光灯和荧光亮度计不动。取出荧光板，分别插入烘干的滤纸，测出两种荧光渗透剂的荧光亮度值（各5次），其平均值为该种荧光渗透剂的荧光亮度值。当使用过的荧光渗透剂的荧光亮度低于标准荧光渗透剂荧光亮度的75%时，该荧光渗透剂便不能继续使用，应予以报废；或者两者的读数之差除以浸入标准荧光渗透剂的滤纸读数所得的百分数应不大于25%，若大于25%，则使用的荧光渗透剂应报废。

着色渗透剂的色泽与着色染料性质、溶液所溶解的染料量有关，颜色越深，溶液对光的吸收能力越强，因此可用消光值来衡量着色渗透剂的色泽。测定时可选择一种液体作为标准液进行光电比色，读取各种着色渗透剂的比色值，即消光值。

8. 渗透剂的可去除性校验

渗透剂的可去除性常采用吹砂钢试块进行试验。

（1）水洗型渗透剂的去除性校验　将试块浸入被测渗透剂中，然后将试块以大约60°的角度滴落10min。滴落结束后将试块放入冲洗设备中冲洗30s。冲洗设备应装有两个喷嘴，喷洗水的表压为0.2MPa，水温为（21±3）℃。再在（66±3）℃的干燥箱内干燥90s，与用相同灵敏度的标准渗透剂按同样方法处理的试块在黑光或白光下进行对比，使用过的渗透剂的本底不应多于相同灵敏度等级的标准渗透剂的本底。

（2）亲油性后乳化型渗透剂的去除性校验　先将试块浸入被测渗透剂中，然后将试块以大约60°的角度滴落10min。再将试块浸入乳化剂中，取出后以倾斜60°的角度滴落1min。滴落结束后立即将试块放入冲洗设备中。冲洗设备应装有两个喷嘴，喷洗水的表压为0.2MPa，水温为（21±3）℃。再在（66±3）℃的干燥箱内干燥90s，与用相同灵敏度的标准渗透剂按同样方法处理的试块在黑光或白光下进行对比，使用过的渗透剂的本底不应多于相同灵敏度等级的标准渗透剂的本底。

（3）亲水性后乳化型渗透剂的去除性校验　先将试块浸入被测渗透剂中，然后将试块以大约60°的角度滴落10min。滴落结束后先在冲洗设备中进行预水洗，预水洗水压为0.2MPa，水温为（21±3）℃，冲洗15s。随后浸入到乳化剂中，乳化时间应尽量短，约5s，一般最长不超过2min。再用水压为0.2MPa的水冲洗30s，热风干燥或在干燥箱内干燥后，与用相同灵敏度的标准渗透剂按同样方法处理的试块在黑光或白光下进行对比，使用过的渗透剂的本底不应多于相同灵敏度等级的标准渗透剂的本底。

（4）溶剂去除型渗透剂的去除性校验　将溶剂去除型渗透剂施加在吹砂试块的表面，然后将试块以大约60°的角度滴落10min。先用清洁无毛的布或纸巾擦去多余的渗透剂，再用蘸有清洗剂的清洁无毛的布或纸巾擦拭，与用相同灵敏度的标准渗透剂按同样方法处理的试块在黑光或白光下进行对比，使用过的渗透剂的本底不应多于相同灵敏度等级的标准渗透剂的本底。

9. 灵敏度黑点试验

渗透剂的灵敏度用A型试块及C型试块进行测定。试块的一半用标准渗透剂，另一半用测量中的渗透剂，两者进行比较。荧光渗透剂可用黑点试验法测定灵敏度。

黑点试验又称新月试验，是测量荧光渗透剂扩展成多厚的薄膜时，在一定强度的黑光照射下，具有最大发光亮度的一种方法。这一厚度就是临界厚度。由于临界厚度以上的荧光亮度与临界厚度处相同，故常用临界厚度值来表示荧光渗透剂在黑光辐照下的发光强度。临界厚度越小，黑点半径就越小，发光效率越高，灵敏度也越高。

黑点试验方法为：在一块平玻璃板上滴几滴荧光渗透剂，将一块曲率半径为1.06m的平凸透镜的凸面压在荧光渗透剂上，这时透镜与平板之间的荧光渗透剂呈薄膜状，如图3-4所示。在透镜与平板相接触的点处，荧光渗透剂的厚度为零，接触点附近的荧光渗透剂形成薄膜，离中心越近，薄膜越薄。

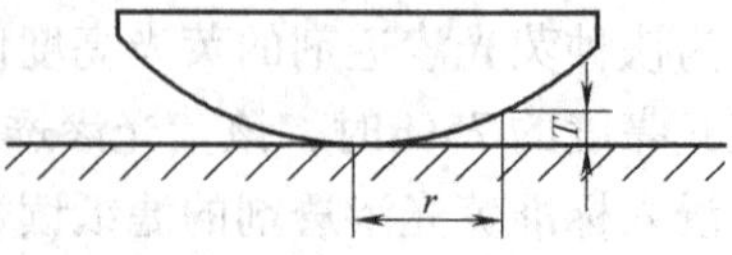

图3-4　黑点试验示意图

在紫外光的照射下，临界厚度以上的薄膜能发出最大的荧光亮度，而在接触点处及临界厚度以下的极薄层荧光渗透剂不能发出荧光，而形成黑点。黑点越小，说明临界厚度越小。临界厚度计算公式为

$$T=\frac{r^2}{2R}=\frac{d^2}{8R} \tag{3-6}$$

式中 T——临界厚度；

r——黑点半径；

d——黑点直径；

R——透镜曲率半径。

由式（3-6）可知，黑点直径越小，临界厚度越小，说明荧光渗透剂的发光强度越高。超亮的荧光渗透剂的黑点直径可达1mm以下，只有针尖大小。

例 在上述黑点试验中，测得的黑点直径为4mm，此荧光渗透剂的临界厚度为多少？

解： $T=\frac{d^2}{8R}=\frac{4^2}{8\times 1.06\times 10^3}\text{mm}=1.910^{-3}\text{mm}$

故荧光渗透剂的临界厚度为 1.910^{-3}mm。

10. 渗透剂的温度稳定性试验

渗透剂的温度稳定性可通过耐热耐冷试验测定。试验时可将渗透剂样品密封于玻璃瓶内，将样品从室温冷却至 -18℃，保温 8h，然后再加热至 66℃，保温 8h，接着冷却至室温。然后观察其有无沉淀和分离层。目视检验渗透剂不应有离析现象。

11. 荧光渗透剂的黑光稳定性试验

荧光渗透剂的黑光稳定性试验所用的试样和仪器与荧光渗透剂亮度比较试验相同。将10张滤纸浸入到制备好的用于测试的荧光渗透剂中，取出干燥5min后，把其中5张滤纸试样悬挂在无强光、强热和强大空气流的地方；其余5张滤纸试样应暴露在稳定均匀的黑光下照射1h，辐照强度是800μW/cm^2。照射后，按照荧光渗透剂亮度比较试验规定的方法测试。暴露于黑光下的滤纸试样平均荧光亮度与未暴露于黑光下的滤纸试样的平均荧光亮度相比较，所得比值的百分数对不同灵敏度等级的荧光渗透剂要求是：低灵敏度和中灵敏度荧光渗透剂要求不低于50%，高灵敏度及超高灵敏度荧光渗透剂要求不低于70%。

12. 渗透剂的热稳定性试验

渗透剂的热稳定性试验与荧光渗透剂的黑光稳定性试验相类似。具体方法为：将10张滤纸浸入到制备好的用于测试的渗透剂中，取出干燥5min后，将其中5张滤纸试样悬挂在无强光、强热和强大空气流的地方；其他的5张滤纸试样放置于干净的金属板上，装入调到(121±2)℃空气静止的烘箱1h。再按渗透剂亮度比较试验规定的方法，交替测出渗透剂的荧光亮度。对于装入烘箱的试样，应在与金属板未接触的一面来测定。暴露于高温下的滤纸试样的平均渗透剂荧光亮度与未暴露于高温下的滤纸试样的平均渗透剂荧光亮度相比较，所得比值的百分数对不同灵敏度等级的渗透剂要求是：低灵敏度及中灵敏度渗透剂不低于60%，高灵敏度及超高灵敏度渗透剂不低于80%。

13. 槽液寿命试验

取50mL被检渗透剂装入直径150mm的耐热烧杯中，然后放入对流烘箱内，在（50±

3)℃的温度下保温7h，取出后冷却至室温，目视检查试样，不应显示有离析、沉淀或形成泡沫。

14. 渗透剂的储藏稳定性试验

在16～38℃的温度范围内，未使用过的密封装满的渗透剂在仓库条件下存放1年，性能应满足各项技术指标。

15. 渗透剂的粘度测定

可按照GB/T 265—1988规定的方法测定。

16. 渗透剂的闪点测定

可按GB/T 261—2008规定的方法测定。一般要求水洗型渗透剂闭口闪点应大于50℃，后乳化型渗透剂闭口闪点应为60～70℃。

17. 持续停留时间试验

渗透剂在（20±5)℃温度条件下停留4h后，进行可去除性检查应合格。

3.2 清洗剂

3.2.1 清洗剂的分类

渗透检测中的清洗剂可用于被检试件表面预处理、去除被检试件表面多余渗透剂及被检试件表面后处理等各个环节。采用清洗剂可去除试件表面的污垢、油脂。清洗剂有水、有机溶剂和乳化液等。

水是自然界存在的重要溶剂。在工业清洗中，水既是多数化学清洗剂的溶剂，又是许多污垢的溶剂。在清洗中，凡是可以用水除去污垢的场合，就不用其他溶剂和各种添加剂。

常用的有机溶剂有两类：一类是有机烃类，如煤油、汽油、丙酮、甲苯等；另一类是有机氯化烃类，如三氯乙烯、四氯乙烯等。前一类溶剂毒性小，对大多数金属无腐蚀作用，但易燃；后一类溶剂除油速度快，效率高，不燃，允许加温操作，除油液能再生循环使用，对大多数金属（铝、镁除外）无腐蚀作用，但毒性很大。由于大部分有机溶剂易燃或有毒，因此操作时要注意安全，保持良好的通风换气。

在有机溶剂（如汽油）中添加约10%（体积分数）的乳化剂和10～100倍的水，就成为乳化液，适用于去除大量油脂。乳化液体系中，乳化剂有促使溶有油脂的溶剂乳化、分散，形成乳浊液而将油脂带离被检试件表面的作用。

3.2.2 清洗剂的性能

清洗剂的性能要求是恰好溶解渗透剂，清洗时挥发适度，储存保管中保持稳定，不使金属腐蚀与变色，无不良气味，毒性少等。一般多使用链型碳氢化合物，此外也使用环状碳氢化合物和不燃性的氯的碳氢化合物等。清洗剂不应与荧光渗透剂起化学反应，不应猝灭荧光染料的荧光。如果试件表面足够光洁，能不用清洗剂即能清除干净的场合，就尽量不用清洗剂，而用干净不脱毛的布或纸巾沿一个方向擦拭，这对提高检查灵敏度是有利的。清洗剂的特性见表3-12。

表3-12 清洗剂的特性

试验项目	试验装置及方法	特 性
外观		是无色透明的油状液体,不含沉淀物
相对密度	相对密度天平	一般为0.7~0.9g/cm^3,不燃性的清洗剂为1.3~1.4g/cm^3
闪点	闪点仪	一般为可燃性的,但也有不燃性的
清洗性	使用涂敷过溶剂清洗型渗透剂的试样	能够清洗除掉渗透剂,不降低检测能力
储存稳定性	15.6~37.8℃下储存一年后,进行清洗性试验	性能不降低

3.2.3 溶剂清洗剂

溶剂去除型渗透剂采用有机溶剂去除，有机溶剂能直接溶解渗透剂而达到清洗试件表面多余渗透剂的目的。溶剂清洗剂是一种无色透明的液体，常用于无水源情况下直接清洗，这对野外和高空等现场作业具有明显的优点。目前常用溶剂清洗剂的原料有酒精、丙酮、汽油、二氯乙烯、四氯化碳、变压器油、苯及二甲苯等，这些原料在单独使用时不仅成本高，而且有些原料毒性较高，因此需配制一种在成本、使用效果和低毒等方面兼优的溶剂清洗剂。溶剂清洗剂有可燃的和不可燃的，可燃性密度一般在0.7~0.9g/cm^3，容易着火，如汽油、丙酮、酒精等。不可燃的溶剂如三氯乙烯、三氯乙烷等。三氯乙烯、三氯乙烷中含有卤族元素，对某些试件有应力腐蚀作用，且毒性大，一般不适于手工清洗。

表3-13是HD-BX乳化型清洗型配方。HD-BX溶剂型清洗剂对油、醇、酯、酮、醚等单方和组合配方都有较好的清洗能力，成本低于酒精与丙酮。

表3-13 HD-BX乳化型清洗型配方

配方材料	用量/mL
乙醇	3
加氢饱和煤油	5
异三醇	5

3.3 乳化剂

渗透检测中的乳化剂用于乳化不溶于水的试件表面上多余渗透剂的洗涤材料，是后乳化型渗透检测中不可缺少的组成部分。

3.3.1 乳化剂的分类与组成

乳化剂以表面活性剂为主体，为调节黏度、调整与渗透剂的配比性、降低材料费等，可适当添加溶剂。有的新型乳化剂是在使用前用水稀释到所定的浓度，经调制后就可使用。

乳化剂分为亲水性和亲油性两大类。如本书第2.7.8小节所述：*HLB*值在8~18的乳化剂称为亲水性乳化剂，乳化形式是水包油型（O/W型），它能将油分散在水中；*HLB*值在3~6的乳化剂称为亲油性乳化剂，乳化形式是油包水型（W/O型），它能将水分散在油中。

1. 亲水性乳化剂

亲水性乳化剂在使用时应当用水稀释到5% ~20%（按体积比）的浓度，通常是5%的浓度。亲水性乳化剂水溶液的浓度越高，乳化能力越强，乳化速度越快，乳化时间太短难以控制，且乳化剂拖带损耗大。亲水性乳化剂水溶液的浓度太低时，乳化能力弱，乳化速度慢，从而需要较长乳化时间，使得乳化剂有足够时间渗入表面开口缺陷中去，缺陷中的渗透剂也容易用水洗掉，因而达不到后乳化渗透检测应有的高灵敏度。因此，需要根据被检试件的大小、数量、表面粗糙度等情况，通过试验来选择最佳浓度，或按乳化剂生产厂家推荐的浓度使用。

亲水性乳化剂的乳化作用过程如图3-5所示。

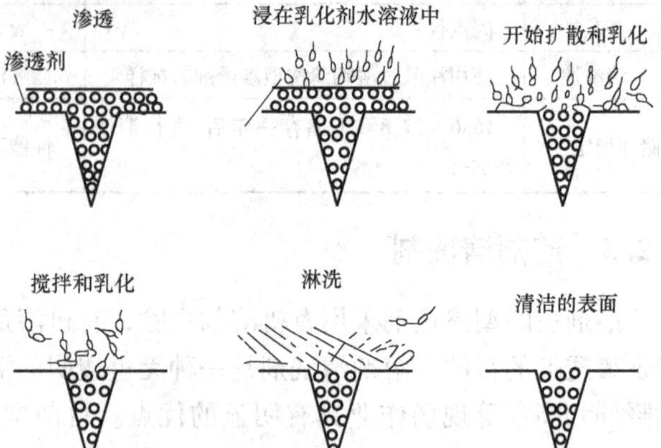

图3-5　亲水性乳化剂的乳化作用过程

2. 亲油性乳化剂

亲油性乳化剂通常按供应状态使用，不需要加水稀释。如果乳化剂黏度大，扩散到渗透剂中的速度就慢，容易控制乳化，但乳化剂拖带损耗大。乳化剂黏度低则扩散到渗透剂中去的速度快，乳化速度快，需要注意控制乳化时间。

亲油性乳化剂通过扩散过程与渗透剂相互作用，从而起一种溶剂的作用，使试件表面多余的渗透剂能被去除。亲油性乳化剂的乳化作用过程如图3-6所示。

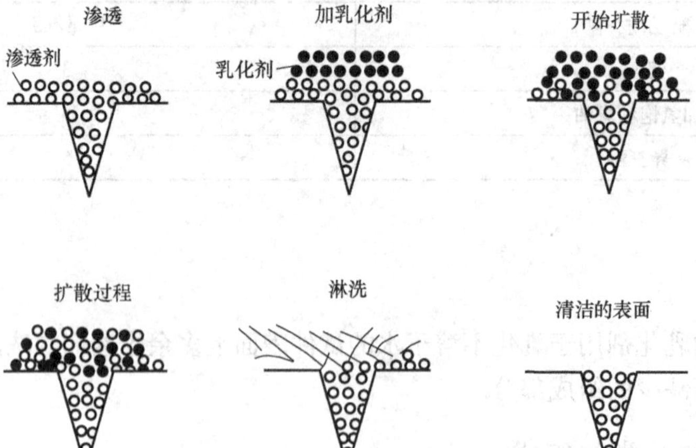

图3-6　亲油性乳化剂的乳化作用过程

亲油性乳化剂的基本要求是对水和渗透剂具有一定的容许量。

亲油性乳化剂应允许添加体积比为5%的水，并允许混入体积比为20%的渗透剂，且仍应像新的乳化剂一样，能够有效地被水清洗掉，达到所要求的渗透检测灵敏度。减少乳化剂受渗透剂污染的方法有：增加渗透剂的滴落时间，加强滴落后乳化前的预水洗，减少进入乳化剂的渗透剂。

乳化剂可用50%（体积比）的乳化剂OP加40%（体积比）的工业乙醇，再加10%（体积比）的工业丙酮混合后就是一种实际检测中使用的乳化剂。匀染剂O，又称平平加O或乳化剂O，属于非离子型乳化剂。这种乳化剂也常与其他溶剂配合使用：60%（体积比）平平加O加5%（体积比）油酸，再加35%（体积比）丙酮，加热（水浴）混合后即可使用。或者将120g/100mL的平平加O加100%（体积比）的工业乙醇，加热（水浴）后混合。除了乳化剂OP和匀染剂O外，检测中使用较多的还有E-100乳化剂，它是由44%（体积比）的煤油加35%（体积比）的油酸再加21%（体积比）的三乙醇胺制成的。

常用的乳化剂有TX-10、三乙醇胺油酸皂、乳百灵MOA-3三乙醇胺、平平加O-20、乳化剂OH-7、乳化剂OH-10、吐温-80、匀染剂102、Txp和净洗剂6501等。其中，乳化剂OP、匀染剂O应用得最为普遍。

工厂常用的几种乳化剂配方见表3-14。

表3-14　工厂常用的几种乳化剂配方

配方编号	成　分	成分比例(质量分数)	备　注
1	乳化剂(OP-10)	50%	
	工业乙醇	40%	
	工业丙酮	10%	
2	乳化剂(平平加)	120g/100mL	水溶加热，互溶成膏状物即可
	工业乙醇	100%	

3.3.2　乳化剂的性能要求

乳化剂要求乳化效果好，能很容易地乳化并清洗后乳化型渗透剂；外观（色泽、荧光颜色）上能与渗透剂清楚地区别开；受少量水或渗透剂污染时，不降低乳化剂的去除性能；与渗透剂的配比适度且无不良气味，便于操作；储存保管中能保持稳定，稳定性不受温度变化影响；对金属及盛放容器不腐蚀变色；对操作者的健康无害；闪点高，挥发性低，废液与去除污水的处理简单。

对于不同的材料和不同检验要求，应选择不同的乳化剂。例如，铝镁合金的检验不能用三乙醇胺油酸皂；浅而细的缺陷用高灵敏度的乳化剂；易于积存乳化剂、形状不规则的试件最好用喷涂法，施加低灵敏度的乳化剂。

乳化剂除了有以上要求外，还应具备如下性能：

1）乳化剂与被乳化物的化学结构相似时，乳化效果好，即根据“相似相溶”法则选择乳化剂。所选乳化剂的亲油基要与渗透剂的油基和染料的化学结构相似，使其具有良好的互溶性。

2）乳化的目的是为了将多余的渗透剂去除掉，故乳化剂还应具有良好的洗涤作用。可根据乳化剂的 *HLB* 值来选择乳化剂。*HLB* 值在11～15范围内的乳化剂既具有乳化作用，又具有洗涤作用，是比较理想的清洗剂。

3）通过试验来选择最佳乳化剂使用浓度，或按乳化剂制造厂推荐的浓度使用。通常乳化剂制造厂推荐用的浓度为5%～20%（体积分数）。一般要根据被检试件的大小数量、表面粗糙度等情况选择最佳浓度。

4）乳化剂耐水和耐污染能力要强，化学稳定性要好。

3.3.3 乳化剂性能的校验

（1）外观检查　在黑光或白光下观察时，荧光渗透剂和着色渗透剂与其相匹配的乳化剂的颜色应有明显的差别。

（2）乳化性能试验　乳化剂的去除性校验以未使用过的乳化剂和未使用过的渗透剂为标准，与使用过的乳化剂和渗透剂的乳化性能进行比较，若去除性低于标准，应为不合格。乳化剂性能的校验方法如下：

1）取两块吹砂钢试片，用溶剂擦洗或用蒸气除油，并冷却至室温。

2）将两块吹砂钢浸入适当的后乳化渗透剂中，垂直悬挂滴落 3min 后，用水压为 0.2MPa、温度为（21±3）℃的水冲洗，冲洗时间 30s。

3）将一个试片浸入待测量的乳化剂中，另一个浸入标准乳化剂中，时间为 30s，取出后垂直滴落 3min，再以相同的清洗条件去除表面渗透剂。

4）试片在热空气烘干箱中干燥或吹干。

5）在黑光或白光下观察荧光背景或着色背景，若两块试片底色相似，则使用中的乳化剂仍可使用；若底色相差悬殊，则应更换乳化剂。

亲水乳化剂的浓度可用折光仪进行检查，当浓度与标准乳化剂的浓度变化相差 3% 时，该乳化剂按不合格处理。喷涂用乳化剂的浓度用折光仪检查时，其浓度不应超过 5%。

（3）亲油性乳化剂的允许容水量试验　在亲油性乳化剂中加入 5%（体积分数）的水，搅拌均匀后观察乳化剂，不应产生凝胶、离析、混浊、凝聚或形成分层。加入 5%（体积分数）的乳化剂，当其与相应的渗透剂配用时，渗透剂不能产生凝胶、离析、混浊、凝聚或在渗透剂面上形成分层，同时该渗透剂的去除性能应符合要求。

（4）亲水性乳化剂的容水量测定　浓缩的亲水性乳化剂的允许容水量应不低于 5%（体积分数）。

（5）温度稳定性试验　亲油性乳化剂和浓缩的亲水性乳化剂的温度稳定性检查方法与渗透剂检查方法相同。乳化剂的组分不得离析。

（6）亲油性乳化剂的槽液寿命试验　亲油性乳化剂的槽液不应出现离析、沉淀或泡沫。

（7）亲水性乳化剂的浓度　亲水性乳化剂在进行各项试验检查时，应根据制造厂家推荐的方法稀释。

3.4 显像剂

显像剂是渗透检测中的另一关键材料，它是施加于试件表面、加快缺陷中截留渗透剂渗出和增强渗透显示的材料。显像剂的显像过程与渗透剂渗入缺陷的原理是一样的，都属于毛细现象。由于显像剂中的显像粉末非常细微，其颗粒为微米级。当这些微粒覆盖在试件表面时，微粒之间的间隙类似于毛细管，因此缺陷中的渗透剂很容易沿着这些间隙上升，并回渗到试件表面，形成显示。

3.4.1 显像剂的分类与组成

1. 显像剂的分类

显像剂从使用方法可大致分为干式显像剂和湿式显像剂两大类，其成分虽然各不相同，但其主要作用都是能吸出渗入缺陷内部的渗透剂的显像粉末。干式显像剂是以干燥的白色粉末作为显像剂的。湿式显像剂有水悬浮显像剂（将白色显像粉末悬浮于水中）、溶剂悬浮显像剂（显像粉末悬浮于有机溶剂中）和水溶解显像剂（将白色显像粉末溶解于水中）。此外，还有塑料薄膜显像剂（将白色显像粉末悬浮于树脂清漆中）。

（1）干式显像剂　干式显像剂是荧光渗透检测最常用的显像剂，通常是白色的无机粉末，如氧化镁、碳酸镁、二氧化硅及氧化锌等。粉末应是轻质、松散、干燥的，粒度为1～3μm，使用状态的密度小于$0.075g/cm^3$，运输包装下的密度应该小于$0.13g/cm^3$。显像剂要求吸水、吸油性能好，润湿性好，并仅在试件表面上形成一层薄膜。显像剂在黑光照射下应不发荧光，对被检试件和存放容器不腐蚀，无毒，对人体无害。

（2）湿式显像剂

1）水悬浮显像剂。水悬浮显像剂是将干式显像剂按每升水加30～100g的比例配制成的。为了得到良好的悬浮性和润湿作用，显像剂中还应加一定量的表面活性剂，为防止显像剂中的水腐蚀试件或容器，悬浮液中还应加一定量的防锈剂。同时，为了防止渗透剂对白色粉末的润湿面过大，造成缺陷图像无限制地扩展，以致使相邻缺陷痕迹连成一片而无法分辨，悬浮液中还应加一定量的限制剂。另外，显像剂的粉末含量应控制在使试件表面形成均匀的薄层，太多会造成显像剂薄膜太厚，遮盖显示，太少将不能形成均匀的显像剂薄膜。

水悬浮显像剂一般呈弱碱性，它一般不会对钢材料试件产生腐蚀，但长时间残留在铝、镁试件上会产生腐蚀麻点。

水悬浮显像剂要求试件表面有较小的表面粗糙度值，使用前要充分搅拌均匀。该类显像剂易沉淀结块，不适用于水洗型渗透检测剂体系，检测灵敏度比较低。

2）水溶解显像剂。水溶解显像剂是将显像剂结晶粉末溶解在水中，克服了悬浮式显像剂容易沉淀、不均匀、可能结块的缺点。溶解在水中的显像材料在显像剂中的水分从试件表面上蒸发掉后，能形成一层与试件表面贴合较好的显像剂薄膜。水溶解显像剂中也应加选适当的防锈剂、润湿剂。水溶解显像剂结晶粉末多为无机盐类，白色背景不如水悬浮显像剂，要求试件表面较为光洁，该类显像剂不适用于水洗型渗透检测剂体系，也不适用于着色渗透检测系统。

3）溶剂悬浮显像剂。溶剂悬浮显像剂是将显像粉末加在挥发性的有机溶剂中，再加上适量的表面活性剂构成的，有时还加一些限制剂和稀释剂。由于有机溶剂挥发快，故又称为速干式显像剂。溶剂作为一种悬浮剂，具有悬浮吸附剂（白色粉末）的作用，它们一般都为酯类、醇类或酮类有机溶剂，如醋酸酯、乙醇、异丙醇和丙酮等。为保证使用安全，应尽量采用高沸点的有机溶剂。使用的溶剂应不熄灭荧光。显像粉末又称为吸附剂，它除了对缺陷中渗透剂有较强的吸附作用外，其白色衬底对缺陷图像还具有较好的衬托作用。常用的限制剂有胶棉液、醋酸纤维素、过氯乙烯树脂及糊精等。溶剂悬浮显像剂常用胶棉液作限制剂。限制剂的作用是增加显像剂悬液的黏度，限制所显图像的扩大，使所显示的缺陷图像轮廓清晰，且具有真实性。稀释剂常用丙酮、酒精等物质，它能溶解限制剂，并能适当提高限制剂的挥发性，从而可调整显像剂的黏度。

溶剂悬浮显像剂通常装在喷罐中使用，而且与着色渗透剂配合使用。

溶剂悬浮显像剂中的有机溶剂有较强的渗透能力，能渗入到缺陷中去，挥发过程中把缺陷中的渗透剂带回到试件表面，故显像灵敏度高；显像剂中的有机溶剂挥发快，扩散小，轮廓清晰，分辨力高。

（3）塑料薄膜显像剂　塑料薄膜显像剂主要是由显像粉末和透明清漆（或胶状树脂分散体）组成的。采用喷涂的方式施加于被检试件的表面，由于透明清漆是一种高挥发性的溶剂，能在较短时间内干燥形成一层薄膜。塑料薄膜显像剂吸附渗入缺陷中的渗透剂进入塑料薄膜中，缺陷的显示就被凝固在膜层中，剥下的膜层可作永久的记录。

2. 显像剂的组成

显像剂的主要成分有酮类化学品、多元醇、氧化物粉料及胶棉液等。显像剂的构成见表3-15。

表 3-15　显像剂的构成

显像剂的种类	显像粉末	表面活性剂	溶　剂	防锈剂	其他成分
干式显像剂	✓				
湿式显像剂	✓	✓		✓	△

注：△表示根据需要添加。

显像粉末主要起显现缺陷标志的作用，常用的有氧化锌、氧化镁、二氧化钛、高岭土、滑石、硅酸粉末，不溶或难溶于水的碳酸盐等成分。

表面活性剂的作用是充分使显像粉末分散到介质中，并使粉末在试样表面上均匀展开。在湿式显像剂中，由于以水为介质，它可以起到中止润湿金属表面的作用。性能要求：少量高效，稳定性不受其他成分影响，荧光尽量要少（表面活性剂多少都有蓝白色荧光），不使金属腐蚀与变色等。一般主要使用阴离子型与非离子型的表面活性剂。

溶剂主要悬浮白色粉末，一般采用低沸点的有机溶剂，如丙酮、苯、二甲苯等。水溶解显像剂的溶剂是水。

由于湿式显像剂使用水，容易腐蚀金属，因此，需要添加无机或有机的防锈剂。另外，为了增加黏度，限制显像的扩大作用，使显现出的缺陷图像清晰，需添加限制剂。常用的限制剂有火棉胶、醋酸纤维素和过氯乙烯树脂等。

表3-16为水悬浮显像剂的典型配方，表3-17为溶剂悬浮显像剂的典型配方。

表 3-16　水悬浮显像剂的典型配方

配制顺序	成分及其作用	成分比例(质量分数)	性能和特点	配合使用的渗透剂
1	水(溶剂)	100%	该配方是水基显像剂,毒性低,适用于液浸和喷涂法显像	常与水基型渗透剂配合使用
2	表面活性剂	0.01 ~0.1g/100mL		
3	糊精(羧甲基纤维素,限制剂)	0.5 ~0.7g/100mL		
4	氧化锌(吸附剂)	6g/100mL		

表3-17 溶剂悬浮显像剂的典型配方

显像剂	成　分	成分比例(质量分数)	作　用	备　注
1	火棉胶(5%)	70%	限制剂	喷涂时加入40~50mL的丙酮稀释
	二甲苯	20%	悬浮剂	
	丙酮	10%	稀释剂	
	氧化锌	5g/100mL	吸附剂	
2	氧化锌	5g/100mL	吸附剂	醋酸纤维素在丙酮中完全溶解后再加氧化锌
	醋酸纤维素	1g/100mL	限制剂	
	丙酮	100%	稀释剂	
3	二氧化钛	5g/100mL	吸附剂	
	火棉胶(5%)	45%	限制剂	
	丙酮	40%	悬浮剂	
	乙醇	15%	稀释剂	

3.4.2 显像剂的性能要求

显像剂应具备的性能要求如下：

1）显像粉末颗粒细微，吸湿能力强、速度快，容易被缺陷处的渗透剂所润湿。

2）容易在试件表面上形成均匀的薄覆盖层，使缺陷显示轮廓清晰。

3）在紫外光照射下不发荧光，也不减弱荧光亮度。

4）着色显像剂要提供与缺陷显示足够大的底色，以保证最佳对比度，并对着色染料无消色作用。

5）无毒、无味、无腐蚀作用。检验完毕后易从试件表面上除掉。

总之，显像剂要求检测能力显著，缺陷标志鲜明，与着色剂的反差好（无荧光），储存保管中保持稳定，不使金属腐蚀与变色，检查结束后容易清洗，对操作人员的健康无害，废液处理简便。除此之外，湿式显像剂中的显像粉末对介质应有良好的分散性，沉降速度慢。干式显像剂要求粒度微细、密度小。

显像剂既可放大缺陷显示，又可提供观察缺陷的背景，因此可以提高检验灵敏度。显像剂除了本身具有一定优良性能外，应与一定渗透剂搭配使用，才能达到最佳显像放大。另外，应根据试件表面状态、检验条件的具体情况选择不同类型的显像剂。表面粗糙度值小的表面应选择湿显像，而粗糙表面应选择干显像；批量试件选择水湿式显像，速度快，操作方便；有不通孔、凹槽等结构的试件易积聚显像剂，不适合采用湿显像剂。

3.4.3 显像剂的性能鉴定

1. 外观检查

用于着色渗透检测的显像剂应能提供一个良好的对比背景；用于荧光渗透检测的显像剂在黑光照射下，不应比相应的标准显像剂呈现更多的荧光。

2. 干粉显像剂的性能检验

干粉显像剂是一种轻质、松散、干燥的细微粉末，不应有聚结颗粒和块状物。干粉显像剂常与荧光渗透剂配合使用，因此，在黑光照射下不应发荧光。

（1）干粉显像剂的松散性（密度）测试　取一个干净、清洁的刻度为500mL的量筒，从500mL标线处准确地切齐，称取量筒的质量为M_1，精确到0.5g；将量筒倾斜30°角，使干粉显像剂粉末沿筒壁轻轻地滑入量筒内。然后逐渐扩大角度，逐渐添加粉末，使其充满溢出，每添加一次，恢复垂直位置一次，防止空穴形成，严禁摇动或敲击量筒。用直尺刮去多余的显像剂粉末。在量筒口捆扎一张纸，让量筒从25mm高处反复地自由落到一厚度为10mm且有一定硬度的橡胶板上，将粉末敦实，每落下一次，将量筒转90°，一直重复到体积保持不变为止，读下此时的体积刻度值V。除去捆扎的纸，称取量筒和盛装显像剂粉末的总质量M_2。

显像剂的松散密度为显像粉末的净质量（M_2-M_1）除以500，得出的值应小于0.075g/cm^3，即每升松散的显像剂的质量不大于75g。

显像剂的摇实密度为净质量除以装实后所得的体积，即（M_2-M_1）/V，得出的值不应大于0.13g/cm^3，即每升体积内显像剂的质量不应多于130g。

（2）荧光污染与水污染检查　取一块吹砂钢试块，将其一半浸入蒸馏水中，快速摆动数次后置于干粉显像剂中，然后取出，在室温下干燥，再在1500μW/cm^{2}的黑光灯下检查。与标准显像剂相比，不应有更多的荧光呈现。试块的两半部分对比，可检查显像剂被水污染的情况。

3. 湿式显像剂的性能鉴定

（1）再悬浮性能试验　将水悬浮显像剂、溶剂悬浮显像剂按照生产厂家的说明书进行配制并静置24h后，轻轻摇动，已形成的沉淀能很容易地再悬浮。

（2）灵敏度试验　使用与显像剂相应的渗透剂和相应的工艺，在标准裂纹试块上进行渗透检测的全过程操作。标准裂纹试块表面的显像剂涂层应均匀一致，与标准显像剂相比，缺陷显示要符合要求。

（3）沉降速率（沉淀性）测试　将显像剂充分搅拌后，取25mL显像剂置于25mL的量筒中，静置15min，观察沉淀后的分界线。对溶剂悬浮显像剂，其分界线距上表面应不大于2mL的刻度；对水悬浮显像剂，要求分界线距上表面的距离应不超过12.5mL的刻度。

4. 显像剂的可去除性测试

取两块尺寸40mm×50mm、材料为1Cr18Ni9的试板，轧制表面，用汽油清洗并干燥。

（1）干粉显像剂　将被检显像剂粉末与标准显像剂粉末分别喷撒在两块试板上，静置5min，用0.2MPa的水喷洗1min，空气自然干燥，目视检查，所有显像剂应与相应的标准显像剂同样容易彻底去除。

（2）湿式显像剂　试验方法基本与上述试验方法相同，试板可倾斜45°角，放在温度为(150±3)℃的环流烘箱内干燥1～2min，然后静置、水喷洗、干燥后目视检查。

3.5 渗透检测剂系统

渗透检测剂系统指由渗透剂、清洗剂和显像剂等所构成的特定组合系统。每种渗透剂应与其相配套的清洗剂和显像剂一同使用，不要将一个厂家的检测剂与另一个厂家的检测剂混合使用，更不要将不同厂家的同种检测剂（如渗透剂）混在一起使用，同一个厂家的不同类型的检测剂不能混合使用；否则，可能出现渗透剂、清洗剂及显像剂等材料各自都符合规定要求，但它们之间不能相互兼容，最终使渗透检测无法进行。如确需混用，则必须经过验证，确保它们能相互兼容，其检测灵敏度能满足检测的要求。

3.5.1　渗透检测剂系统的选择原则

渗透检测剂系统的选择原则为按被检试件灵敏度要求来选择渗透检测剂组合系统。根据被检试件表面状态，在满足检测灵敏度要求的条件下，应尽量选用价格低、毒性小、无异味、易清洗的渗透检测剂组合系统。渗透检测剂系统对被检试件应无腐蚀，且化学稳定性好，使用安全，不易着火。

3.5.2　渗透检测剂系统灵敏度测试

可采用A型试块或按JB/T 4730.5—2005规定的B型试块进行渗透检测剂系统灵敏度鉴定（有的标准规定用标准缺陷样件测试系统灵敏度）。所谓灵敏度鉴定是指用正在使用的渗透检测剂系统，按规定的工艺对已知缺陷的标准试块进行处理，将检测结果（人工缺陷显示的点数、亮度或颜色深度等）与未使用过的渗透检测剂系统对标准试块所得的检测结果相比较，用以评定正在使用的渗透检测剂系统的灵敏度。

1. 低灵敏度渗透检测剂系统鉴定

鉴定时使用A型试块，将被检渗透材料施加于A型试块的半个表面上，将标准渗透检测材料施加于A型试块的另一半表面上，渗透时间10min，显像时间5min，按渗透检测的标准操作程序处理3块A型试块，分别对水洗型、后乳化型、溶剂去除型渗透检测材料进行鉴定（荧光后乳化型乳化时间2min，着色后乳化型乳化时间30s）。被检渗透检测材料在A型试块上所显示痕迹的数量和亮度应等于或超过相应标准渗透检测材料所有的显示。

2. 中、高和超高灵敏度渗透检测剂系统鉴定

鉴定时使用C型试块，将被检渗透检测材料和标准渗透检测材料施加于C型试块的两个半表面上，按表3-18规定的试验参数和标准操作程序处理3块试块，被检渗透检测材料在C型试块上所有显示的数量和亮度应等于或超过相应标准渗透检测材料的所有显示。

表3-18　中、高和超高灵敏度的渗透检测剂系统试验参数

渗透检测剂工序	水洗型	后乳化型(亲油)	后乳化型(亲水)	溶剂去除型
施加渗透剂	5min	5min	5min	5min
预水洗	—	—	水压0.2MPa,水温(20±5)℃,1min	—
乳化	—	2min	按制造厂浓度,2min	—
水洗	水压0.2MPa,水温(20±5)℃,5min	根据要求	水压0.1MPa,水温(20±5)℃,2min	—
溶剂擦拭	—	—	—	根据要求
干燥和显像	干燥:轻微气流吹干30min,温度(20±5)℃;显像:15min			

3.6　渗透剂的配制方法

渗透剂的基本组成包括染料、溶剂、表面活性剂及改善渗透剂性能的附加成分（如增强润湿作用的润湿剂、促进染料溶解的助溶剂和减少液体挥发的抑制剂等）。因而渗透剂是由多种组分按一定比例混合配制而成的，渗透剂的质量指标只与组分的百分比有关，而与混料的总量无关。为了提高渗透剂的检测灵敏度，要通过试验得出各种成分比例与指标的关系，以确定最佳的产品配方。

渗透剂的配制关键是确定渗透剂的成分、比例和经济成本等相关因素。渗透剂的成分及比例的变化与渗透剂性能的关系可通过试验分析，采用科学的正交试验法选择优质的渗透剂的组合。确定渗透剂各组分比例时，在保证渗透剂灵敏度的前提下，尽可能地增加成本低的组分含量，这样能更好地降低所配渗透剂的成本。

渗透剂是由多种组分按一定比例混合配制而成的。着色渗透剂是将着色染料加到渗透剂中，增强缺陷显示的颜色对比度；荧光渗透剂是将荧光染料溶解在溶剂中，并在暗室中用黑光灯观察缺陷显示。

渗透剂的配制首先应进行染料溶解度的试验。染料要充分溶解于渗透溶剂中。染料溶解度的试验是通过试验配制大量的由溶剂和染料组成的溶液，测量出各溶液的溶解度，并结合外观颜色优选出几种溶液作为配制渗透剂的基本溶液。选择溶剂主要依据染料的化学结构，选择与染料结构和极性相似的溶剂。

其次，在渗透剂的配制中，应进行互溶性试验。渗透剂要求综合性能好，渗透检测中配制的渗透剂往往是两种以上的有机物组成的。将几种染料的溶液混合在一起，发挥每种溶液的优点，互相弥补不足，彼此混合后形成一种稳定的分散体系。渗透剂各种成分相互充分溶解必须满足以下要求：外观清澈透明，色泽鲜艳，无沉淀和分层。互溶的具体方法是将选出的基本溶液两两互溶，去掉不满足要求的组合，将符合要求的组合作为配制渗透剂的基本成分。

再次，合理选择用于改善渗透剂性能的辅助剂。例如，选择润湿剂（表面活性剂）用于降低渗透剂的表面张力，增强渗透剂对被检试件的润湿能力；选择互溶剂（中间溶剂）促进染料在渗透剂基本溶剂的溶解，常用的互溶剂邻苯二甲酸二丁酯既能增加染料在煤油的溶解，又能在较低温度下使染料不致析出；选择稳定剂（耦合剂、助溶剂）避免配制好的渗透剂在低温下析出染料；选择增光剂（增白剂）用于增强染料的色泽，提高对比度等。

对自乳化渗透剂中选用乳化剂时，首先应考虑 *HLB* 值，其次应考虑被乳化物与乳化剂亲油基之间的亲和力。一般经验是两者结构越接近，其亲和力越好，因此应尽量使乳化剂的结构与染料、溶剂等有机物结构相似。乳化剂在乳化清洗时要形成水包油型的乳状液，同时乳化剂要求有较好的润湿性。一般用一种亲油性的乳化剂与一种亲水性的乳化剂组合使用。

最后，渗透剂中各组分在渗透剂中所占比例之间是相互影响的，在配制渗透剂时必须考虑它们之间的相互关系。正交试验法是利用正交表合理地安排与分析多因素多水平之间相互关系的试验设计方法。渗透剂中的各成分与含量的变化对渗透剂性能的影响采用正交试验法进行分析。

总之，在选择渗透剂配方时，需要对配制的渗透剂的各项性能进行测试比较。测试的内容包括密度、黏度、表面张力、吸光度、闪点和腐蚀性等理化性能。

3.7 国内外部分渗透检测剂性能介绍

我国渗透检测剂的研制已有 60 多年的历史，20 世纪 80 年代开始出现商品化的产品。

20世纪80年代末，一些厂家的产品逐渐向系列化发展，产品的性能已接近或达到了国际上同类产品的水平，满足了国内工业渗透检测的部分要求。

我国研制的荧光渗透剂有ZA型、ZB型、HA型和HB型四种，其对应的乳化剂用TX-10、JFC和水组成。着色渗透检测剂有HD型着色渗透检测剂和SM-1型低毒型着色渗透检测剂等，由着色渗透剂、清洗剂及显像剂组成以喷罐成套出售。

荧光渗透剂目前生产厂家有美国SHERWIN（歇耳温）、美国Magneflux（磁通）、英国ARDROX（阿觉克斯，已被美国收购）、国产天津南开大学元素所、北京物资学院物资所、北京环航德高航空材料公司及上海亿邦化工集团公司等。

在英、美、日等国渗透检测剂已完全商品化和系列化，种类繁多，能满足各种不同需要。表3-19～表3-21分别介绍国产着色渗透剂的性能、国产乳化剂的性能和国产显像剂的性能，表3-22是着色渗透检测剂参数（船牌HD），表3-23是荧光渗透剂参数（ARDROX 9703水洗型中灵敏度荧光渗透剂）。

表3-19　国产着色渗透剂的性能介绍

项　目	性　能
外观	红色油状液体
相对密度	15℃时，一般为0.8～1.0g/cm^3
黏度	37.8℃时，一般为(1.4～3.0)×10^{-6}m^2/s
闭口闪点	一般为50～70℃
溶剂清洗性	用溶剂清洗液喷洗时，试片上应无残留红色
温度稳定性	在-17.8～65.6℃保存，当在室温下观察时应无分解和沉淀现象
腐蚀性	将铝合金、钛合金、钢等浸渍在渗透剂中(液温50℃)，3h应无变色和腐蚀现象
灵敏性	用铝合金淬火裂纹试块测试时，具有一定灵敏度
贮藏稳定性	在16～38℃条件下贮藏一年后进行水洗性、溶剂清洗性、闪点、黏度等试验时，其性能不降低

表3-20　国产乳化剂的性能介绍

项　目	性能和要求
外观	在白炽光和紫外线下，能与渗透剂有区别，一般在白炽光下呈红色黏稠液，在紫外光下发红橙色荧光
相对密度	一般为0.9～1.1g/cm^3
闪点	在开放性容器中使用时，要求在52℃以上
黏度	在37.8℃时，一般为(90～110)×10^{-6}m^2/s，最近有50×10^{-6}m^2/s以下的乳化剂
水洗性能	将试片浸入后乳化型渗透剂中渗透，经乳化处理在水压34.3kPa下水洗30s，将试片在紫外光下观察时无荧光渗透剂的荧光残留
水分允许量	添加5%的水时不分解，不凝结，没有水析出，灵敏度不恶化
温度稳定性	能在-17.8～65.6℃下保存，在室温下观察时不分解，不沉淀
腐蚀性	将铝合金、钛合金、钢等在50℃条件下浸渍在乳化剂中3h则不变色，不被腐蚀
贮藏稳定性	在16～38℃条件下贮藏一年，进行水清洗、闪点、黏度试验时，其性能不降低

表 3-21 国产显像剂的性能介绍

项　目	性能与要求
外观	速干式或湿式显像剂呈白色悬浊液，干式显像剂为粉末状态
荧光性	在紫外线下观察时对应无荧光
相对密度	湿式显像剂一般为 1～1.1，速干式显像剂一般为 0.8～0.9
沉淀试验	将 25mL 湿式或速干式显像剂置于试管中放置 15min 后，测定上部澄清液的量，其量一般在 2mL 以下
水洗性	试件上的显像膜在水压为 0.2MPa 下冲洗 1min 应能够用水除去
质量（以干式为对象）	1L 显像剂一般为 80～200g
贮藏稳定性	在 16～38℃下贮藏一年后，对粉末沉淀量、荧光性、水洗性进行试验，其性能不下降

表 3-22 着色渗透检测剂参数（船牌 HD）

性能参数	检测剂		
	渗透剂 HD-RS-H	清洗剂 HD-BX-H	显像剂 HD-XS-H
颜色	深红色透明液体	微黄色透明液体	白色悬浊液体
闪点/℃	22±4	18±4	10±4
相对黏度（20℃）	$(1.1\sim1.4)mm^2/s$	—	—
质量密度/(g/cm^3)	0.9×10^3	—	—
酸度（以乙酸计）	<0.003%	—	—
碱度（以 NH_3 计）	<0.003%	—	—
腐蚀性/$[g/(m^2\cdot h)]$	<0.001	<0.001	<0.001
氟（F）含量	<0.001%	<0.001%	<0.001%
氯（Cl）含量	<0.001%	<0.001%	<0.001%
硫（S）含量	<0.0014%	<0.0011%	<0.0011%
白点直径/mm	<2	—	—
灵敏度	3 级	—	—
清洗性能	试板显像背底与空白标样背底的白度之比<3		
温度稳定性	−18～80℃范围，8h 内无变化		
贮藏稳定性	三年内合格		
悬浮性	—	—	上部澄清液<0.5mL
检验标准	参照 ASME 2007. V. SE-165，RCC-M-Edition（2007），GB/T 4730.5—2005		

表 3-23 荧光渗透剂参数（ARDROX 9703 水洗型中灵敏度荧光渗透剂）

物理参数	理论范围值	实际测定值
外观		透明流动性液体
颜色		黄绿色
体积密度	0.878～0.898g/mL	0.884g/mL
钠（Na）含量（质量分数）	$(0\sim100)\times10^{-6}$	2×10^{-6}

（续）

物理参数	理论范围值	实际测定值
低温稳定性		通过
含水量（体积分数）	0% ~5%	0.04%
容水量（体积分数）	≥5%	12.28%
黏度	$5.47 \sim 6.47mm^2/s$	$5.86mm^2/s$
硫（S）含量（质量分数）	$(0 \sim 200) \times 10^{-6}$	82×10^{-6}
氯化物含量（质量分数）	$(0 \sim 100) \times 10^{-6}$	18×10^{-6}
氟化物含量（质量分数）	$(0 \sim 50) \times 10^{-6}$	15×10^{-6}
氯（Cl）、氟（F）元素含量（质量分数）	$(0 \sim 200) \times 10^{-6}$	33×10^{-6}
闪点/℃	≥93	103
对铝（Al）、镁（Mg）及钢（Steel）的腐蚀性		无
荧光亮度（PWA）	90% ~110%	99.42%
对可见光的敏感性		通过
水洗性		通过

复 习 题

3-1 渗透检测剂包括哪些检测试剂？

3-2 渗透剂有哪些分类方法？试阐述各类渗透剂的特点。

3-3 渗透剂的主要成分是什么？每种成分在渗透剂中的作用是什么？

3-4 渗透剂中的染料成分应具备哪些性能？常用的荧光染料和着色染料有哪些？

3-5 荧光染料的“串激”是什么？它是如何增强荧光亮度的？

3-6 渗透剂中的溶剂起什么作用？常用的溶剂有哪些？

3-7 渗透剂的综合性能有哪些？

3-8 什么是静态渗透参量？什么是动态渗透参量？黏度对动态渗透参量的影响如何？渗透剂的运动粘度值一般如何选择？

3-9 什么是渗透剂的挥发性？为什么要在不易挥发的渗透剂中加进一定量的挥发性液体？

3-10 什么是闪点和燃点？测定闪点的方法有哪些？

3-11 什么是渗透剂的临界厚度？

3-12 什么是渗透剂的含水量和容水量？

3-13 渗透剂的性能鉴定包括哪些内容？各种性能测试是如何进行的？

3-14 乳化剂主要可分为哪几类？各类乳化剂的乳化形式是什么？

3-15 乳化剂的性能要求有哪些？

3-16 乳化剂性能的校验包括哪些内容？各种性能测试是如何进行的？

3-17 显像剂从使用方法可分为哪几类？显像剂的主要成分是什么？各种成分的作用是什么？

3-18 显像剂的性能要求有哪些？

3-19 显像剂的性能鉴定包括哪些内容？各种性能测试是如何进行的？

3-20 渗透检测剂系统灵敏度测试是如何进行的？

3-21 渗透剂配制需注意哪些事项？

3-22 什么是正交试验法？

第 4 章　渗透检测设备与器材

4.1　渗透检测设备

渗透检测设备分为便携式压力喷罐渗透检测装置、固定式渗透检测设备、自动荧光渗透检测线等。选择渗透检测设备时，主要考虑被检测试件的类型（形状、尺寸、处理数量）、检测缺陷的类型、渗透检测剂种类、操作目的、操作的实施条件以及经济成本等。

4.1.1　便携式压力喷罐渗透检测装置

便携式压力喷罐渗透检测装置一般由装有渗透剂、清洗剂和显像剂等渗透检测剂的喷罐，以及装有擦洗试件用的金属刷、毛刷等的小箱子组成，是一种通过单纯的手工操作就能进行检测的装置。如果采用荧光渗透检测法，还配备有轻便的携带式黑光灯；如果采用着色渗透检测法，则用照明灯。便携式压力喷罐渗透检测装置常用于溶剂去除型渗透检测。

渗透检测剂通常是装在密闭的喷罐内使用的。图 4-1 所示为内压式喷罐结构示意图，气雾剂喷罐盛装了一种沸点在室温以下的流体（如氟利昂或乙烷等）以及一种在很高温度下才会沸腾的流体（称为产品剂料，如渗透检测剂等）。在这种内压式喷罐中，一条长导管从罐底延伸到罐子顶部的阀门系统。阀门设计得非常简单，顶部有一个可以按压的喷嘴，中间有一条很细的管道通过。这条管道从接近喷嘴底部的入口延伸到顶部的喷嘴处，通过弹簧将喷嘴向上顶压，管道入口被密封装置密封。当按下喷嘴时，入口移动到密封装置下方，这样就打开了从罐内到罐外的通道，高压推挤气体驱使液态产品剂料顺着导管上升并喷出喷嘴，窄小的喷嘴将流过的液体进行雾化——将液体打碎成微小液珠以形成微细喷雾。这就是简单的内压式喷罐的工作原理。

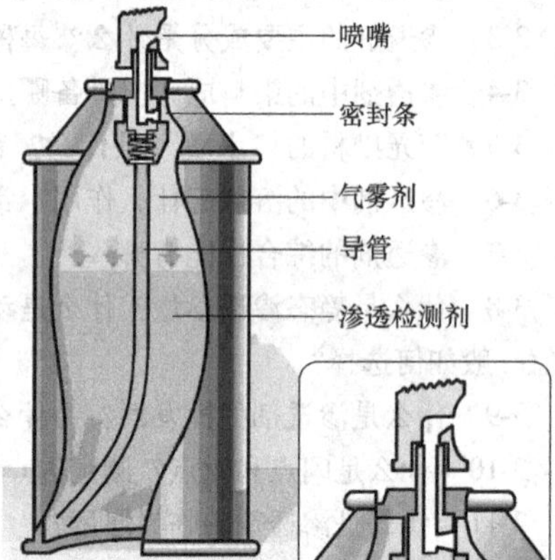

图 4-1　内压式喷罐结构示意图

气雾剂采用氟利昂或乙烷充入密封的罐中，通常在液态时装入，装入罐中后常温下气化形成高压，因此罐内具有 30 ~ 40kPa（约 25℃）的内部压力，内部压力随着时间、温度的变化而变化，使用及保管时必须充分注意。很多气雾剂是可燃的，所以在明火附近使用气雾剂罐非常危险。在温度低的情况下，内部压力低，不提高温度或喷雾堵塞时都不能使用，必须用 30℃的温水加热，千万不可用火加热。温度过高，内部压力加大，会使罐破裂，发生危险，所以应特别注意和温度有关的注意事项。

使用时只要揿下头部的阀门，渗透检测剂便会自动喷出。另外在显像剂罐内有数个滚珠，如果摇晃喷罐，“当啷”作响，滚动的滚珠有助于将显像剂粉末和溶剂混合起来，使显像剂以雾状均匀喷出。

便携式压力喷罐渗透检测设备要求成套配备，每套都有一定的数量，见表4-1。

表4-1 便携式压力喷罐渗透检测设备套装数量

每套物品	着色渗透检测	荧光渗透检测	着色荧光渗透检测
清洗去除剂	3罐	3罐	3罐
渗透剂	1罐	1罐	1罐
着色显像剂	2罐	—	2罐
荧光显像剂	—	2罐	2罐
手提式黑光灯	—	1个	1个
擦布	若干	若干	若干
刷子	若干	若干	若干

使用喷灌时应注意以下事项：

1）喷灌不能倒立喷洒。

2）使用显像剂喷灌前一定要充分摇均。

3）喷灌不允许放置在高温区，不允许暴晒、接近火源或明火加热。

4）使用完的喷灌应打孔（或破坏）泄压。

4.1.2 固定式渗透检测设备

固定式渗透检测设备是指根据渗透检测工序的需要设置的有多个工位、以渗透检测流水线布置的检测装置。常用于水洗型渗透检测和后乳化型渗透检测。主要的装置有预清洗装置、渗透装置、乳化装置、清洗装置、干燥装置、显像装置、后处理装置及紫外线照射装置。按固定方式不同，固定式渗透检测设备又可分为一体装置和分离装置。

1. 固定式渗透检测设备的构成

（1）预清洗装置　预清洗装置有蒸汽除油槽、溶剂清洗槽、冲洗喷枪、超声波清洗机及酸性或碱性浸渍槽等多种。设置预清洗装置的目的是为渗透检测提供清洁而干燥的工件。

图4-2所示为三氯乙烯除油装置。三氯乙烯（C_2HCl_3）为无色液体，有类似氯仿的气味，沸点为87℃，不溶于水，可溶于有机溶剂。在工业上广泛用做去除金属、玻璃及电子元件表面油污的清洗剂。三氯乙烯除油装置中，冷凝管将三氯乙烯蒸气冷却，并将其蒸气始终控制在低于冷凝管一半高度的水平面上，冷凝液由集液槽回收。冷凝管上部槽内侧装有恒温控制传感器，当温度达到某一预定值时，恒温器将自动断开加热器，从而控制槽内的蒸汽量，起保证安全的作用。冷凝器的进水温度不宜比周围空气温度低很多，以免冷却管附近空气的水汽在管上冷凝掉入除油槽中，使三氯乙烯酸度上升；而冷凝出口的温度不宜太高，太高说明槽中蒸气面高，蒸气量大，不安全。另外冷凝器内水量不足也会引起蒸气面的上升。抽风可将带至槽口的三氯乙烯蒸气除掉，但抽风速度不能太高。设备不用时，将滑动盖板盖好。

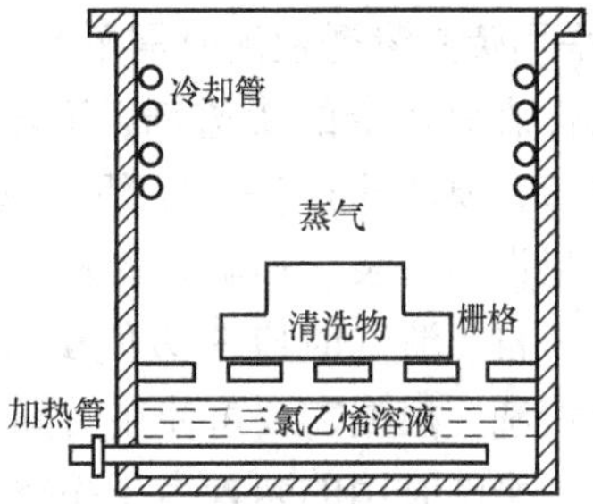

图4-2 三氯乙烯除油装置

三氯乙烯除油装置应安装在空气流动速度在0.25m/s以下的室内环境中，不宜安装在靠门窗或有通风系统及有火焰产生的地方。三氯乙烯除油装置用镀锌铁皮、镀锌钢板或不锈钢板制成。

三氯乙烯有毒，操作时应严格按说明书进行。

（2）渗透装置　渗透装置由渗透剂槽和滴落架组成。渗透剂槽用于浸渍试件，如图4-3所示。渗透剂槽内装有渗透剂，小型试件可单个浸渍或放于金属筐内一次浸渍。对于不能浸渍的试件，应附设小型泵以及软管和喷嘴，以便对试件喷涂渗透剂。操作时可将大试件放入带有栅格架的空槽中，渗透剂装在小容器中，用泵将液体通过喷嘴喷到试件表面上。从栅架上滴落的渗透剂经过滤回收循环使用。

金属筐用不锈钢片、不锈钢丝或镀锌材料制成，筐上不能涂漆。各道工序选用的金属筐不得相互挪用，以免相互污染。

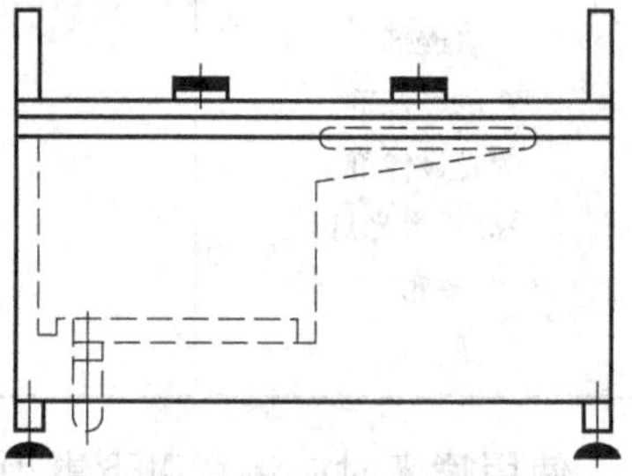

图4-3　渗透剂槽（附滴落架）

渗透剂槽应设有滴落架，滴下的渗透剂可直接流回槽中，或经过滤后再次使用。渗透剂槽的容积要根据试件大小设计，槽内侧标记有正常液面高度的永久性记号，正常液面高度不仅应使试件完全浸没，同时还应保证浸入试件时液体不溢出槽外。渗透剂槽应装有两个阀门，一个在离槽底75～100mm处，以便清洗槽液体排出槽子上层清洁渗透剂；一个在槽底，以便排除污渣和水分。渗透剂槽上要加盖，以防污染。

（3）乳化装置　乳化装置是后乳化型渗透检测的必要设备，其用途是将乳化剂施加到试件表面并使其与渗透剂混合，从而使渗透剂能够被水清洗。后乳化型渗透检测操作的关键是控制缺陷内的渗透剂不被乳化。理想的操作是在尽可能短的时间内使乳化剂完全覆盖试件表面。浸入法是常用的方法，大型试件不能采用浸入法时，也可采用喷涂法，多路喷涂可使试件表面获得均匀的覆盖层。

乳化装置与渗透剂槽基本相同，但需配备搅拌器，使乳化剂得到定期或不定期搅拌。不宜采用压缩空气搅拌，因为会产生大量的乳化剂泡沫。

（4）清洗装置　该装置是进行水洗时使用的装置，由铝合金或不锈钢制的液槽与盖子、承载检查物件的固定台或旋转台、自动清洗专用的喷嘴与手动清洗专用的软管及喷嘴、紫外线照射装置（采用荧光渗透检测时需要）等构成。水洗是为了去掉试件表面多余的渗透剂，而不会将缺陷内的渗透剂去除掉，要防止过洗。底部设有排液阀，根据需要有时会附设加压泵、加温装置及流量调节装置。

自动清洗时应一边使试件旋转，一边用喷水器喷水清洗，根据需要可使用时间控制器调整清洗时间。

水洗时用的装置为压缩空气搅拌水槽，如图4-4所示。压缩空气通过水平安放着的两根管子（直径为12mm）进入槽底，管子上每隔一定间隔（如3cm）钻有孔眼，槽中水温控制在10～40℃范围内，水压不超过0.27MPa。除压缩空气搅拌水槽外，也可采用多喷头喷洗槽或压缩空气/水喷枪等手工喷洗设备。压缩空

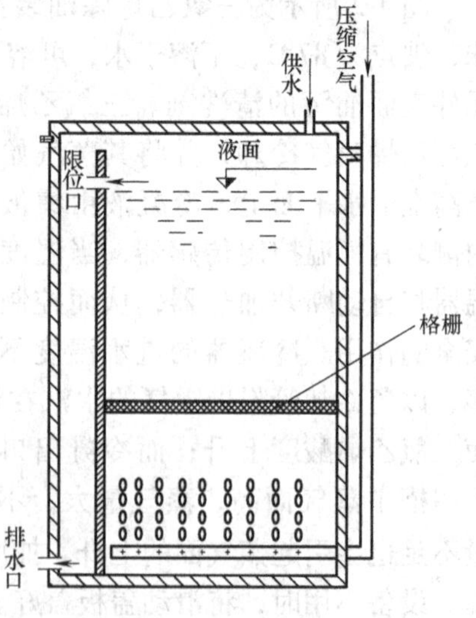

图4-4　压缩空气搅拌水槽

气/水喷枪是一种可同时通以压缩空气和水的喷枪，压缩空气起加速水的作用，喷枪喷出的水是具有一定压力的细水流。压缩空气和水的流量都可单独地进行调节，压力也可进行控制。无压缩空气/水喷枪时，可用泵加压来进行补充喷洗。一般的试件应放入清洗槽内进行清洗。

采用多喷头喷洗试件能达到很好的清洗效果。喷头安装在喷洗槽的四周，每个喷头喷射的水都成扇形，喷头的角度及水的流量都能调节，使置于清洗槽中心位置试件的各个部位都能得到有效的清洗。

荧光渗透清洗槽上方应配备防水型黑光灯，以便能够在清洗过程中或清洗后检查清洗程度，防止清洗不足或清洗过度。清洗不足，则小缺陷无法分辨识别；清洗过度，则浅而宽的缺陷中的渗透剂会被冲洗掉而产生漏检。清洗时要防止水溅到发热的灯泡上使灯泡破裂。

清洗槽溢流出来的水要经过净化，再排入下水道。清洗槽的温度计应定期校验。

（5）干燥装置　干燥装置多采用热风循环烘箱，带有温度自动调节装置，烘箱温度最好保持在60～70℃范围内，温度过高会导致荧光渗透剂或着色渗透剂干涸、变色甚至变质。干燥时间应为使表面的水分充分干燥所需的最短时间。干燥装置应配备抽风机，以及时排除水蒸气。

（6）显像装置　该装置一般根据湿式显像还是干式显像分别设计，湿式和干式显像所用装置是不一样的。

1）湿式显像槽由液槽、盖子、排液阀组成，根据需要可在液槽上部安装金属格栅，以便排除试件表面的剩余显像剂。大型装置还要附设均匀搅拌显像剂的搅拌器。湿式显像剂要用带有滴落架的显像槽，槽内应装有机械或空气搅拌机构。如果采用水悬液，槽内应装有支撑试件的格栅。除此之外，进行浸渍时应使用浸渍专用的金属丝网筐和小型提升机，进行喷洒时应附设小型泵以及软管和喷嘴。

2）干式显像装置由容器和盖子组成，大型装置附设气体流动装置、排气通道吸尘器等部分。另外，根据需要有时还要附设操作台，以便在使用干粉显像剂之后，用空气除掉剩余的干粉显像剂。

由于干粉显像剂是很轻的微细粉末，因此在任何情况下都要考虑防尘措施。显像剂施加装置在渗透检测流水线中的安放位置应视显像剂的类型而定。对湿式显像剂而言，显像剂施加装置直接放在干燥装置之前；对干式显像剂而言，显像剂施加装置要放在干燥装置之后。

图4-5所示为干式显像粉柜，其底部为锥形，内盛干粉显像剂，用压缩空气搅拌，柜内有放试件的格栅，并带有密封盖以防止粉末的泄出。施加干粉显像剂之前，试件要冷却到便于操作的温度。试件可以埋入干粉显像剂中，显像结束后取出试件，抖掉多余的干粉显像剂，即可进行检测。

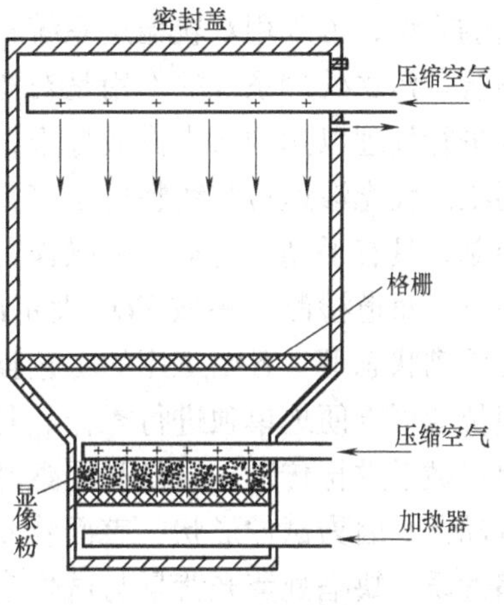

图4-5　干式显像粉柜

（7）后处理装置　后处理装置用以清除附在试件表面上的显像剂及试件表面上多余的渗透剂。后处理装置一般可直接用清洗装置替代或直接用水冲洗。

2. 一体式固定装置

图4-6所示为一体式固定装置，该装置可检查体积为20～30cm^3以下的试件，全长仅3～4m。该装置的渗透剂槽（包括滴落架）、乳化槽（包括滴落架）、清洗槽（有黑光灯）、干燥器（带有自动调气的热风干燥器）、显像槽、观察台（带有布幕、黑光灯、排气扇等）都连成一体，适合于大批量叶片、机加工件等的渗透检测。

3. 分离式固定装置

分离式固定装置是将渗透检测所用装置依次排列在一个工作场地，根据需要可布置成U形或L形。图4-7所示为U形分离式固定装置示意图，试件用辊道传送。

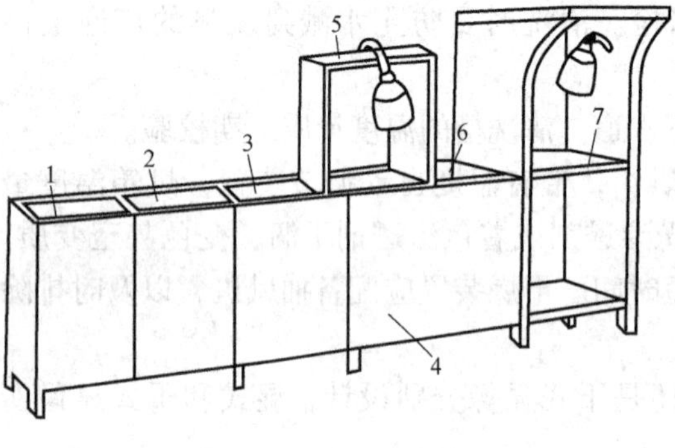

图4-6 一体式固定装置

1—渗透剂槽 2—乳化槽 3—滴落槽 4—清洗槽 5—干燥器 6—显像槽 7—观察台

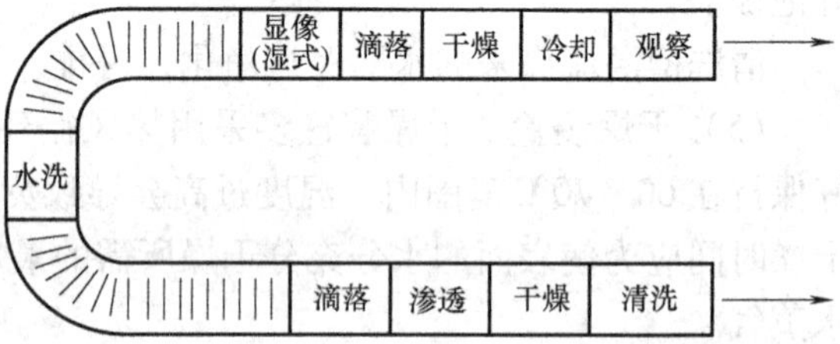

图4-7 U形分离式固定装置示意图

4.1.3 荧光渗透检测线

荧光渗透检测线一般都是由若干个多功能组合槽、输送系统、污水处理系统及电气控制系统组成的，如图4-8所示。多功能组合槽由不锈钢槽组成，主要涉及预清洗槽、烘干槽、渗透槽（自乳化或后乳化）、滴落槽、乳化槽、终清洗槽、显像槽、观察区、自动补水装置等，基本上每一个步骤都可以实现电动控制。输送系统通常有单轨输送系统及双轨输送系统两种方式，对于自动化程度要求不高的系统，可采用单轨输送系统；对于自动化程度要求较高的系统，可采用双轨输送系统，即四轮小车输送系统。污水处理系统的作用是对渗透检测产生的废水进行处理以达到污水排放标准，避免对环境造成污染。荧光渗透检测线整机电气控制系统采用PLC控制，具有手动、自动切换操作的功能。在自动状态下，每道检测工序按PLC设定的程序状态工作；在手动状态下，各个工序的工艺操作在各槽体的可视位置可方便地单独进行操作。各工位之间的运转由机械手进行传动。但是，观察环节尚不可能实现自动化，因为试件形状、表面背景、缺陷形貌、缺陷性质、缺陷处荧光背景与试件表面背景反差、黑光辐照度、人员素质及经验、缺陷识别软件等都对

图4-8 荧光渗透检测线

检测结果有很大的影响，所以观察环节实现自动化识别还有很大的距离。

荧光渗透检测线集中控制操作系统为人机界面操作系统，充分发挥微型计算机功能强、速度快、扩展方便的特点。计算机可存储多套检测工艺，以根据不同试件的产品随时调用，且可方便地对每道工序的工艺流程参数进行设置、修改。

4.2 渗透检测的辅助器材

渗透检测通常是对渗透显示进行目视检查，所以照明设备对渗透检测是极其重要的，它直接影响检测方法的灵敏度。着色渗透检测需在白光下进行观察，荧光渗透检测需在黑光灯照射下进行观察。

渗透检测常用的测量设备有黑光辐照度计、荧光亮度计及照度计。黑光辐照度计用于测量黑光辐照度，其紫外线波长应在320～400nm的范围内，峰值波长为365nm；荧光亮度计用于测量渗透剂的荧光亮度，其波长应在430～600nm的范围内，峰值波长为500～520nm；照度计用于测量白光照度。

1. 白光灯

白光灯是一种提供可见光的辅助照明工具。着色渗透检测采用白光灯，如太阳光、白炽灯、荧光灯或白光发光二极管等。着色渗透检测所用光的照度视检测状况而定，粗大缺陷试件表面上的照度为300～550lx；对检测要求高的试件，需要高照度照明，光的照度应不小于1000lx。

2. 黑光灯

黑光灯是荧光渗透检测必备的照明装置。黑光灯由高压汞灯、紫外线滤光片和镇流器组成。黑光灯又称为高压石英汞灯，其构造如图4-9所示。黑光灯的石英内管中充有汞和氖气（或氩气）。石英内管有两个主电极（E_1 和 E_2）和一个辅助电极（E_3），辅助电极与其中一个主电极靠得很近。当电源开关闭合后，主电极 E_1 与辅助电极 E_3 首先发生辉光放电，产生大量的电子和离子，在两个主电极的电场作用下，过渡到主电极间发生弧光放电，灯管启燃。辉光放电的电流由限流电阻R（阻值为40～60kΩ）限制，弧光放电所需的电压远低于辉光放电所需的电压，所以弧光放电后辉光放电立即停止。在启燃的初始阶段，石英内管中气压较低，放电电流较大，随着放电发热管内温度升高，汞蒸气压增大，石英内管中汞蒸气压力可达0.4～0.5MPa，故石英内管又称高压汞灯，这里的高压是指石英内管中汞蒸气的压力较高。从通电至达到稳定的高压汞蒸气，放电需4～8min，所以根据灯的类型不同，通电后要等5～15min方能使用。

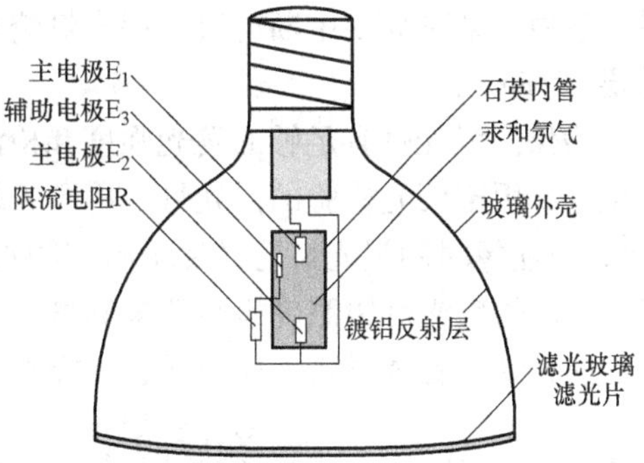

图4-9 黑光灯构造

高压汞灯放电辐射出的光谱范围很宽，分布在紫外线、可见光、红外线宽广的范围内，如果波长在390nm以上的可见光的量多，就会降低缺陷轮廓图形的识别度，而330nm以下的短波紫外线会伤害人的眼睛，所以黑光灯所选用的滤光玻璃应只能通过330～390nm的波长。荧光渗透检测中，需要波长为365nm的紫外线光束激发荧光，因此需选择合适的滤光片，以滤去波长过短或过长的光线。黑光灯外壳用深紫色的镍玻璃制成，镍玻璃能吸收可见光，仅让波长为330~390nm的紫外线通过。石英内管与玻璃外壳之间抽成真空或填充氮气或惰性气体。

黑光灯与镇流器串联在电路中，如图4-10所示。镇流器在电路中起限流作用，保护高压汞灯不致因电流太大而被烧坏。

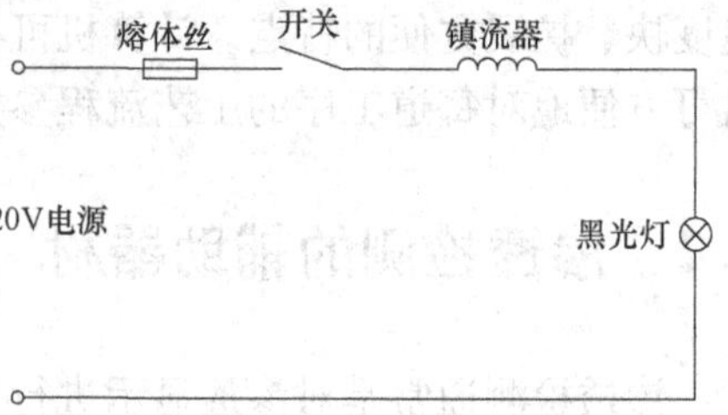

图4-10 黑光灯接线图

黑光灯的输出功率会随着使用时间的增长而不断降低。黑光灯启燃并稳定工作后，石英内管中的汞蒸气压力很高，如果在这种状态下关闭电源，则在断电的瞬间镇流器上会产生一个阻止电流减少的反电动势，这个反电动势加到电源的电压上，使两主电极之间的电压高于电源电压，此时管内汞蒸气压力很高，会造成高压汞蒸气弧光灯处于瞬时击穿状态，从而缩短黑光灯的使用寿命。有资料介绍，每断电一次将会使灯的寿命缩短约3h以上，因此每班工作时，应尽量避免不必要的起动次数，通常每个班只开关一次，即黑光灯开启后直到本班不再使用时才关闭。

黑光灯的输出功率取决于滤波片的清洁度、电压和黑光源本身的寿命。黑光灯管和滤波片上积聚的油脂、灰尘和污物将降低黑光灯的输出功率，有时输出功率会降低一半。因此滤波片必须定期清洗。电源电压必须稳定，电源电压偏低会使电弧熄灭，电压过高会导致灯泡损坏或缩短使用寿命。因此，如果黑光灯的电源电压波动大于10%时，则必须安装专用的稳压器。

黑光灯通电后，两主电极间达到稳定放电需5~15min，在这段时间不能进行检测。如果中途由于某种原因中断电流，黑光灯熄灭，则需要让灯管冷下来才能重新起动，这一过程需要10min。

为保证黑光灯有足够的发光强度和检测灵敏度，需要定期对黑光辐照度进行测定。国际上规定，用于荧光检验的黑光灯，离黑光灯滤光片38cm处的黑光辐照度应不小于1000μW/cm^2；自显像时距黑光灯滤光片15cm试件表面的辐照度应不小于3000μW/cm^2。黑光灯辐照度用专门的黑光灯辐照度检测仪来测量。

黑光灯有各种形式，如台式、手提式、灯泡式等，如图4-11所示。

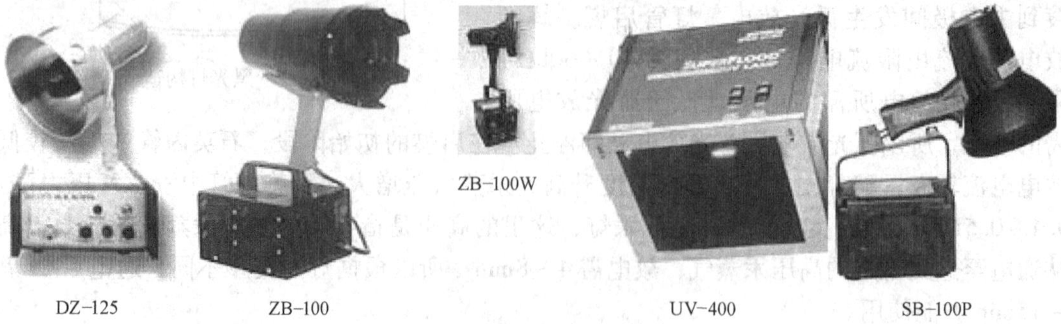

图4-11 系列黑光灯

使用黑光灯时的注意事项如下：

1）工作前预热15min。

2）电源电压波动超过 10% 时应配备稳压器。

3）不要经常开关黑光灯以延长其使用寿命。

4）工作时滤光片不要与冷的物体接触，以防止遇冷爆裂。

5）滤光片破裂后禁止使用，防止对眼睛造成伤害。

6）应定期校验黑光灯的辐照度。

3. 黑光辐照度计

黑光辐照度计是在荧光渗透检测中测定黑光辐照度的仪器，用于校验黑光源性能和测定被检试件表面的黑光辐强度，单位为 μW/cm²。黑光辐照度计由光电传感器、调整电位器、分流电阻和指示电表组成。调整电位器用于调零，校准；分流电阻用于保护微安表。黑光辐照度计有两种形式，一种是直接测量型，另一种是间接测量型。

直接测量型黑光辐照度计是将紫外线直接射到光电池上，电路产生电流，并通过刻度单位为 μW/cm² 的电流表将黑光辐照度值读出来，检测原理如图 4-12 所示。光电池是一种在光的照射下产生电动势的半导体元件。

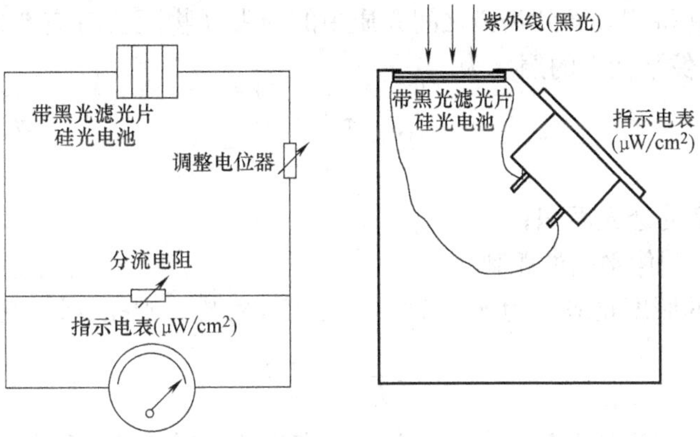

图 4-12　直接测量型黑光辐照度计检测原理

间接测量型黑光辐照度计是将紫外线照射在一块荧光板上，激发荧光板上的荧光物质发出黄绿色的荧光，反射到光敏电池上，光敏电池受光激发产生电压，使仪器指针偏转，通过刻度单位为 lx 的照度计将黑光辐照度值读出来，其检测原理如图 4-13 所示。间接测量型黑光辐照度计可比较两种荧光渗透剂的荧光亮度，而不用来测量黑光辐照度。

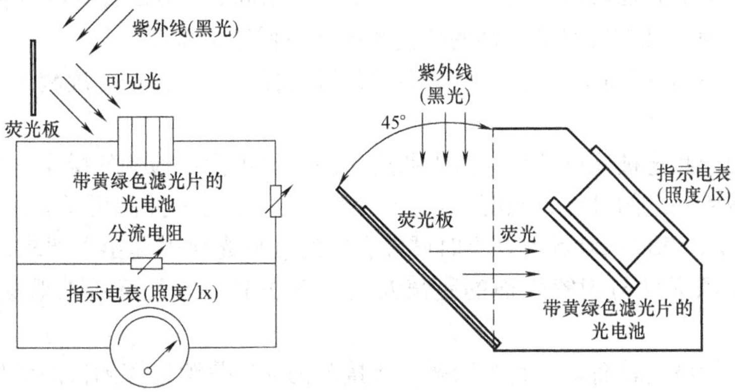

图 4-13　间接测量型黑光辐照度计检测原理

4. 荧光亮度计

荧光亮度计是测量荧光渗透剂的荧光亮度的仪器。亮度是发光体的光度特性之一，发光体表面的亮度与其表面状况、发光特性的均匀性及观察方向等有关，亮度的测量往往是一个小发光面积内亮度的平均值。亮度计采用一个光学系统把待测目标表面成像在放置光辐射探测器的平面上，图4-14所示为某种亮度计的原理图，亮度计的测光系统由透镜B、光阑P、视场光阑C、漫射器和探测器等组成。光阑P与探测器的距离固定，紧靠物镜安置；视场光阑C和漫射器位于探测器平面上；视场光阑C限制待测发光面的面积。对于不同物距的待测表面，可通过调节物距的焦距，使待测发光面成像在探测器的受光面上。

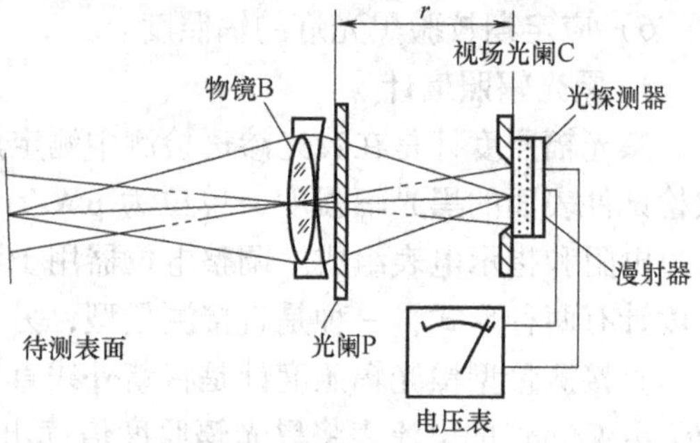

图4-14 某种亮度计的原理图

设待测发光面的亮度为 L_v，物镜的投射比为 τ_i，忽略亮度在待测表面到物镜之间介质中的损失（物距长时应考虑），则在光阑P平面上的亮度为 πL，像平面上的照度为

$$E_\nu = \frac{\tau_i L_\nu S_1}{r^2} \tag{4-1}$$

式中 S_1——光阑P的透光面积；

r——光阑P到像平面的距离。

设已知探测器的照度响应度为 R_E，输出信号 $V = R_E E_\nu$，则亮度计的亮度响应度为

$$R_L = \frac{V}{L_\nu} = \frac{\tau_i R_E S_1}{r^2} \tag{4-2}$$

亮度计的最大误差源是由其光学系统各表面产生的反射、漫射和杂散光引起的，它们使探测器对仪器视场外的亮度源产生响应。在被测目标的背景较亮时，亮度计必须加上挡光环或使用遮光性很好的伸缩套。因为亮度计得到的是平均亮度，故测量时待测部分应亮度均匀。

荧光亮度计的主要作用是比较两种荧光渗透检测材料的性能，具体指比较使用中的荧光渗透剂与基准渗透剂的荧光亮度差异，判断使用中的荧光渗透剂是否退化而应予报废。有关标准都会明确规定荧光渗透剂的荧光效率，如JB/T 4730.5—2005《承压设备无损检测 第五部分 渗透检测》规定荧光渗透剂的荧光效率不得低于75%。

荧光亮度计使用一段时间后，需要对亮度计进行标定，以保证亮度测量读数的正确性。

5. 照度计

照度计是用于测定被检试件表面白光照度值的。着色渗透检测的操作过程和在观察显示时试件表面都需要一定的可见光照度（荧光检测观察时则需要控制可见光照度），以提高显示的可见度。JB/T 4730—2005对观察时试件表面的可见光照度提出了要求，利用照度计测定，通过调整光源强度与观察表面的距离及角度等方式，满足标准对观察时表面照度的要求。

照度计的测量原理较简单，整个探测器所接收的光通量除以探测器的面积，即为所测的照度，即

$$E = \frac{d\phi_v}{dS} \tag{4-3}$$

由于照度与人眼的光谱光视效率有关，因此照度计光探头的相对光谱灵敏度必须与人眼的光谱光视效率一致。由于一般光接收器的相对光谱灵敏度与人眼的光谱光视效率相差甚远，所以光探头要用滤光器进行匹配。另外，光投射在光探头上的响应要符合余弦法则，因此光探头还要有余弦修正器。一个照度计是由带滤光器的光电传感器及电子放大和读数系统组成的。过去广泛采用硒光电池为探测器，这是因为它的光谱灵敏度比其他探测器更接近人眼的光谱光视效率。但由于硅光电元件的灵敏度、稳定性和寿命均比硒光电池高，故近年来多采用硅光电池或硅光敏二极管代替硒光电池作照度计的探测器件。

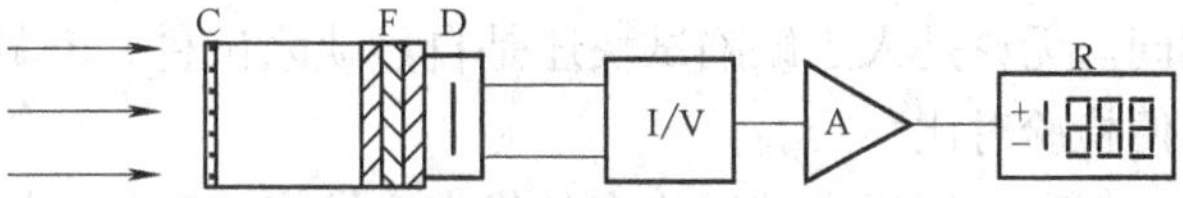

图4-15　照度计原理图

图4-15所示为照度计原理图。图中C为余弦修正器，F为滤光片，D为光电探测器。通过余弦修正器和滤光片到达光电探测器的光辐射将产生光电信号，此光电信号先经过I/V变换，然后经过运算放大器A放大，最后在显示器R上显示出相应的照度。

黑光辐照度计、荧光亮度计和照度计等属国家法定计量器具，应按规定周期送交计量部门进行检定，以保证测量的精确度。

4.3　光照条件（检测场地）

渗透检测的检测场地应有足够的空间来满足检测要求，检测场地应保持清洁。观察场所可见光强度见表4-2。

表4-2　观察场所可见光照度

强度/lx	观察场所	强度/lx	观察场所
10	最佳紫外光暗室	1000	明亮的室内，室外浓荫处
100	室内微亮照明	10000	晴天，明亮处

荧光渗透检测时需有暗室，暗室的可见光照度应不大于20lx。暗室里的可见光对检验的结果会有极大的影响，可见光越强，荧光显示的观察越难，能够辨认出荧光显示所需要的黑光辐照度就越大。表4-3所列为在实验室分别对细小裂纹和粗大裂纹试块进行试验，确定能检出不同裂纹所需的最小黑光辐照度。检测面上的黑光辐照度可通过调节光源至检测表面的距离来改变。

表4-3　能检出不同裂纹的最小黑光辐照度

细裂纹		粗裂纹	
W/m^2	$\mu W/cm^2$	W/m^2	$\mu W/cm^2$
0.3	30	0.1	10
5	500	0.5	50
50	5000	5	500
$200W/m^2$ 强度是不合适的			

4.4 试块

试块是用来评价渗透检测系统和工艺的灵敏度与工作特性的器材。试块又称为灵敏度试块或标准试块。这类试块共可分为两大类：一类称为人工缺陷试块，另一类称为自然缺陷试件。人工缺陷试块是在试块上人为制造出裂纹，用来检出裂纹的最小宽度及深度的标准。渗透检测常用的人工缺陷试块有：铝合金淬火裂纹试块、不锈钢镀铬辐射状裂纹试块和黄铜板镀镍铬层裂纹试块。自然缺陷试件就是具有典型缺陷症状的试件，它的作用与人工缺陷试块相同。无论是人工缺陷试块还是自然缺陷试件，其缺陷数目、大小和位置应有永久性记录，以便检验对比。

每种渗透标准试块均有其优点和缺点，试块不同，其作用也不同。

4.4.1 铝合金淬火裂纹试块（A 型试块）

1. 制作步骤

根据 JB/T 6064—2006《无损检测　渗透检测用试块》的要求，渗透检测用铝合金淬火裂纹试块应采用 2A12 或类似的铝合金板材制造，其化学成分应符合 GB/T 3190—2008《变形铝及铝合金化学成分》的规定。

将铝合金板材加工成如图 4-16 所示的形状，尺寸为 50mm × 80mm × 10mm。标准试块的长度方向应与板材轧制的方向一致。在试块的中心区域用煤气灯或喷灯加热到 500 ~ 540℃，然后迅速地将试块在冷水中淬火，使试块中部产生宽度和深度不同的淬火裂纹，应具有宽度为 ≤3μm、3 ~5μm 和 >5μm 呈不规则分布的开口裂纹，并且每块上宽度不大于 3μm 的裂纹不得少于两条，在单个表面上的裂纹总数不应少于四条；然后在 80mm 方向的中心位置机加工一个宽为 2mm、深度为 1.5mm 的矩形槽，将试块分成两个 50mm ×40mm 的区域；为了便于以后使用时识别，试块的一半标记为“A”，而另一半则标记为“B”，这就制成了一块铝合金淬火裂纹试块。试块的 A、B 两表面上的裂纹分布应大致相似。

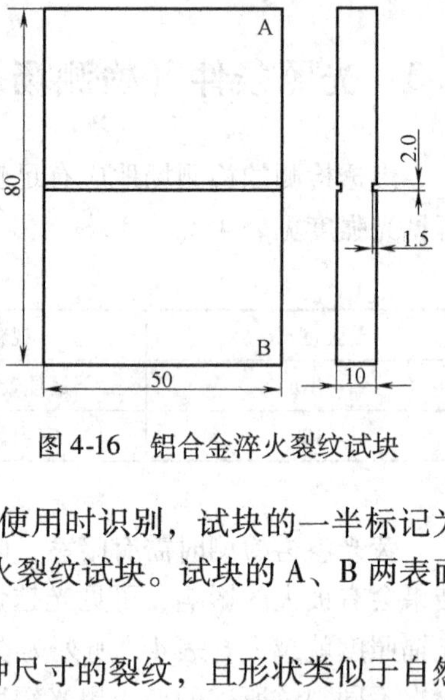

图 4-16　铝合金淬火裂纹试块

这种试块的优点是制作简单，在同一试块上可提供各种尺寸的裂纹，且形状类似于自然裂纹。其缺点是所产生的裂纹尺寸不能控制，而且裂纹的尺寸较大，不适用于高灵敏度渗透剂性能的鉴别，仅适用于低、中灵敏度渗透剂性能的鉴别。由于 A 型试块裂纹宽度和深度的尺寸较大，使用后不易清洗，裂纹容易堵塞，多次使用后重复性较差。

2. 质量检验要求

1）用金相法逐块测量试块上的裂纹宽度。

2）把测量结果和测量位置正确记录在测试参数卡上。

3. 用途

铝合金淬火裂纹试块适用于各种渗透检测（荧光、着色）场合，与被检测材料是否为铝合金无关，厂商应提供试块缺陷的原始记录（相片）作为判定依据。铝合金淬火裂纹试块用于两种不同的渗透剂在互不污染的情况下进行灵敏度对比试验；可在同一工艺条件下比较两种不同的渗透检测系统的灵敏度，也可使用同一组渗透检测材料，在不同的工艺条件下进行工艺灵敏度试验，还可用于对非标准温度下的渗透检测方法作出鉴定。

在用试块进行检验时，将使用过的渗透剂施加在铝裂纹试块的A区域，而标准渗透剂则应施加在B区域，经渗透之后按给定的工艺方法进行处理，对两个区域中缺陷显示的轮廓清晰度、色泽及小裂纹的特征等进行对比。

从理论上讲，铝合金淬火裂纹试块两部分的裂纹形状和分布应是大致相似的，但在某些情况下仍会有所不同，因此在进行对比试验时，不要因为某区显示的指示不多或不清晰就误解为相应的渗透剂性能不佳。

4. 试块的保存

试块经使用后，渗透检测材料会残留在裂纹内，清洗较为困难，尤其对那些经红色着色剂浸润过的试块来说，作适当清洗使其和新制作的试块一样是不可能的，重复使用时会影响裂纹的重现性，严重时会因为裂纹被堵塞而失效。因此试块使用后应及时清洗，具体清洗方法是：先将试块表面用丙酮浸泡清洗干净，清除缺陷内残留的渗透剂，干燥15min，使裂纹中的水分蒸发干净，然后浸泡在50%（体积分数）无水乙醇和50%（体积分数）丙酮的混合液中，以备下次使用。另外，也可将表面清洗干净的试块置于丙酮中浸泡24h以上，干燥后放在干燥器中保存备用。

4.4.2　不锈钢镀铬裂纹试块（B型试块）

1. 制作步骤

根据JB/T 6064—2006《无损检测　渗透检测用试块》的要求，渗透检测用不锈钢镀铬裂纹试块采用1Cr18Ni9Ti或Cr17Ni2或类似的不锈钢板材，其化学成分应符合GB/T 4237—2007《不锈钢热轧钢板和钢带》的规定。

将一块尺寸为130mm×25mm×4mm、材料为1Cr18Ni9Ti不锈钢板上单面镀铬，镀铬后进行退火，以消除电镀层的应力，然后在试块的另一面用直径为12mm的钢球在布氏硬度机上依次施加750kg、1000kg及1250kg的负荷，形成从大至小、裂纹区直径明显、肉眼不易见的三个辐射状裂纹区。裂纹深度的镀铬层厚度为30～50μm，生产厂家提供一幅照片供对比用。这样试块镀层上就会形成图4-17所示的三处辐射状裂纹，其中以750kg压点处产生的裂纹最小，1250kg压点处裂纹最大。

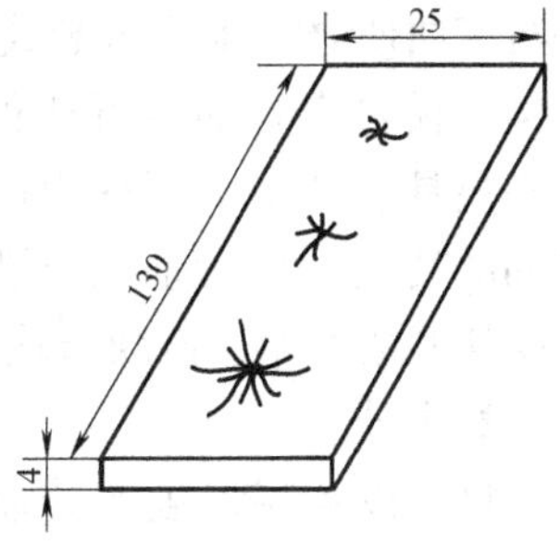

图4-17　不锈钢镀铬裂纹试块

使用中，通常将B型试块上辐射状裂纹区中裂纹最大的命名为1号，中等的命名为2号，最小的命名为3号，则1级灵敏度（低灵敏度）应能显示1和2号（2号可以不完整），2级灵敏度（中级灵敏度）应能显示2和3号（3号可以不完整），3级灵敏度（高灵敏度）应能完整显示1～3号。

2. 特点

B型试块的优点是试块制作工艺简单，裂纹深度尺寸可控（一般不超过镀铬层厚度）；同一试块上具有不同尺寸的裂纹，有利于确定渗透检测工艺系统的灵敏度；B型试块裂纹深度不大，使用后容易清洗，不易堵塞，可多次重复使用，显示结果重复性好，使用方便。由于这种试块检测面没有分开，故不便于比较不同渗透检测材料或不同工艺方法灵敏度的优劣。

3. 用途

镀铬试块主要用于鉴定渗透检测剂的渗透性能，校验操作方法与工艺系统的灵敏度。B型试块不像A型试块可分成两半进行比较试验，只能与标准工艺的照片或塑件复制品对照使用，即在B型试块上，按预先规定的工艺程序进行渗透检测，再把实际的显示图像与标准工艺图像的复制品或照片相比较，从而评定操作方法正确与否并确定工艺系统的灵敏度。

4. 试块的保存

B型试块使用后必须彻底清洗，清除试块上残留的渗透剂。可采用蒸气除油或用超声清洗设备以无水乙醇为清洗液进行清洗，或用挥发性溶液擦净，然后将试块放入溶液中浸泡10～15min，之后再进行干燥。

试块不用时，应浸放在挥发的丙酮或无水乙醇溶液中储存。再次使用时，应在空气中放置一定时间，使溶液全部挥发。

使用时应注意不要敲打试块，以免引起缺陷的扩展，影响检测的对比性和灵敏度。

4.4.3 黄铜板镀镍铬层裂纹试块（C型试块）

1. 制作步骤

根据JB/T 6064—2006《无损检测　渗透检测用试块》的要求，渗透检测用的黄铜板镀镍铬层裂纹试块应采用黄铜板材，也可采用1Cr18Ni9Ti、Cr17Ni2或类似的不锈钢板材，其化学成分应符合GB/T 5231—2012《加工铜及铜合金牌号和化学成分》或GB/T 4237—2007《不锈钢热轧钢板和钢带》的规定。

如图4-18所示，采用100mm×70mm×4mm的黄铜板，单面磨光后先电镀一层镍，再电镀一层铬，然后将电镀面朝上在圆柱模或非圆柱模上进行弯曲使之产生疲劳裂纹，裂纹应是平行状的。在圆柱模具上弯曲，可获得等距离的裂纹；在非圆柱模具上弯曲，可获得由固定点向外由密到疏排列的裂纹。再在垂直于裂纹的方向上将试块从中间切开成两半，两块试块上的裂纹互相对应。

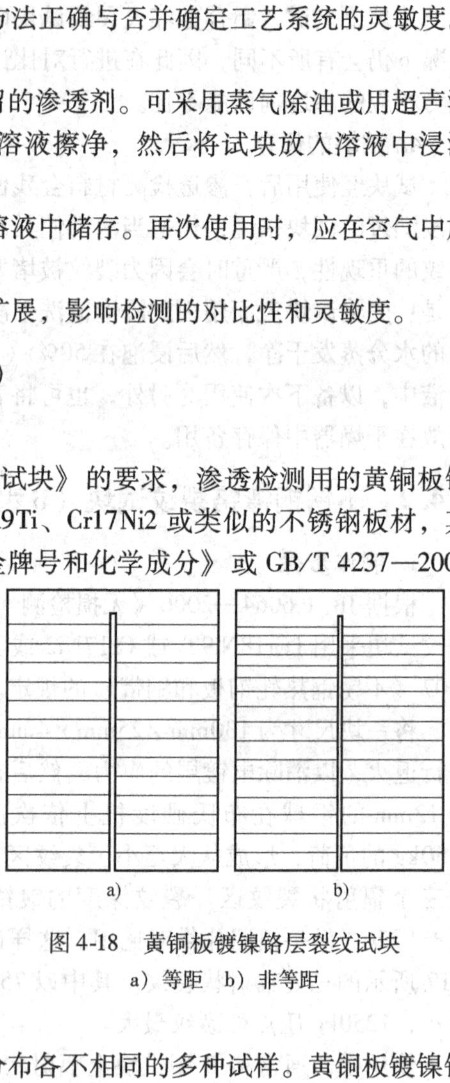

图4-18　黄铜板镀镍铬层裂纹试块

a）等距　b）非等距

2. 特点

试块以镀层厚度来控制裂纹深度，以弯曲强度来控制裂纹宽度，可以根据需要制出裂纹大小、分布各不相同的多种试样。黄铜板镀镍铬层裂纹试块具有裂纹较浅、使用后容易清洗、不易堵塞、耐久性好、能够反复使用等优点。但板的脆性影响裂纹尺寸，光滑的铬层使渗透剂易于除去，与实际试件检测情况差异很大，其制作也比较困难。

3. 用途

黄铜板镀镍铬层裂纹试块主要用于鉴别各类渗透检测剂性能和确定灵敏度等级。

黄铜板镀镍铬层裂纹试块表面产生的已知裂纹的尺寸，其测量值范围与渗透检测显示的裂纹极限值范围已很接近，因此它是渗透系统性能检验的和确定检测灵敏度的有利工具。

4. 试块的保存

试块使用完毕后，应清洗干净。可用丙酮将试块清洗干净，将试块浸泡在体积比为1∶1丙酮和无水乙醇混合液至少60min，然后放入按体积比为1∶1配制的化学纯级的丙酮和无水乙醇的混合液中密封浸泡保存，以备下次使用。也可以将彻底清洗干净的试块晾干后放在干燥器中保存备用。

4.4.4 其他试块

1. 钛合金应力腐蚀裂纹试块

钛合金应力腐蚀裂纹试块用牌号为Ti-6Al-4V的钛合金板材制成，尺寸为125mm×50mm×6.3mm，表面用粒度为60μm，直径为300mm、宽为2.5mm的砂轮以2000r/min的速度和0.05～0.07mm的切削进给量磨削，每次横向进给量约为2.5mm，磨削至表面粗糙度约为0.8mm（r. m. s），磨削时用水冷却致磨痕的根部产生氧化和冶金损伤，从而在表面产生残余应力。将试块放在夹具中加载，施加相当于该材料屈服应力20%～30%的拉应力，随后连同夹具一起放入无水甲醇和氯化钠的溶液中浸泡6～24h，即可产生网状应力腐蚀裂纹。该试块可作为渗透检测的工艺评价。

2. 国家标准中规定的试块

（1）1型试块 GB/T 18851.3—2008/ISO 3452.3—1998《无损检测 渗透检测 第三部分：参考试块》中的1型试块如图4-19所示。1型试块为一组四块，基材均为黄铜板，尺寸为35mm×100mm×2mm。每块试块都是在黄铜板上电镀一均匀的镍-铬层，镍-铬层厚度分别为10μm、20μm、30μm和50μm。每块试块通过纵向拉伸形成横向裂纹，每条裂纹的宽深比约为1∶20。

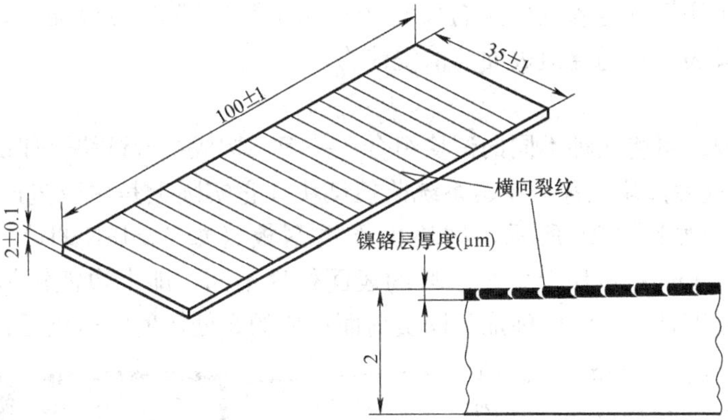

图4-19 1型试块

1型试块中镀层厚度分别为10μm、20μm、30μm的试块用于确定荧光渗透系统的灵敏度，30μm、50μm的试块用于确定着色渗透检测剂系统的灵敏度等级。

（2）2型试块 GB/T 18851.3—2008/ISO 3452.3—1998《无损检测 渗透检测 第三部分：参考试块》中的2型试块如图4-20所示。2型试块的基材为不锈钢板，符合EN10088-1的牌号为X2CrNiMo17-12.3（1.4432）。试块平均分为两半，一半是可水洗性区域，另一半是缺陷评定区域。

可水洗性区域为检测渗透剂的可水洗性，在试块的半个检测面上制备大小为25mm×35mm的四个相邻区域，其表面粗糙度值分别为$Ra=2.5\mu m$、$Ra=5\mu m$、$Ra=10\mu m$、$Ra=15\mu m$。$Ra=2.5\mu m$的区域由喷砂处理制成，其余区域由电侵蚀方法制成。

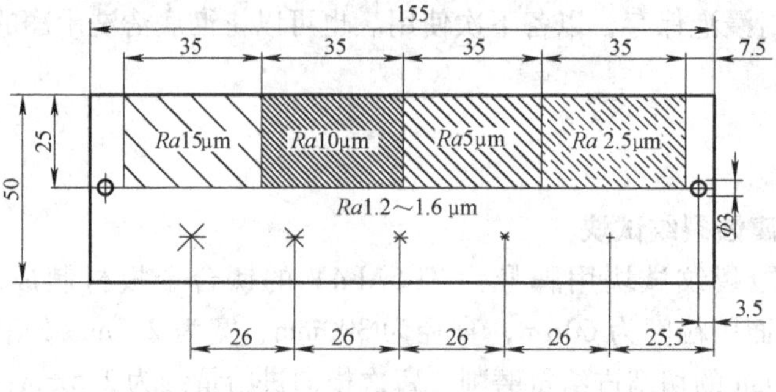

图4-20　2型试块

缺陷评定区域位于试块的另半个检测面，在试块的检测面上先电镀一层厚度为60μm±3μm的镍，使其硬度达到500~600$HV_{0.2}$；然后在镍镀层上再镀一层厚度为0.5~1.5μm的硬铬。将试块进行热处理（例如在405℃下加热70min），使其硬度达到900~1000$HV_{0.3}$，铬镀层的表面粗糙度*Ra*值为1.2~1.6μm；再在试块检测面（镀层区域）的背面分别用2.0kN、3.5kN、5.0kN、6.5kN和8.0kN的载荷等距离压制五个凹痕。人工缺陷的凹痕是采用与半球状凹痕压头匹配的规格为120kN的压力机或适当的维氏硬度机制成的，凹痕制备采用连续加载荷，加载速度为0.05kN/s，卸载速度为0.5kN/s。5个凹痕中最小的凹痕靠近表面粗糙度值最小的区域。人工缺陷应展开成圆状，其直径分别为3.0mm、3.5mm、4.0mm、4.5mm和5.5mm。

这两种试块可用于评定渗透检测剂系统对于不同尺寸缺陷的分辨能力，也可用于评定渗透检测剂系统对某表面粗糙度值表面的清洗能力。

3. 组合试块

根据实际需要，可将两种不同的试块组合在一起，构成组合试块，如由普惠飞机公司研制的PSM试块，这种试块也称为渗透系统监控试块，它实际上是由改进的B型试块和吹砂试块组合而成的，如图4-21所示。试块由不锈钢板（如1Cr18Ni9Ti）制成，尺寸约为100mm×150mm ×3mm。试块上两个区域的表面处理不同，即半边镀铬另半边吹砂，在镀铬面上有经采用硬度计在其背面施加不同负荷而形成的5处辐射状裂纹区，裂纹区按大小顺序排列，其间距约为25mm；JB/T 6064—2006中规定，B型试块五点裂纹尺寸分别为5.5~6.6mm、3.7~4.5mm、2.7~3.5mm、1.6~2.4mm、0.8~1.6mm。当用不同灵敏度的渗透剂系统进行检验时，试块上可显示出不同的裂纹区。采用低灵敏度的渗透剂检验时，可显示较大的裂纹区；如果采用高灵敏度或超高灵敏度的渗透剂检验时，可显示试块上各裂纹区

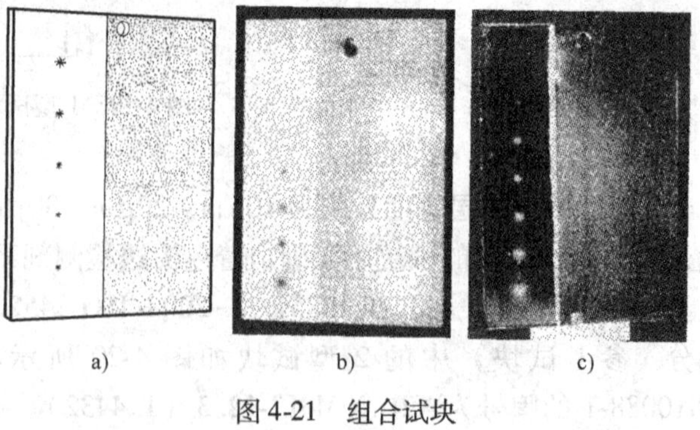

a)　b)　c)

图4-21　组合试块

a）渗透系统监控试块　b）在白光下的显示　c）在黑光下的显示

由大到小的直径显示区。与镀铬层相邻的另一侧是经吹砂处理的具有中等粗糙度的区域，可用其监测背景色泽或荧光底色，这种试块主要用于监测渗透检测系统性能的变化，如渗透检测剂的质量和渗透检测工艺监测等。

4. 自然缺陷试块

人工裂纹试块的表面粗糙度与实际检验试件的表面粗糙度相差较大，通常采用带有典型自然缺陷或代表性自然缺陷的试块来监测渗透系统对该类试块的检测能力。带有自然缺陷的试块也称为缺陷试块，选择自然缺陷试块时，应掌握下列原则：

1）在被检试块中选择有代表性的试块作为缺陷试块。

2）在所发现的缺陷中，选择有代表性的缺陷作为试块缺陷。裂纹是最危险的缺陷，通常必须选用，细微裂纹和其他细小缺陷也是通常必须选用的，它们可用于确定检测系统的灵敏度是否符合技术要求；浅而宽的缺陷也是通常必须选用的，可用于确定检测操作是否过乳化或过清洗。

3）选择好缺陷试块，应用草图或照相的方法记录好缺陷的位置和大小，以备校验时对照。

4.5 渗透检测设备、仪器和标准试块的质量控制

荧光检测用的黑光灯，黑光辐照度计，荧光亮度计，白光照度计，压力表及温度计等仪器均应定期检验；每天工作前应使用标准试块对渗透检测工艺系统性能进行校验。只有获得相应灵敏度的缺陷显示后，才可进行试块的检验。

渗透检测的工艺设备应每半年检查一次；黑光辐照度计、白光照度计和荧光亮度计，应每年检查一次，所测数据应溯源到国家计量部门。

1. 黑光灯辐照度检验

1）黑光灯的紫外线波长范围是320~400nm，峰值波长为365nm。黑光灯的辐照度应用辐照计每周检查一次，距黑光灯滤光片表面38cm处的黑光辐照度应不低于1000μW/cm²。

2）自显像检验时，距黑光灯滤光片表面15cm处的黑光辐照度应不低于3000μW/cm²。

3）黑光灯的反射镜和滤光片的清洁度及完好性应每天检查一次，对已损坏或弄脏的反射镜或滤光片应及时更换或进行适当的清理。

4）黑光灯照射有效区的测定：

①将黑光辐照度计置于黑光灯下，并移动到黑光辐照度计读数的最大位置。

②在工作台的最大读数位置上画互相垂直的两条直线。

③把黑光辐照度计置于交点处，沿每条直线按150mm的间隔依次检测记下读数，直到黑光辐照度计读数为1000μW/cm²为止，记下这些点并将其连成圆形，此图的区域就是黑光灯照射的有效区域。在检测时，被检测对象应在有效区域内，如图4-22所示。

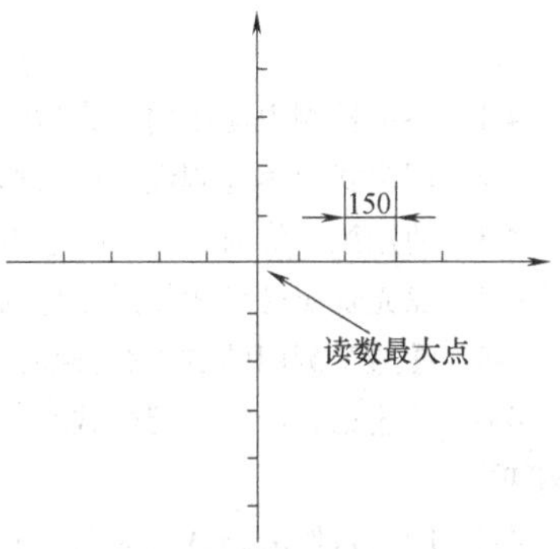

图4-22 黑光灯照射有效区的测量

黑光灯照射的有效区域应有一定的范围，有效区域指

的是在照射区域内各点的黑光辐照度都必须大于1000μW/cm²。

2. 白光灯照度检验

白光灯的白光照度应每周检查一次。进行着色渗透检验时，应保证试件表面的白光照度不低于1000lx。

3. 计量器具检定

设备的温度计、压力计及控制器在每班工作前应检查一次，并调整到稳定状态，根据相应规定定期检定计量器具。

4. 渗透检测用标准试块的质量控制

铝合金淬火裂纹试块、不锈钢镀铬裂纹试块和黄铜板镀镍铬层裂纹试块适用于不同的应用场合，应根据需要选择合适的试块。标准试块生产厂家应经上级主管部门认可并经鉴定合格。

用于荧光渗透检测的标准试块与用于着色渗透检测的标准试块不能混用。当发现试块有堵塞、显示灵敏度低于原试块的原始复印件时，必须及时更换。

表4-4所列为渗透检测设备与器材的校验项目和要求。

表4-4 渗透检测设备与器材的校验项目和要求

序号	项目	校验周期	技术要求	备注
1	渗透检测工艺设备	定期安排设备检修，设备上的温度、压力显示装置和控制器应在每个工作班检查一次，并应按规定定期校验		
2	黑光灯	1周	辐照度不低于1000μW/cm²，自显像荧光渗透检测用黑光灯的辐照度不低于3000μW/cm²	
3	黑光辐照度计	1年	符合要求	由二级以上计量单位校验，量值传递可追溯到国家计量部门
4	荧光亮度计	1年	符合要求	同上
5	白光照度计	1年	符合要求	同上
6	黑光辐照度计校正仪	1年	符合要求	同上
7	标准试块	按规定	发现堵塞，显示灵敏度低于原试块的原始复印件应报废	

复习题

4-1 渗透检测中使用内压式喷灌时应注意哪些事项？

4-2 固定式渗透检测设备包括哪些装置？各装置在渗透检测中的作用是什么？

4-3 使用黑光灯时应注意哪些事项？为什么？

4-4 黑光辐照度计测量黑光灯的辐照度有哪些形式？试阐述其工作原理。

4-5 渗透检测用的试块有哪些？各有哪些用途？

4-6 简述铝合金淬火裂纹试块、不锈钢镀铬裂纹试块和黄铜板镀镍铬层裂纹试块的主要用途及使用注意事项。

4-7 阐述自然缺陷试块的选用原则。

4-8 渗透检测设备、仪器和试块的质量控制包括哪些内容？

第 5 章　渗透检测工艺

渗透检测对缺陷的检测能力取决于渗透检测剂的性能和操作方法的正确与否。如果检测时操作不当，即使采用了较好的渗透检测剂，由于其性能得不到充分发挥，也不能得到较高的检测灵敏度。渗透检测的基本步骤包括七个主要阶段：预处理（试件准备）、渗透、清洗、干燥、显像、观察及后处理。渗透检测各个处理工序应注意以下几点：

1）要使渗透剂确实充分渗入缺陷内，即渗透剂需具备容易渗到试件表面与缺陷空隙内的渗透性能。

2）清洗处理阶段，只把附在表面的渗透剂除掉，不使渗入缺陷内的渗透剂流出，确保留在缺陷内（截留量）。

3）为形成鲜艳的缺陷轮廓显示，应保证显像处理条件，使试件受检表面形成均匀而反差大的良好背景，便于观察识别并进行稳定的处理。

下面首先介绍渗透检测的方法分类，再介绍渗透检测的基本步骤以及水洗型荧光渗透检测、后乳化型荧光渗透检测和溶剂去除型渗透检测等典型的检测方法，最后介绍特殊的渗透检测方法及各种渗透检测方法的选择。

5.1　渗透检测方法的分类

液体渗透检测分别按照渗透剂所含染料成分的不同、多余渗透剂去除方法的不同和显像剂类型的不同进行分类，具体见表 5-1。

表 5-1　渗透检测的方法分类

渗透剂		去除方法		显像剂	
分类	名　　称	分类	名　　称	分类	名　　称
Ⅰ	荧光渗透检测	A	水洗型渗透检测	a	干粉显像剂
Ⅱ	着色渗透检测	B	亲油性后乳化渗透检测	b	水溶解湿显像剂
Ⅲ	荧光着色渗透检测	C	溶剂去除型渗透检测	c	水悬浮湿显像剂
		D	亲水性后乳化渗透检测	d	溶剂悬浮湿显像剂
				e	自显像

注：任何一种渗透检测方法都是渗透剂、渗透剂去除方式及显像剂的系统组合。例如，ⅡC-d 表示该种检测方法是溶剂去除型着色渗透检测-溶剂悬浮湿显像剂组合的检测方法；而ⅠA-a 检测方法表示的是水洗型荧光渗透检测-干粉显像剂干式显像组合的检测方法。

1）按渗透剂所含染料成分的不同，渗透检测方法可分为荧光渗透检测法、着色渗透检测法和荧光着色渗透检测法三大类。

荧光渗透检测法是使用含荧光物质的渗透剂，在波长为 330～390nm 的紫外线照射下发出黄绿色荧光，从而显示出缺陷的图像。观察时必须在暗室里进行，黑光灯是必不可少的设备。

着色渗透检测法是使用含有有色染料（通常是红色）的渗透剂，在白光下便可观察到缺陷的图像，它所用的设备比荧光渗透检测法要少得多。

荧光着色渗透检测法是使用荧光着色两用渗透剂，具备荧光和着色两种方法的特点，缺陷图像在紫外线下发出明亮的荧光，在白光下又能显色。

2）按多余渗透剂去除方法的不同，渗透检测方法可分为水洗型渗透检测法、后乳化型渗透检测法和溶剂去除型渗透检测法三种。

水洗型渗透检测有水基型和自乳化型两种。水基型以水为溶剂和渗透剂；而自乳化型所用的渗透剂中因为含有一定数量的乳化剂，清洗时直接用水冲洗试件，水能与乳化剂交融对油液产生乳化作用，达到清洗试件表面多余渗透剂的目的。

后乳化型渗透检测法所用的渗透剂中不含有乳化剂，用水不能直接清洗干净试件表面上多余渗透剂，必须增加一道乳化工序，使渗透剂经过乳化后才能用水清洗去处掉。

溶剂去除型渗透检测法使用有机溶剂作为清洗剂进行清洗处理，通常采用丙酮、酒精、汽油等有机溶剂。由于有机溶剂的去除能力很强，一般可用蘸有有机溶剂的布块直接将多余的渗透剂除去，或用喷罐喷洗，因此它适用于现场检验。

3）按显像剂类型的不同，渗透检测方法分为干式显像法和湿式显像法两大类。

干式显像法是以干燥的白色粉末作为显像剂，撒在清洗并干燥后的试件表面上。湿式显像法是将白色显像粉末悬浮于水中（水悬浮显像剂）或显像粉末悬浮于有机溶剂中（溶剂悬浮显像剂），也可将白色显像粉末溶解于水中（水溶解显像剂），此外还有不使用显像剂的方法，即实现自显像或将白色显像粉末悬浮于树脂清漆中（塑料薄膜显像剂）。

5.2 渗透检测的基本步骤

渗透检测的基本步骤根据具体所选渗透检测方法的不同而略有差异，但基本的七大步骤还是相同的，分别是预处理（预清洗）、渗透、去除、干燥、显像、观察评定和后处理。

5.2.1 预处理（预清洗）

预先排除阻碍渗透及给缺陷显示带来影响的各种因素的操作称为预处理。严格地讲，预处理分为两个方面，一是将试件表面影响渗透的固体残渣及多余物（如铸件的粘砂、毛刺，焊接件的锈蚀、焊渣，机加工试件的金属屑、固体油泥等）清理干净；二是去除试件表面影响渗透的液体污染物（如试件表面黏附的油污、加工切削液残留等）。清除固体污染物的过程严格地说是预处理或预清理，清除液体污染物的过程是预清洗，但在本书中将该过程统一称为预清洗。对于那些表面易氧化或难于去除掉毛刺的试件，必要时还可以采用化学清洗法进行预清洗。

预清洗的目的如下：

1）保证试件表面尤其是开口缺陷处表面干净，以便于渗透剂更好地渗透，使缺陷中能截留更多的渗透剂，从而提高渗透检测的灵敏度和可靠性。

2）在浸涂式渗透方式中，尽可能地减轻污染物对渗透剂的污染，防止污染物中的化学成分与渗透剂中的染料成分起反应，降低染料色泽或荧光亮度，从而延长渗透剂的使用寿命。

3）可以使试件表面在渗透和显像过程中，为有效检测提供一个良好的显示背景。

1. 表面准备

检测部位的表面污垢必须清洗掉，清洗后检测面上残留的溶剂和水分等必须干燥，且应保证在施加渗透剂前不被污染，具体要求如下：

1）试件被检表面不得有影响渗透检测的铁锈、氧化皮、焊接飞溅、铁屑、毛刺以及各种防护层。

2）试件机加工表面粗糙度 *Ra* 值不大于12.5μm；被检试件非机加工表面的粗糙度要求可适当放宽，但不得影响检验结果。

3）局部检测时，准备工作范围应从检测部位四周向外扩展25mm。

4）对焊缝进行检测时，焊缝应在外观检测全部合格后，才能进行无损检测。不能存在焊瘤、咬边、错边和角变形、目视和通过放大镜能看到的表面气孔、焊缝尺寸和形状不合要求等缺陷。

2. 预清洗方法

检测部位的表面状况在很大程度上影响着渗透检测的检测质量，因此在进行表面清理之后应进行预清洗，以去除检测表面的污垢。试件检验前的表面处理方法是各式各样的，一般有机械清理、化学清洗（如酸洗、碱洗等）、溶剂去除、蒸气除油和乳化剂预清洗等方法，必须考虑试件的材质、硬度、表面状况和附着在试件上的污染物的种类和性质，选择不同的清理和清洗方法。

（1）机械清理　机械清理的方法一般用于清除试件表面轻微的氧化皮、铁屑、铁锈、油污等，常用的机械清理方法包括振动光饰、抛光、喷砂、喷丸、钢丝刷、砂轮磨及超声清洗等。机械清理方法的选择应以不损坏试件表面为原则。像喷丸、喷砂、钢丝刷、砂轮磨或刮削等方法，由于外力对表面缺陷的作用及从金属表面清理下的金属粉末可能堵塞缺陷，阻止渗透剂进入缺陷中造成漏检，试件为铝、镁、钛等软金属材料时，不能使用这些机械清理方法。用机械清理方面处理过的试件最好经酸性或碱性溶液浸蚀后，再进行渗透检测。焊接件和铸件吹砂后，可不进行酸洗或碱洗而直接进行渗透检测，但精密铸造的关键部件（如涡轮叶片）吹砂后必须经过酸洗才能进行渗透检测。

振动光饰适于去除轻微的氧化物、毛刺、锈蚀、铸件型砂或磨料等，但不适于铝、镁、钛等软金属材料。

抛光适于去除试件表面的积炭、毛刺等，还可用于局部打磨抛光。抛光后的部位须酸洗或碱腐蚀，然后进行中和处理和水清洗。

吹砂和喷丸适于去除氧化物、熔渣、铸件型砂、模料、喷涂层、积碳等。经喷丸处理的试件进行酸洗可以清除由于喷丸形成的封闭表面开口缺陷的细微金属物。通常渗透检测安排在喷丸前进行。

钢丝刷和砂轮磨用于去除氧化物、熔渣、铁屑、铁锈、焊接飞溅、毛刺等。

超声清洗是利用超声波的机械振动来去除试件表面的油污和孔洞中的污物，常与清洗剂或有机溶剂配合使用，适合几何形状比较复杂，有不通孔、小孔的试件和不便拆装的小批量试件。选用的清洗剂或有机溶剂不应对试件产生腐蚀等不利影响，清洗剂洗过的试件要用水彻底清洗并烘干。

（2）化学清洗　化学清洗主要包括酸洗和碱洗。酸洗是用硫酸、硝酸或盐酸来清除试件表面的氧化物，酸洗可以清除可能妨碍渗透剂渗入表面开口缺陷的氧化皮，被检试件经打磨、机械加工后，均需进行酸洗处理，才能进行渗透检测。碱洗是用氢氧化钠、氢氧化钾来清除试件表面的油污、抛光剂、积炭等，碱洗多用于铝合金，热的碱洗液还可用来除锈和除垢，清除试件表面氧化皮等。酸洗液和碱洗液都应按照制造厂的建议使用。

为使试件表面各部位得到均匀腐蚀，在酸洗前需对试件进行清洗，以去除表面的砂子，油脂、污物等。试件的不通孔、内通道部位要用橡胶塞子塞住或用蜡封住，以防止化学溶液进入通道，排出困难，对试件内部产生腐蚀作用。酸碱溶液的清洗时间要严格控制，应以不腐蚀损坏试件表面为限，强酸溶液用于除去严重的氧化皮，中等酸度的溶液用于除去轻度的氧化皮，弱酸溶液用于去除试件表面的薄金属。酸洗或碱洗后需中和，再用水彻底清洗干净，去除残留的酸或碱并烘干试件。有些试件在成品阶段不允许进行酸洗，有些试件在酸洗后可能产生有害影响，如高强度钢试件和钛合金试件在酸洗时容易吸进氢气，而产生一种氢脆现象，使试件在使用时产生脆裂。因此，易氢脆的材料在酸浸后应尽快进行去氢处理。去氢处理是指在200℃左右的温度下烘烤3h。清洗后要将试件加热干燥，以去除被检表面上可能渗入缺陷中的水分。在施加渗透剂前，将被检试件冷却至50℃以下。

（3）溶剂清洗　溶剂清洗包括溶剂液体清洗和溶剂蒸气除油等方法。它们主要用于清除各类表面油污、油脂及某些油漆。

溶剂清洗通常采用汽油、醇类（甲醇、乙醇）、苯、甲苯、三氯乙烷、乙醚等有机溶剂，常应用于大试件局部区域的清洗。用有机溶剂清洗时，把试件浸渍在有机溶剂槽中，可以除去试件表面的油脂污物和松散的金属屑等。溶剂去除型渗透检测常用于现场检测，其清洗剂是用压力喷罐装的溶剂，清洗剂有两种用途：一是在渗透工序之前，对试件表面进行预清洗；二是在渗透剂滴落完成之后，清洗试件表面多余的渗透剂。当用于预清洗时，应使用喷罐喷射出的溶剂对试件表面直接清洗，再用不起毛的干燥抹布擦去试件表面的污物和多余的溶剂，在渗透剂施加之前，应有充分干燥时间，蒸发掉表面和缺陷内残留的溶剂。

有机溶剂的闪点一般很低（如汽油为40℃，乙醇为14℃，丙酮为－18℃），所以检测场地应通风良好，以便排除蒸气和降低有害的浓度或避免引起爆炸。易燃的有机溶剂应储存在安全的瓶或罐中，应远离热源和明火，检测场地禁止吸烟。检测人员操作时，应带防护用的浸塑手套来保护手的皮肤，否则溶剂会溶解皮肤上的油脂，引起皮肤的开裂和炎症。

溶剂蒸气除油通常是采用三氯乙烯蒸气除油，它是一种最有效又最方便的除油方法。三氯乙烯是一种无色透明的中性有机化学试剂，具有很强的溶油能力，在常温下其溶油能力比汽油大4倍，在加温到50℃时比汽油大7倍，因此三氯乙烯是很好的除油剂。三氯乙烯密度大，加热到86.7℃时沸腾蒸发，其蒸气密度可达4.45g/L，因而容易形成蒸气区。三氯乙烯特别适用于去除非极性的矿物油和动物油之类的可溶解性的有机污染物，对固体污染物如积炭、油漆、氧化皮和腐蚀产物是无效的。三氯乙烯化学性质不稳定，在使用过程中由于受光、热和氧的作用易分解成酸性物质，因此在使用中必须经常取样测量酸度值，如果其变成了酸性，就会腐蚀钢、铁、铝和镁合金。

三氯乙烯是一种氯化物的溶剂，由于钛合金试件很容易与卤族元素起作用产生腐蚀应力裂纹，因此钛合金一般不宜采用三氯乙烯蒸气除油或仅能采用加特殊抑制剂的三氯乙烯蒸气除油，且在除油前必须进行热处理，消除应力。此外，橡胶、塑料或涂漆的试件不能采用三氯乙烯进行除油。铝、镁合金，软钢试件在除油后，表面充分脱油而干燥的情况下，容易在空气中锈蚀，在除油后应尽快浸入渗透剂中进行渗透。为防止除油后的锈蚀，规定轴承试件不允许采用三氯乙烯蒸气除油。

三氯乙烯蒸气具有麻醉作用，蒸气若吸入人体，会引起不同程度的中毒，因此蒸气除油场地应具有良好的通风条件，手和皮肤经常接触三氯乙烯会引起皮肤的开裂和皮肤炎症。

（4）乳化清洗剂清洗　清洗用的乳化剂是一种含有特殊表面活性剂且不可燃的水溶化合物，对试件有润湿、乳化、洗净等作用，并对金属无腐蚀。乳化清洗剂能从试件上除去很多种污物，如油脂和油污、切割和机加工冷却液、抛光剂或磁粉检测的残余物等。亲水型乳化剂通常用于浸渍法，应按生产厂家推荐的浓度值配制，通常不超过35%（V/V）。该清洗方法无毒、经济、清洗效果好。经过乳化清洗的试件，可在冷水中漂洗或冲洗，然后在60~80℃的热水中进行最终清洗，在热水中清洗能预热试件，有助于试件的干燥。最后将试件进行干燥处理，以去除试件表面和缺陷内部残留的水分。

经过水洗的试件，在施加渗透剂之前，都应去除所有水分，因为水会妨碍渗透剂的润湿和渗入缺陷。干燥处理既有利于渗透剂充分渗入，又可以避免缺陷中残留的清洗剂与渗透剂相互作用而改变渗透剂的性能甚至影响检测灵敏度。通常干燥水分的方法是在热空气循环烘箱中干燥，烘箱温度在70℃左右，时间可根据试件的大小而定；也可以用清洁的压缩空气吹干水分或在空气中自然干燥。

5.2.2 渗透

渗透的目的是使渗透剂通过毛细现象原理导入到表面开口的缺陷中去。渗透剂渗透能力的强弱不仅取决于渗透剂自身的性能，还取决于渗透剂与试件材料的接触角，而且和缺陷介质的性质、试件表面粗糙度、试件表面的洁净度以及渗透温度有很大的关系。显然，渗透剂的渗透能力越强，缺陷吸收渗透剂的量越大，在显像过程中反渗出来的渗透剂也就越多，相对于背景底色发光的强度和亮度就越大，更容易识别出较细小的缺陷细节，也就是检测灵敏度就越高。

1. 渗透剂的施加方法

渗透是指渗透剂渗入试件的缺陷内部。为达到充分渗透的目的，渗透剂的施加应保证被检部位完全被渗透剂所覆盖，并在整个渗透时间内保持润湿状态。适用于渗透剂施加的常用方法一般有四种：浸涂、刷涂、浇涂和喷涂，此外还有静电喷涂等方法。这几种方法各有优缺点，并针对不同的检测对象而有所选择。一般来说，大型槽液式的荧光渗透检测适合用浸涂方法，在航空、航天工业领域较为常见；喷罐式溶剂去除型着色渗透检测法多在特种设备（如锅炉、压力容器、压力管道）行业应用，但随着特种设备行业检修及定期检验要求越来越高，荧光渗透检测也得到越来越广泛的应用，喷罐式荧光渗透检测方式也越来越多；浇涂和刷涂方法一般适用于大型零部件的局部检测。不管采用哪种方法，都要保证被检部位完全被渗透剂覆盖。具体施加方法如下：

1）浸涂。浸涂是把整个试件浸泡在渗透剂中。浸涂适用于小试件的表面检验，可将一些小试件放在试件筐中或固定在架子上，以手工或自动传送的方式在渗透剂槽中浸渍。浸涂法可保证试件均匀、一次性地覆盖上渗透剂，是一种对试件进行全面检查的好方法。

2）刷涂。用刷子、棉纱或抹布蘸渗透剂进行涂刷。用毛刷涂布的方法是用毛刷把渗透剂涂布在部分检测试验面上，被检验部位一般刷 2 ~ 3 次。这种方法既不会像喷雾法那样有渗透剂飞散，也没有像浸渍法那样大的涂布面，一般作为局部检验用。在密闭容器或难以通风的地方可有效地加以应用。

3）浇涂。浇涂是指将渗透剂直接浇在试件表面，适用于大试件的局部检验。

4）喷涂。喷涂是指利用压缩空气或气溶胶制品，在气压的作用下把渗透剂通过喷嘴喷射在试件表面。渗透剂可采用喷枪或喷罐的方式喷涂在试件的表面上，这样可使渗透剂用量较少，也减少渗透剂在不通孔、凹陷及其他孔洞中的集聚量。另外喷涂系统能有效地避免渗透剂的污染，适用于大型试件的局部检验或全面检验。在喷涂时，喷嘴的前端尽量接近试件，同时室内要通风，防止渗透剂呈雾状物飞散在空气中污染环境。

5）静电喷涂。静电喷涂法是把渗透处理、显像处理中所需装置的主要部件换成喷枪和小型的高压发生器，整个装置小型化，可有效地进行渗透检测。用静电喷涂方法时，渗透剂将不会大量地散发在空气中造成浪费，也不会危害操作者的身体健康，达到节省工作场地、渗透剂和减轻空气污染等目的。

2. 渗透时间及温度

渗透剂在试件上的停留时间（渗透时间），是指施加渗透剂到开始去除多余渗透剂之间的时间，它包括渗透剂从试件表面流滴完毕的滴落时间，因为在此期间渗透剂仍将继续渗入和润湿缺陷，所以滴落时间是渗透时间的一部分。渗透剂渗透时间为浸涂时间和滴落时间之和。

渗透过程有几个因素特别强调如下：

1）渗透时间。渗透时间的长短取决于渗透环境温度、渗透剂性质、试件成形工艺、试件表面状况、缺陷性质等多重因素。原则上渗透时间越长检测越可靠，但一般控制在 10min 即可。特殊情况（如检修叶片）则可增长至小时计，以便发现微小的疲劳裂纹。渗透环境温度直接影响渗透剂的渗透性能，一般来说，温度越高，渗透剂的表面张力会越小，越容易渗透，所以相对应的渗透时间就会短一些。通常情况下，渗透温度一般在 10 ~ 50℃ 的范围内。温度太高，渗透剂容易干在试件表面上，给清洗带来困难或荧光亮度会降低；温度太低，渗透剂变稠，使渗透剂的渗透能力降低。如果环境温度低于 10℃ 或高于 50℃，需要用对比试块进行比对，用实验确定合适的渗透时间。由于在役试件要检测在用缺陷（如腐蚀裂纹、疲劳裂纹、应力腐蚀裂纹等微细小缺陷），比在制件所需要的渗透时间要长得多。

2）润湿性和覆盖率。在整个渗透时间内，必须保证受检试件表面始终被渗透剂全部覆盖且保持润湿状态。这在全浸涂式荧光渗透检测过程中是不存在问题的；对于溶剂去除型喷涂式着色渗透检测法或油基喷罐喷涂式荧光渗透检测法，则必须要注意这一影响因素。

3）浸涂式的滴落时间也是必须算在渗透时间内的，因为只要去除的步骤还没有开始进行，渗透过程就一直在发生着，因此，渗透时间应该考虑滴落过程。渗透过程如图 5-1 所示。

提高渗透检测的灵敏度，改善渗透工艺是一个重要环节。可通过增大荧光渗透剂本身温度与试件表面温度的温度差，也可以通过不同温度的空气压差使渗透剂渗入得更多，从而提高渗透检测的灵敏度。

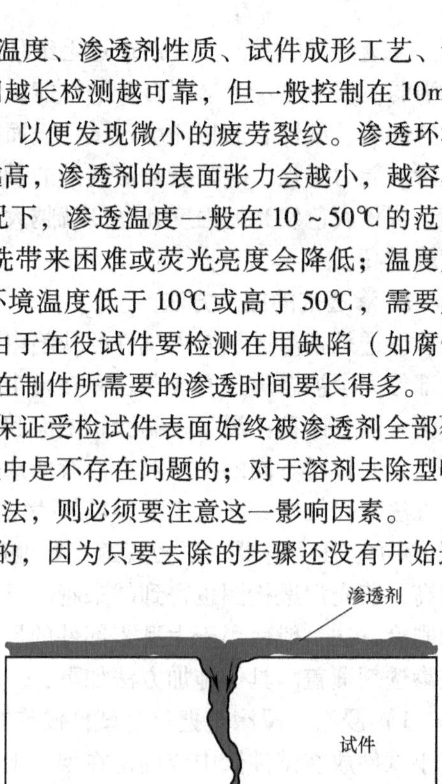

图 5-1 渗透过程

5.2.3　去除

去除是指去除掉试件表面多余渗透剂的过程。渗透时间结束后，只有渗入到试件表面缺陷中的渗透剂才是有用的，而试件表面其他的渗透剂都是多余的，都是要被去除掉的。所以，渗透时间结束后试件表面的渗透剂都是要被去除掉的。

过度的清洗会把缺陷中的渗透剂洗出，降低检测灵敏度；而清洗不充分、荧光背景过浓或着色底色过浓将使缺陷显示识别困难。用荧光渗透剂时，可在黑光灯照射下边观察边去除。着色渗透剂的去除应在白光下控制进行。

水洗型渗透剂直接用水去除（方法A工艺）。亲油性后乳化型渗透剂经乳化后再用水去除（方法B工艺）。溶剂去除型渗透剂用有机溶剂擦除（方法C工艺）。亲水性后乳化型渗透剂先经预水洗，再乳化，后再用水去除（方法D工艺）。

1. 水洗型渗透剂的去除方法（方法A工艺）

由于水洗型渗透检测方式使用的渗透剂是自乳化水溶型的，水洗型渗透剂的去除可采用手工喷洗、手工水擦洗和空气搅拌水浸洗。

（1）手工喷洗　如图5-2所示，冲洗时水射束与被检面的夹角以30°为宜，水温为10～40℃；喷嘴与试件表面间的距离为300mm，喷嘴处的水压不超过0.34MPa。试件的凹槽、不通孔、空腔部位要用水喷枪进行专门的补充清洗，以去除任何角落里可能残留的渗透剂。水洗的时间要根据试件的大小、形状、表面粗糙度、水洗温度和所采用的渗透剂型号等因素通过试验的方法来确定。试件表面应清洗到刚好把表面多余的渗透剂洗掉而不将缺陷中渗透剂洗出的程度。

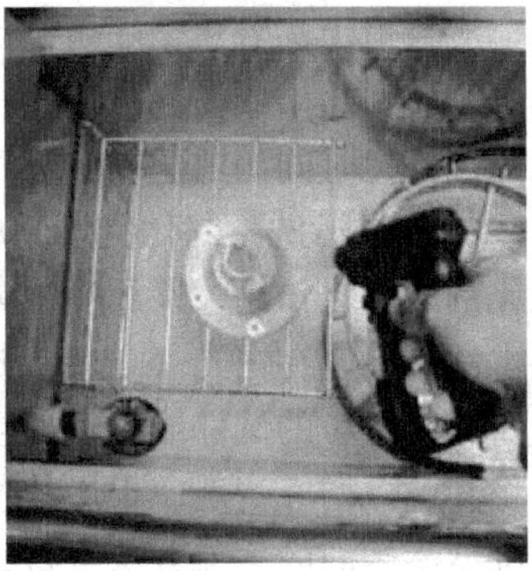

图5-2　手工喷洗

清洗效果可通过目测观察试件表面的颜色来判定。进行荧光渗透检测时，清洗应在黑光灯的辐照下进行，若背景基本无荧光，只有在少许亮点，则是没有过洗的合适背景。对于宽而浅的缺陷，水洗型渗透剂很容易发生过洗，如果发生了过洗，则应将试件彻底干燥后按工艺要求重新进行处理。

（2）手工水擦洗　当试件表面不允许或无冲洗装置时，可采用手工水擦洗，如图5-3所示。先用清洁、不脱毛的棉布或毛巾擦去大部分多余的渗透剂，然后用干净的水润湿的棉布或毛巾擦净，但润湿的棉布或毛巾中的含水量不应饱和，最后用干燥、清洁的棉布擦干试件。

（3）空气搅拌水浸洗　空气搅拌水浸洗是指通过水中的压缩空气产生大量的气泡，使水产生多向运动和振动，从而将浸没在水中的试件清洗干净。空气搅拌水浸洗方式需要保持水的良好循环，水温一般控制在10～40℃。

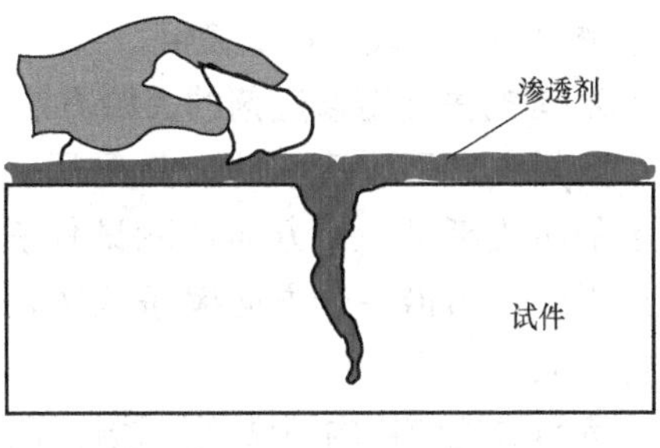

图5-3　手工水擦洗

2. 亲油性后乳化型渗透剂的去除方法（方法B工艺）

亲油性后乳化型渗透剂本身不含有乳化剂，它的去除需先乳化再水洗。乳化处理是使表面油性的渗透剂被乳化，遇水形成乳化液而被水清洗掉，缺陷处的渗透剂由于未被乳化而保留完好。施加亲油性后乳化型渗透剂进行去除的操作方式是直接采用乳化剂进行乳化，然后用水冲洗。施加乳化剂时，只能采用浸涂或浇涂法，而不能采用喷涂或刷涂方式，也不允许在试件表面搅动乳化剂。

（1）亲油性乳化剂的施加和停留　在进行乳化处理前，对被检试件表面附着的多余渗透剂应尽可能去除，以减少乳化量，同时也可减轻渗透剂对乳化剂的污染，延长乳化剂的寿命。亲油性后乳化型渗透剂在渗透、滴落后直接进行乳化。施加亲油性乳化剂时只能用浸涂、浇涂，不能用刷涂和喷涂的方式施加，这是因为乳化剂首先把试件表面的渗透剂乳化，以一定的均匀速率扩散溶解于油性渗透剂中，然后被乳化的渗透剂材料继续向内表面渗透。刷涂、喷涂得不均匀，乳化不均匀，时间不易控制都有可能将乳化剂带进缺陷而引起过乳化现象。在浸涂乳化剂过程中，不应翻动试件或搅动试件表面的乳化剂。

从浸入乳化剂之后到下一步清洗之前的这段时间称为乳化时间。试件从乳化槽中取出后，应进行滴落。滴落时间是乳化时间的一部分，即乳化时间是施加乳化剂的时间和滴落时间之和。乳化时间过长，乳化层的厚度增加，渗入到缺陷内部的渗透剂均可乳化，致使在清洗处理时把缺陷内部的渗透剂清洗掉；乳化时间不足时，会使清洗处理不充分，引起虚假显示。乳化时间取决于乳化剂和渗透剂的性能及被检试件表面粗糙度。通常乳化时间规定在10～120s之间，常用时间为30s，也可按生产厂的使用说明书或通过试验来确定乳化时间。

应当指出：乳化工序是重点工序，乳化时间必须准确。在实际操作过程中，还要根据乳化剂因受到污染而使乳化能力下降的具体情况，不断地修改乳化时间，当乳化时间增加到新乳化剂乳化时间的两倍以上还达不到乳化效果时，则应更换乳化剂。

（2）水清洗　乳化作用完成后，应将试件迅速浸入温度不超过40℃的搅拌水中来停止乳化剂的乳化作用，并用喷洗方法清洗渗透剂和乳化剂的混合物，最后再进行最终水洗。最终水洗试件应在白光（着色渗透检测）或黑光灯（荧光渗透检测）下进行，以控制清洗质量。对未洗净的试件或背景过重的试件，应按工艺要求重新进行处理；对过度乳化的试件，则将其进行彻底清洗、干燥并按工艺要求重新进行处理。只要乳化时间合适，最终水洗可按水洗型渗透剂的去除方法进行，虽不像水洗型渗透剂所要求的那样严格，但仍应在尽量短的时间内清洗完毕。清洗后的试件，可转动其方向，使大部分水排尽或用清洁的棉布等吸收性材料吸干水分。

总之，乳化处理时，乳化剂对试件表面剩余的渗透剂起乳化作用，即降低渗透剂的表面张力。这样，当用水清洗时，已降低了表面张力的油液就容易形成O/W型乳浊液，即渗透剂将变为较细小的液滴分散在水中，并易被水冲洗掉。这就保证了后乳化型渗透检测比水洗型渗透检测具有较高的灵敏度。

3. 溶剂去除型渗透剂的去除方法（方法C工艺）

溶剂去除型渗透剂的去除采用的是擦除并结合清洗剂的方式。去除时，先用干净不脱毛的布或纸沿一个方向擦除试件表面多余的渗透剂，然后再将渗透清洗剂喷到干净的布或纸上，再沿一个方向擦净试件表面，绝对不允许往复擦拭或将渗透清洗剂直接喷洗试件表面。

溶剂清洗使用的清洗剂渗透性高，被润湿的布或纸中的溶剂的含量不宜饱和；不宜把清洗剂直接喷撒到试件表面，以防清洗剂溶解缺陷中的渗透剂而产生过洗现象；在擦洗过程中，应在适当照明条件下检查渗透剂的擦洗效果。另外，溶剂清洗剂的闪点一般较低，使用时不可靠近火源，检验场地应通风良好。

4. 亲水性后乳化型渗透剂的去除方法（方法D工艺）

亲水性后乳化型渗透剂去除采用先“预水洗”，再乳化，后最终水洗的方法，即先用温度不超过40℃的有压力的温水对试件表面的渗透剂进行预水洗，清洗掉试件表面大部分多余的渗透剂，再施加乳化剂，待被检试件表面多余的渗透剂充分乳化后再用水清洗。

（1）预水洗　采用亲水性后乳化型渗透剂检测的试件，应先用水进行清洗，将试件表面明显的渗透剂除去，以减少渗透剂对乳化剂的污染，这一工序是乳化的准备工序，也称预水洗。预水洗时可用压缩空气/水喷枪喷洗，也可浸入搅拌水槽中清洗。要注意清洗容易残留荧光渗透剂的部位（如凹槽、不通孔、和内腔部位）；预水洗的时间一般推荐为30～60s，喷洗水的压力宜为0.14MPa，温度宜在15～30℃范围内。

（2）乳化剂的施加和停留　亲水性乳化剂一般通过浸涂、浇涂或喷涂的方法施加，但不能采用刷涂方法。亲水性乳化剂需用水稀释后使用，且应按生产厂家推荐的浓度值配制和使用，浸涂时的体积分数通常为15%～35%。对于喷涂法，乳化剂的体积分数宜在5%以下的低浓度范围。这些乳化剂的水溶液不溶或微溶于渗透剂，不会很快在试件表面的渗透剂层内进行溶解和扩散，从而保证了检验的灵敏度和可靠性。亲水性乳化剂的浓度应定期测量，溶液浓度高，会发生过乳化，也浪费了乳化剂；溶液浓度低，试件表面的颜色或荧光背景就会深，可能掩盖小的缺陷。

亲水性乳化剂的停留时间包括浸渍和滴落时间。乳化时间应严格控制，应使试件表面的多余渗透剂被充分乳化且停留时间应尽量短。乳化时间一般通过试验确定。

（3）最终水洗　亲水性后乳化型渗透剂在乳化后可根据要求进行水清洗，清洗工艺与水洗型渗透剂一样。对试件表面过深的颜色或荧光背景，可通过补充乳化的办法去除，时间不应超过2min；若经过补充乳化处理后仍未达到一个满意的本底时，应将试件彻底清洗，并按工艺要求重新处理。

总之，后乳化渗透剂去除方法的关键步骤就是乳化环节，而乳化环节的主要参数就是乳化时间。乳化时间在确保达到允许的着色背景或荧光背景的前提下应尽可能的短。一般亲油性乳化剂的乳化时间控制在2min以内，而亲水性乳化剂的乳化时间控制在5min以内。乳化时间长或乳化剂施加得过多，很可能会产生过乳化，过乳化会把已经渗透到表面开口缺陷中的渗透剂也乳化一部分，从而会降低渗透检测的灵敏度，这是渗透检测过程中应该极力避免的。

后乳化渗透检测方式的检测灵敏度较高，这主要是因为该类型渗透剂的渗透性很强，渗透到试件表面开口缺陷中的渗透剂的数量要比一般的渗透剂多，这就造成其表面的渗透剂较难以去除掉，表面张力较大，需要施加一定量的乳化剂通过乳化环节来降低渗透剂的表面张力，使其更亲水而容易被水冲洗掉。一般情况下，渗透剂的灵敏度与其可去除性呈负相关关系，灵敏度越高，可去除性就越差，反之亦然。而用乳化剂助洗的过程，就类似满手沾了一层油渍，必须通过涂抹洗手液或肥皂之类的助洗剂，把手上油渍的表面张力降下来，然后再用水冲洗掉一样，渗透检测中的乳化剂就类似于生活中的洗手液或肥皂。

5.2.4　干燥

干燥的目的是除去被检试件表面的水分，使渗透剂能充分从表面开口缺陷中回渗到显像剂背景表面上。水洗型渗透检测及后乳化型渗透检测由于最终需要用水作去除剂，所以需要专门的干燥工序，而溶剂去除型渗透检测不必要进行专门的干燥处理，故应在常温下自然干燥，不得加热干燥。

1. 干燥的时机

试件在清洗后、显像处理前或后，应将试验后残留的清洗水或湿式显像剂中的水分进行有效的干燥处理。在液体渗透检测中，是否需要干燥处理和什么时候进行干燥处理，要根据清洗方式和显像方式的不同来决定。

原则上，当采用溶剂去除试件表面多余的渗透剂时，不必进行专门的干燥处理，只需自然干燥5~10min即可；采用干粉显像剂、非水基湿式显像剂时，检测面应在施加前进行干燥；采用水湿式显像剂（水溶解、水悬浮湿式显像剂）时，检测面应在施加后进行干燥处理；采用自显像时应在水清洗后进行干燥。

2. 干燥的方法

干燥的方法有多种，一般有干净布擦干、热风吹干、压缩空气、烘干箱热循环空气烘干等多种方式。实际在渗透检测中，对金属试件的干燥往往采取组合方式。一般刚经过水洗的金属试件，先用压缩空气吹拭掉表面多余的可见水分，然后再进行热空气吹干，或进入烘干箱烘干。

另一个缩短干燥时间的方法是采用热浸技术。所谓“热浸”是在试件清洗干净后，将其短时间地在80~90℃的热水中浸一下，以提高试件的初始温度，加快在烘箱中的干燥速度。但热浸对试件有补充清洗的作用；热浸时间过长会造成过洗，故仅用于预清洗中，在去除试件表面多余的渗透剂后，一般不推荐使用。通常铸件可以热浸，表面光洁的机加工试件不宜进行热浸。热浸时要严格控制时间，一般只需要在热水中浸一下就可以了，最长不能超过20s。

3. 干燥的温度和时间

干燥时要特别注意干燥的温度和时间，允许的最高干燥温度与试件的材料和所用的渗透剂有关。高温或长时间干燥，渗透剂急剧蒸发，荧光辉度与色泽恶化，会降低显示痕迹的识别性，同时会将缺陷中的渗透剂烘干，造成施加显像剂后缺陷中的渗透剂不能吸附到试件表面上来，不能形成缺陷显示。正确的干燥温度应通过试验确定。通常干燥时，被检面的温度不得大于50℃，干燥时间通常为5~10min；金属试件采用热风吹干或热循环风烘干时，空气温度不应超过80℃，若为塑料试件，则温度应该还要低一些，通常用40℃以下的温风吹干。在确保干燥效果的前提下，干燥时间应尽可能短。

干燥操作时，特别要防止试件筐及操作者手上的油污等对试件造成污染，应将干燥前的操作和干燥后的操作隔离开来，即把除油、渗透和水洗作为第一条操作线，把干燥、显像和检测作为第二条操作线。从干燥开始，更换专用的、干净的试件筐，以避免污染而产生虚假显示或掩盖真实显示。

5.2.5 显像

显像过程是在试件干燥过程完成后，在其表面施加显像剂，再次利用毛细现象原理，将渗入到表面开口缺陷中的渗透剂吸附到被检试件表面，从而产生与显像剂层背景形成对比且可见的缺陷显示图像的过程。显像的时间不能太长，显像剂层不能太厚，否则会影响缺陷轮廓的明锐清晰度（即分辨力）。显像过程如图5-4所示。

1. 显像方法分类

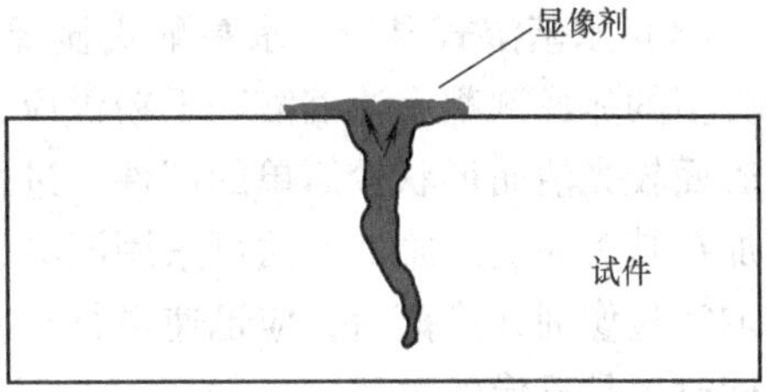

图5-4　显像过程

常用的显像方法分为干式显像、非水基湿式显像、水基湿式显像和自显像。

（1）干式显像　一般是指干粉显像，主要用在荧光渗透检测法中。使用干粉显像时，试件表面须经干燥处理，试件在干燥后应立即进行显像，因为热的试件能得到较好的显像效果。干粉显像尤其适合大试件、结构复杂的试件和表面粗糙的试件，适合批量试件的流水作业检验。干粉显像剂的施加可采用喷枪或喷粉柜将干粉均匀地喷洒在试件的表面，或者采用连续转动浸涂埋入的方式，把干粉显像剂均匀地施加到试件的表面。对于较小的试件，一般把它埋入干粉显像剂槽中进行显像，取出试件后轻轻敲打或吹压缩空气去除附着的多余粉末。对于较大的试件，可以用手工撒粉或喷粉的方法施加显像剂；手工撒粉时，可用砂布包着显像剂轻轻抖动，将试件上覆盖一层薄显像剂；用喷枪喷粉时，要求有适当的粉尘空间以产生显像剂的粉尘或粉雾；采用喷粉柜喷粉显像是把干燥后的试件放入喷粉柜中，用经过过滤的干燥压缩空气将显像粉吹扬起来，呈粉雾状将试件包围住，从而可在试件上均匀地覆盖一层薄薄的显像粉，喷粉柜显像可使形状复杂的试件迅速而完全地涂覆上一薄层显像粉，并且一次可显像一批试件。

一般干粉的成分多以氧化镁（MgO）干粉为主，其蓬松、干燥，保存时需要防潮。氧化镁干粉颗粒越细，在试件表面形成的毛细管通道越细，能吸附出的渗透剂越多，显像灵敏度就越高。干粉显像剂容易施加，对试件无腐蚀，不挥发有害的气体，不留下妨碍后续处理或操作的膜层。干粉显像的一个明显缺点是有严重的粉尘，故需要有净化空气的设备或装置。施加前试件应干燥，并对温度和时间应加以控制。

（2）非水基湿式显像　该方法一般指溶剂悬浮显像法，主要是显像剂固体粉末悬浮在液体有机溶剂中。该方法主要是采用压力喷罐喷涂，在每次使用之前，左右用力摇动压力喷罐中的弹子，使沉淀的显像剂重新悬浮起来，呈现出细微颗粒均匀分散状混合物，通过压力喷嘴喷出来，涂覆到试件的表面。一般要求喷嘴与被检表面间的距离为300～400mm，喷雾锥状束的中心轴线与被检表面的夹角保持在30°～40°，喷涂的显像剂薄膜层要均匀且不要太厚，否则涂覆后形成较厚的膜可能掩盖细小的缺陷显示。正式喷涂前，应先在无关的表面试喷，然后再正式喷涂。

非水基湿式显像也可采用浸、刷的方式涂覆，浸时要迅速，刷时笔要干净，且不能在同一部位反复刷涂。非水基湿式显像剂能牢固地贴附在试件表面上，且显像剂中的溶剂能渗入到缺陷中去，在其干燥挥发的过程中能帮助缺陷中的渗透剂扩展到试件表面上来，因此显像灵敏度高。非水基湿式显像法适合表面光洁、形状简单试件的检验，也适合大试件的局部检验和焊缝的检验。

非水基湿式显像剂的溶剂容易挥发，在空气中能快速干燥，这就节省了热空气循环烘箱或辅助加热。在显像过程中，溶剂加强了吸附功能，因此可明显提高渗透检测缺陷显示的可观察性。若使用得当，非水基湿式显像剂是目前灵敏度最高的显像剂之一。但非水基湿式显像剂的溶剂不是有毒就是易燃，使用中必须小心以避免过多吸入或意外引爆。散装的显像剂必须保存在密封的容器中。

（3）水基湿式显像　水基湿式显像分为水悬浮湿式显像和水溶解湿式显像两种。这两种类型的显像剂都有浓缩液和干粉供应，使用前应用水稀释到合适的浓度。水基湿式显像适合表面较光洁而形状较简单的试件。进行水基湿式显像的试件用水清洗后，可直接将显像剂施加在其表面上。施加方法可采用浸涂、浇涂或喷涂，但一般多用浸涂法。水基湿式显像在施加完显像剂并滴落后，应迅速进行干燥处理，干燥一般采用热循环空气烘干法，干燥的过程同时也是显像的过程。

随着显像剂膜层的干燥，缺陷渐渐地显示出来，这类似于干粉显像剂。水悬浮显像剂沉淀速度一般比较缓慢，为防止显像剂粉末沉淀，在浸涂过程中，还应不定时地搅拌。大多数水悬浮显像剂含有润湿剂，它能提供良好的润湿性能使显像剂材料充分覆盖试件表面。重复补充显像剂或添加水会破坏显像剂配比的平衡，其覆盖层会出现自断裂和脱离试件表面形成未被覆盖的区域。当显像剂不能提供合适的润湿性能时，就应废弃掉，并重新配制新的显像剂。水基湿式显像剂无毒、无气味、无粉尘，对人体健康无害、价格便宜、不需要设置较贵的安全设备。但水基湿式显像的干燥速度较慢，由于显像剂是流动的液体，在干燥固定之前会使显像剂填满凹坑区造成显像剂堆积而产生漏检。

（4）自显像　对灵敏度要求不高的渗透检测，比如铝合金砂型铸件、镁合金砂型铸件以及陶瓷类试件，常采用自显像工艺进行显像。一般来说，国内航空航天行业常用的自乳化水洗荧光渗透剂可以实行自显像。实施自显像工艺时要注意以下几点：

1）试件表面进行干燥后，停留的时间一般要较长一些，以便停留在缺陷中的荧光渗透剂有足够的时间往缺陷表面回渗。

2）采用的黑光灯的黑光辐照度要很高。自显像的时间范围一般为 10～120min，而受检试件表面的黑光辐照度应达到 $3000\mu W/cm^2$ 以上，这比一般有显像剂检测法所要求的在 15cm 处黑光灯的辐照度为 $1000\mu W/cm^2$ 要高得多。

3）自显像使用渗透剂的灵敏度等级需提高一级。

（5）其他显像方法　塑料膜显像剂法是在可剥性塑料膜上产生一个高清晰度的渗透显示，如果需要可作永久记录保存。塑料膜显像剂由分子量不同的有机聚合物组成，在选定的溶剂中溶解或分散。塑料膜显像剂把缺陷中的渗透剂溶解出来使之进入不定形的塑料膜中，在溶剂挥发后就凝固在里面。通常这种显像剂的使用与渗透剂颜色、浓度和厚度有关，有时可以添加颜料和粘结剂。

2. 显像温度和显像时间

显像温度一般为 10～40℃，水基湿式显像试件如需在烘箱中专门干燥，则烘箱中的温度不得大于 50℃。

不同显像剂的显像时间也是不同的。对干式显像剂来说，显像时间是指从施加显像剂的时间起到观察检查缺陷显示的时间段；对湿式显像剂而言，显像时间是指从显像剂干燥起到开始观察检查缺陷显示的时间段。显像时间的长短与显像剂种类、渗透剂种类、缺陷尺寸、试件表面温度、显像剂层的厚度及均匀性等因素都有关系。显像时间不能太长，也不能太短。显像时间太长，会造成缺陷的显示被过度放大，使缺陷图像失真，分辨力降低；而时间过短，缺陷内的渗透剂还没有被吸附出来形成缺陷显示，将造成缺陷漏检。溶剂悬浮式显像剂由于在显像过程中有机溶剂挥发较快，因此显像的时间应尽可能短。国内有关标准中规定，自显像的时间一般为 10 ~ 120min，其他显像剂的显像方法一般不低于 7min。

3. 显像剂覆盖层控制

渗透检测的显像过程利用了毛细作用，在施加粉状显像剂时，毛细作用使缺陷中的渗透剂通过显像剂粉末颗粒表面之间的微细通道移动。溢出表面的渗透剂薄膜厚度达到或高于荧光或着色显示的门槛值时，渗透剂的显示才会被观察到。因此，施加的显像剂薄层的最佳厚度与毛细管效率及其覆盖或吸附力有关。若显像剂的粉层太薄，缺陷较小时将不会吸出足量的渗透剂，不能形成显示；若显像剂的粉层太厚，会掩盖和削弱微小缺陷的显示，降低检测灵敏度。施加显像剂的最佳薄膜厚度取决于显像剂的性质和被检金属表面的特性。关于显像剂薄膜的厚度，着色渗透与荧光渗透是有差异的。着色渗透时，涂覆的程度要能看到透过试件表面稍微变暗的基底颜色；荧光渗透时，要能清楚地看到试件表面的基底颜色，即最好比着色渗透涂覆的显像剂要薄。无论用什么方法显像，施加在试件表面上的显像剂应薄而均匀，切不可在同一部位反复几次涂覆。

4. 干式显像和湿式显像比较

干式显像和湿式显像相比，干粉显像剂不附着在缺陷以外的部位，显像后经过长时间仍能保持清晰的缺陷轮廓图形，所以干式显像的显像分辨力较高，可以分辨出相互接近的缺陷，并且显示缺陷的荧光亮度比湿式显像高，容易识别缺陷。

湿式显像后，试件如放置较长时间，由于润湿作用，缺陷轮廓图形会扩展开来，使形状和大小都发生变化，在进行缺陷轮廓图形的等级分类时必须注意。但湿式显像剂易于吸附在试件表面上形成较厚、较致密的覆盖层，有利于形成缺陷显示并提供良好的背景，显示的对比度较高，检测灵敏度高。

5. 显像剂的选择原则

显像剂选择取决于渗透剂的种类和试件的表面状态。对着色渗透剂而言，对于任何表面状态，一般都应优先选用非水基湿式显像剂，然后才是水悬浮湿式显像剂；对荧光渗透剂来说，光洁干净的试件表面应优先选用非水基湿式显像剂，粗糙表面应优先选用干粉显像剂，其他状态表面应优先选用非水基湿式显像剂，然后依次是干粉显像剂、水悬浮湿式显像剂、水溶解湿式显像剂。但必须注意的是，干粉显像剂不适用于着色渗透检测系统，水溶解湿式显像剂不适用于水洗型渗透检测系统。

5.2.6 观察和评定

观察渗透显示一般应在施加显像剂后 7 ~ 120min 内进行。对溶剂悬浮式显像剂，一般应在喷涂显像剂后就开始进行观察，在环境温度较低的冬季可以适当延长显像的时间。

着色渗透检测时，缺陷显示的评定应在白光下进行，一般为白色背景，红色显示图像。通常试件被检表面处的白光照度应大于或等于 1000lx。在野外作业现场，采用喷罐着色渗透检测装置对大型设备内腔表面进行检测时，限于环境条件，白光照度无法达到 1000lx，检测光照度要求可以适当降低，但不得低于 500lx。

荧光渗透检测时，缺陷显示的评定应在暗处的黑光灯下进行，背景一般为蓝紫色或紫色，黄绿色显示缺陷图像。暗处的白光照度应不高于 20lx，对黑光灯的黑光辐照度的要求是：在距离黑光灯的 LED 灯泡或遮光罩玻璃 380mm 处，被检试件表面的黑光辐照度应不低于 $1000\mu W/cm^2$；自显像观察评定时，距离黑光灯 LED 灯泡或遮光罩玻璃 150mm 处被检试件表面的黑光辐照度应不低于3000μW/cm²。但在实际工艺操作过程中，只要黑光灯与试件被检表面的距离不影响观察评定，照射到试件表面处的黑光辐照度达到1000μW/cm²（自显像为3000μW/cm²）以上，都应该认为观察条件合适。而且，对于高辐照度的LED黑光灯，只要标准试块的灵敏度显示达到要求，现场不必要求有专门的暗场环境，在普通白光下也可进行观察和评定。

观察和评定时应注意的事项如下：

1）观察和评定人员在黑光灯下观察显示时，首先应该分辨显示是属于相关显示、非相关显示还是伪显示，只有判断是相关显示，才能进一步判断试件表面所出现显示的缺陷性质、缺陷形状、缺陷分布、缺陷尺寸及大小等，并记录及签发报告。辨别显示性质的方法是：用干净的脱脂棉球蘸一些工业酒精，将显示痕迹擦除掉，然后涂覆一薄层显像剂，如果显示仍能出来，一般该显示就可以判定为是相关显示；而如果再涂覆显像剂后先前出现的显示不再出来或出来的显示极微弱，即重复再现性差，一般该种显示不属于相关显示，而是伪显示。

2）从暗场环境进入到白光（着色）环境或从白光环境进入到暗场环境中时，人的眼睛要有3~5min的暗场适应时间。荧光渗透检测时，观察者应佩戴不变色的紫外线防护眼镜，以防止紫外线损伤眼睛及眼睛疲劳。观察评定过程中，要注意黑光灯及机加工光洁试件表面反射的紫外线不能直接射入人眼，否则会损伤眼睛，而且观察评定人员连续在黑光灯下的工作时间不能太长。

3）缺陷评定过程中，所有的显示一般要比引起显示的真实缺陷的尺寸大，但对受检试件作出渗透检测合格或不合格的结论时，以缺陷的相关显示尺寸作为评定依据，而不是真实缺陷的尺寸。在观察评定过程中对显示轮廓、细节及尺寸有疑义时，可以借助5~10倍的放大镜进行放大观察检查。

4）一般不能通过渗透检测确定缺陷的深度，但是可以根据显像过程中，显像剂层回吸渗透剂量的多少来大致判断缺陷的深度。因为缺陷越深，回吸渗透剂的量就越多，显示就越大，细节就越粗。

5）观察评定完毕后，应对被检试件加以区分标记，并做好检测结果的记录，标记时避免标记符号在后续搬运过程中受损，标记方法有打印法、拴标签法、染色法及化学腐蚀法等。

5.2.7 后处理

后处理是在渗透检测完成后，去除显像剂涂层、渗透剂残留痕迹及其他污染物的过程，由于存在残留物与试件材料之间的化学反应及固化黏结等问题，渗透检测结束后的后处理工序应及早进行。渗透检测残留物有的会对试件的后续工序产生影响，有的会在潮湿环境下产生腐蚀液对试件材料产生腐蚀，有的残留物中的有机碳氢化合物会与盛装液氧的箱体试件材料起化学反应，甚至会引起爆炸。所以，后处理工序十分必要，也很重要。

后处理的方法有许多种，下面介绍几种典型方法。

非水基湿式显像剂的后处理去除，可以先用湿布擦拭，再用干布擦除；也可以直接用干布或硬的毛刷擦除。对于螺纹根部、不通孔、裂纹等中残留物，可用加洗涤剂的热水喷洗，也可用超声波空化清洗法后处理。

干粉显像剂，由于其多黏结在湿显像液或其他液体处，可以采用普通自来水冲洗，用洁净干燥的压缩空气吹除残留物。

水溶解湿式显像剂残留物可以采用普通自来水直接冲洗或喷洗去除。

后乳化型渗透检测方法中，如果被检测试件数量不多，可先施加乳化剂乳化，而后再用水进行冲洗去除残留物。

水悬浮湿式显像剂残留物较难去除，因为显像过程经过了高温干燥，会使显像剂固化黏结在被检试件的表面上，去除时应先用有洗涤剂且有一定压力的热水喷洗，然后再用水冲洗完成。

对碳钢试件进行后处理时，为了防止试件后处理后生锈，清洗的水中应添加一些防锈剂（如硝酸盐或铬酸盐等），在清洗结束后还应再涂防锈剂防锈。镁合金材料试件的化学活性高，很容易被腐蚀，后处理时通常采用铬酸盐溶液进行清洗。

如出现下列情况之一，需进行复验：

1）检测结束时，用试块验证检测灵敏度不符合要求。

2）发现检测过程中操作方法有误或技术条件发生改变。

3）合同各方有争议或认为有必要复验。

当决定进行复验时，应对被检面进行彻底清洗。

5.3　典型的渗透检测方法

渗透检测方法主要可分为水洗型渗透检测法、后乳化型渗透检测法和溶剂去除型渗透检测法，还有其他一些特殊的渗透检测方法。

5.3.1　水洗型渗透检测法

水洗型渗透检测法包括水洗型着色渗透检测法及水洗型荧光渗透检测法两种。水洗型渗透检测的流程如图5-5所示。

水洗型荧光渗透检测是当前最广泛使用的渗透检测方法之一。它主要应用于锻铸坯料阶段机加工件和焊接件等的检验，适应于粗糙表面的试件和形状复杂的试件的检验。由于试件表面多余的渗透剂可以直接用水洗掉，因此该方法具有操作简单、费用低、检测灵敏度较高等优点。高灵敏度水洗型荧光渗透剂能检查出非常细致的缺陷。水洗型荧光渗透剂由于本身配方内含有表面活性剂，易受水分含量的影响，当渗透剂中水的含量超出允许的极限值时，就会出现混浊、分离、沉淀等现象；酸的污染也会影响检测灵敏度；采用此法对试件进行检测时，重复检测效果差，对浅而宽的开口缺陷不易发现。

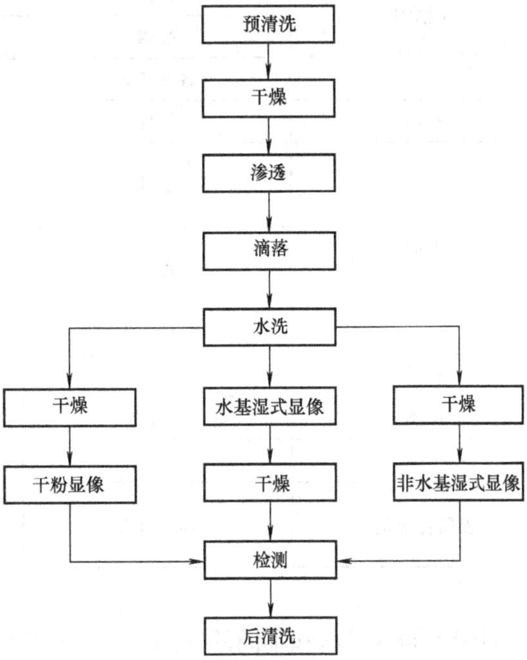

图5-5　水洗型渗透检测的流程

1. 水洗型渗透检测法的适用范围

1）检测灵敏度要求不高的试件。

2）检测螺纹试件、带键槽及不通孔试件。

3）检测开口窄而深的缺陷试件。

4）检测尺寸规格较大或表面积较大的试件。

5）检测表面比较粗糙（如砂型铸造件）的试件。

6）检测批量很大、对检测成本要求苛刻的试件。

7）检测那些对水腐蚀不敏感或敏感但很容易干燥处理的试件。

2. 水洗型渗透检测法的渗透时间与显像时间

试件的状态不同，缺陷的种类不同，所需渗透时间也不同。实际的渗透时间，需根据所用渗透剂型号、检测灵敏度要求或渗透剂制造厂推荐的渗透时间来具体制订；实际渗透时间还与渗透温度有关，当渗透温度改变较大时，应通过试验确定。表5-2所列为水洗型荧光渗透检测法的参考渗透时间。

表5-2 水洗型荧光渗透检测法的参考渗透时间（温度为16~28℃）

材料	状态	缺陷类型	渗透时间/min
铝、镁	铸件	气孔、裂纹、冷隔	5~15
	锻件	裂纹	15~30
		折叠	30
	焊缝	气孔、未焊透、裂纹	30
	各种状态	疲劳裂纹	30
不锈钢	铸件	裂纹、气孔、冷隔	30
	锻件	裂纹、折叠	60
	焊缝	裂纹、未焊透、气孔	60
	各种状态	疲劳裂纹	30
黄铜	铸件	裂纹、气孔、冷隔	10
青铜	锻件	裂纹	20
		折叠	30
	焊缝	裂纹	10
		未焊透、气孔	15
	各种状态	疲劳裂纹	30
塑料	—	裂纹	5~30
玻璃	玻璃与金属封严	裂纹	30~120
钨丝	—	裂纹	1~24h
硬质合金钢	焊接刀头	气孔、未焊透	30
		磨削裂纹	10

对于不同的材料和不同的缺陷来说，不仅渗透时间不同，而且显像时间也不同。表5-3所列为不同材料和缺陷的显像时间。

表5-3　不同材料和缺陷的显像时间

材　料	缺陷种类	显像时间/min	材　料	缺陷种类	显像时间/min
金属	疲劳裂纹	5~15	玻璃	裂纹	2~15
铝铸件	气孔、冷隔	2~10	塑料	所有缺陷	1~15
镁锻件	折叠	5~30	不锈钢锻件	折叠	5~30

3. 水洗型渗透检测法的优缺点

（1）水洗型渗透检测法的优点

1）操作简便，检测费用少。

2）适用于大批量试件的检测

3）较适合表面粗糙试件的检测，如锻件、铸件的检测；也适合螺纹、窄缝、键槽及不通孔等的检测。

（2）水洗型渗透检测法的缺点

1）灵敏度较低，易漏检。

2）重复试验再现性差。

3）如清洗不当易产生清洗不足或过清洗的现象，降低缺陷检出率。

4）配方复杂。

5）抗水污染能力低。

6）受酸和铬酸盐影响大。

5.3.2　后乳化型渗透检测法

后乳化型渗透检测法除了多一道乳化工序外，其余与水洗型渗透检测的过程完全一样。这种方法包括后乳化型着色渗透检测法及后乳化型荧光渗透检测法两种。

后乳化型渗透检测法大量应用于经机加工的光洁试件的检测，如发动机的涡轮叶片、压气机叶片、涡轮盘等机加工试件的检测。后乳化型渗透检测的灵敏度要高于水洗型渗透检测，重复试验效果好，能检查出浅而宽的开口缺陷。后乳化型渗透剂内不含有乳化剂，使得其化学稳定性好、渗透性能好、不易污染。由于后乳化型渗透检测多一道乳化工序，故操作周期长，检测费用大，对大型试件用此种方法检测比较困难。为了保证检测灵敏度，必须严格控制乳化时间。

1. 后乳化型渗透检测法的适用范围

1）存在磨削裂纹缺陷的试件。

2）有应力腐蚀裂纹、晶间腐蚀裂纹、疲劳裂纹等微小缺陷的在役试件。

3）开口浅而宽的缺陷。

4）检测灵敏度要求较高的试件。

5）表面阳极化、镀铬及有复查要求的试件。

6）被酸或其他化学试剂污染的试件。

7）机加工后，表面粗糙度值很小的试件。

后乳化型渗透检测法根据乳化剂的不同分为亲水性后乳化型渗透检测法和亲油性后乳化型渗透检测法两种。亲油性后乳化型渗透检测法的灵敏度要高一些，但其去除表面多余渗透剂比较困难。一般情况下，检测灵敏度和可去除性是矛盾的，检测灵敏度越高，可去除性就越差，反之亦然。承受高温高压的航空发动机涡轮叶片、发电机叶片、压气机叶片等要求极高的试件一般都采用后乳化型荧光渗透检测法检测。

亲水性后乳化型渗透检测流程如图 5-6 所示，亲油性后乳化型渗透检测流程如图 5-7 所示。

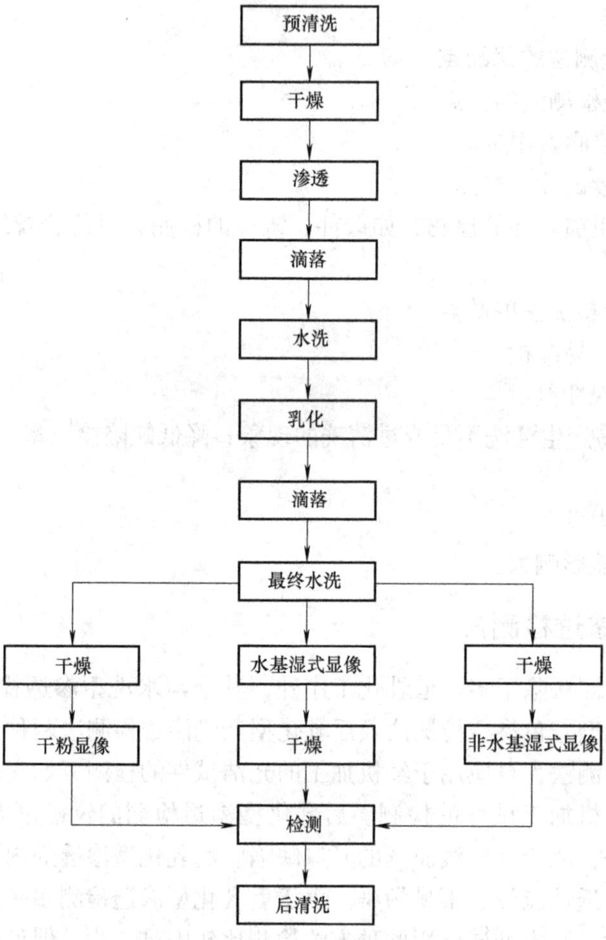

图 5-6　亲水性后乳化型渗透检测流程

后乳化型渗透检测法乳化时间的控制非常关键，表 5-4 所列为后乳化型荧光渗透检测法的渗透时间。

2. 后乳化型渗透检测法的优缺点

（1）后乳化型渗透检测法的优点

1）检测灵敏度高。

2）可检出浅而宽的缺陷。

3）渗透时间稍短。

4）抗污染能力强，水、酸及铬酸盐对其影响小。

5）检测的重现性好。

6）渗透剂稳定性好。

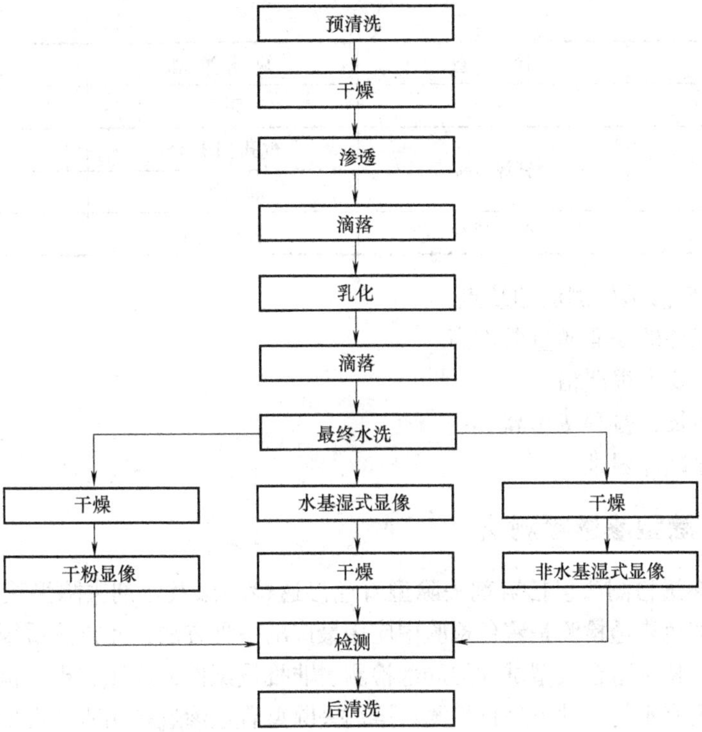

图 5-7　亲油性后乳化型渗透检测流程

表 5-4　后乳化型荧光渗透检测法的渗透时间（温度为 16～32℃）

材　　料	状　　态	缺 陷 类 型	渗透时间/min
铝、镁	锻件	裂纹、折叠	10
	焊缝	气孔、未焊透、裂纹	10
	各种状态	疲劳裂纹	10
不锈钢	精铸件	裂纹	20
		气孔、冷隔	10
	锻件	裂纹	20
		折叠	10～30
	焊缝	裂纹、未焊透、气孔	20
	各种状态	疲劳裂纹	20
青铜	铸件	裂纹	10
		气孔、冷隔	5
黄铜	锻件	裂纹	10
		折叠	5～15
	钎焊缝	裂纹、折叠、气孔	10
	各种状态	疲劳裂纹	10
塑料	—	裂纹	2
玻璃	—	裂纹	5

（续）

材　料	状　态	缺陷类型	渗透时间/min
玻璃与金属封接	—	裂纹	5~60
硬质合金钢	钎焊刀头	气孔、未熔合	5
		磨削裂纹	20
钛合金与高温合金	各种状态	各种缺陷	20~30

（2）后乳化型渗透检测法的缺点

1）对被检试件的表面质量要求高。

2）乳化工序要求很严格。

3）操作周期长，检测费用高。

4）检测大型试件困难。

5.3.3　溶剂去除型渗透检测法

溶剂去除型渗透检测法包括溶剂去除型着色渗透检测法及溶剂去除型荧光渗透检测法两种。溶剂去除型着色渗透检测是着色检验中应用最广的一种方法，此方法适用于表面光洁的试件和焊缝的检验，特别适合大型试件的局部检测、非批量试件的检测和现场检测，可对不允许接触水的试件在没有水的条件下进行检测。溶剂去除型着色渗透检测所需设备材料简单，不需要暗室和黑光灯，操作方便，单个试件检测速度快，检测灵敏度高，能检查出非常细小的裂纹，但对浅而宽的缺陷检查有一定的难度。相对于水洗型和后乳化型渗透检测法而言，该方法不大适合于批量试件的连续检测，所用的材料多数是可燃的，不宜在开口槽中使用。

溶剂去除型渗透检测的流程如图5-8所示。

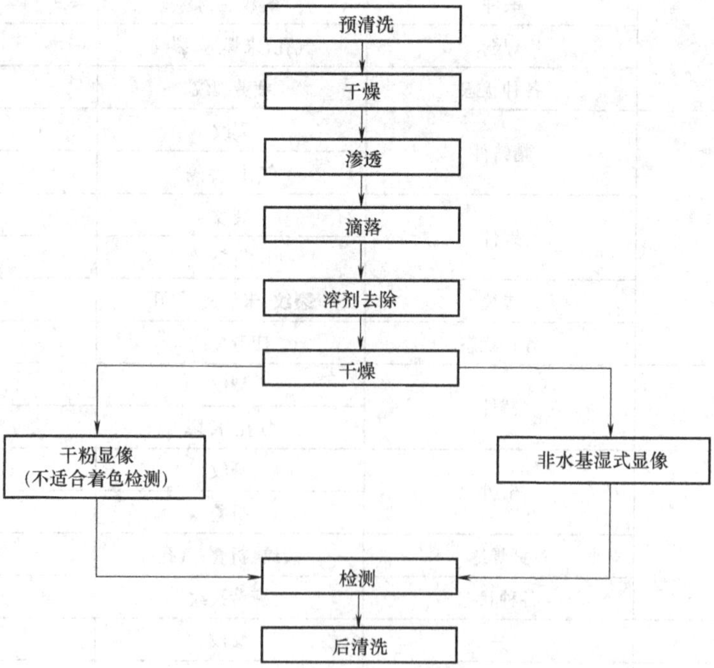

图5-8　溶剂去除型渗透检测流程

1. 溶剂去除型渗透检测法的适用范围

1）焊接件和表面光洁的试件。

2）大型试件的局部检测。

3）批量不是很大的试件的检测。

4）现场或野外及无水电条件下试件的检测。

5）由于渗透时间短，显像时间短，适用于对检测效率要求高的试件。

6）返修试件或怀疑有缺陷的试件的检测。

7）溶剂去除型着色渗透检测法对缺陷内容物的要求没有荧光渗透检测法那样严格，若配合以非水基湿式显像剂，检测灵敏度也会很高。

溶剂去除型渗透检测法多采用非水基湿式显像剂，具有较高的检测灵敏度。表5-5所列为溶剂去除型着色渗透检测法推荐的渗透时间。

表5-5　溶剂去除型着色渗透检测法推荐的渗透时间

材料和状态	缺陷类型	渗透时间/min	材料和状态	缺陷类型	渗透时间/min
各种材料	热处理裂纹	2	模铸件	气孔	3～10
	磨削裂纹、疲劳裂纹	10		冷隔	10～20
塑料、陶瓷	裂纹、气孔	1～5	锻件	裂纹、折叠	20
刀具硬质合金刀具	未熔合、裂纹	1～10	金属滚轧件	缝隙	10～20
合金模铸件	气孔	3～10	焊缝	裂纹、气孔	10～20

2. 溶剂去除型着色渗透检测法的优缺点

（1）溶剂去除型着色渗透检测法的优点

1）设备简单，携带方便，无需黑光灯和暗室。

2）操作方便，速度快。

3）适合外场和大型试件的局部检测。

4）可在无水电的场合进行检测。

5）缺陷污染对渗透剂影响较小。

6）有足够的检测灵敏度。

（2）溶剂去除型着色渗透检测法的缺点

1）所用材料易燃易挥发，不宜在开口槽中使用，安全性较差。

2）不适合大批量检测。

3）不太适合表面粗糙试件的检测。

4）去除表面多余渗透剂的操作要求严格，容易产生漏检。

5.4　特殊的渗透检测方法

特殊的渗透检测方法包括两个方面的内容，一是针对特殊的试件或试件的特殊要求，采用特殊的渗透、显像等方法，以达到对特殊试件检测的目的，或者满足试件特殊的检测要求；二是利用渗透检测的原理和方法实现非无损检测目的的其他检测功能。

1. 静电喷涂法

大型结构试件尤其是航空航天有色金属试件在进行荧光渗透检测时，受设备容量的限制，为了高效率、低成本地完成荧光渗透检测，一般采用静电喷涂法。

如图5-9所示，静电喷涂法是把被检试件接地作为正极，在喷枪枪头上装有负高压尖端放电电极，从喷枪喷出的荧光渗透剂或显像剂微粒，通过尖端放电而被带上负电，在高压静电场的作用下，被吸引到离喷头最近且接地良好的试件表面上。喷涂时，喷嘴与试件间的距离要正确控制，通常在200～300mm范围之内。操作正确时，可保证喷射量的70%以上全部落到试件上。在喷涂现场，除被喷涂试件外，操作者本人、喷射室的侧面以及试件附近的物品都是接地的，要注意不要让喷枪头接近它们，以免荧光渗透剂或显像剂喷到不应该喷涂的地方。

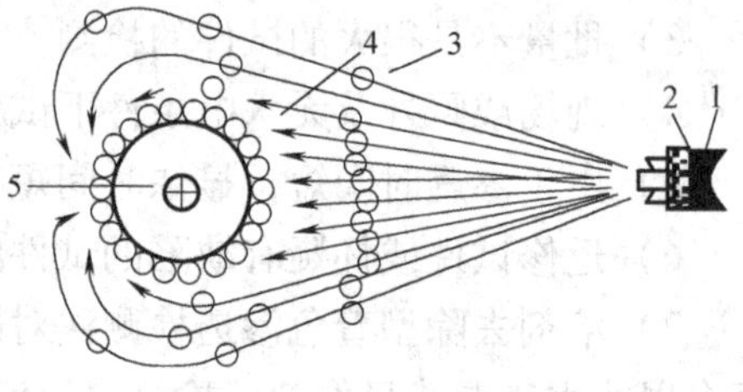

图5-9 静电喷涂

1—喷枪头 2—特殊电极 3—负电离子 4—静电场区 5—正极接地试件

荧光渗透剂在静电场的作用下吸附到试件表面上，因而与试件表面接触紧密，有利于渗入表面开口缺陷中去。荧光渗透剂喷涂后不再回收，因为每次喷出的都应为干净、未受污染的荧光渗透剂，保证了检测灵敏度的要求。显像剂通过静电喷枪能迅速地覆盖试件表面，并牢固地吸在试件上，这样更有利于显像。

静电喷涂时，喷涂荧光渗透剂、清洗试件、干燥试件和喷涂显像剂都可在同一工作台上进行，因此大大节省了占地面积。

静电喷涂法通常采用水洗型荧光渗透剂，操作过程与可水洗型荧光渗透检测相同。但该种方法使用的设备较复杂且费用较高，因此不能广泛采用。

2. 加载法

在荧光渗透检测过程中，采用机械加载方法对被检试件加上一定的应力载荷，使试件表面上的微小裂纹张开，从而使荧光渗透剂更方便地渗透进去，便于提高用普通荧光渗透检测法检测不出的微小裂纹的检出概率。该方法对如疲劳裂纹、应力腐蚀裂纹等在役设备试件缺陷的检测是非常有效的。

加载法通常有如下两种方式：

1）只是在试件进行渗透这道工序时慢慢地对试件加载，一直加载到规定的载荷力。裂纹张开后渗透剂渗入其中，然后解除载荷，以后各道工序都和普通方法相同，一般采用后乳化型渗透检测法。

2）在试件进行渗透和检测这两道工序中都施加载荷，通常不用显像剂，为自显像法。试件在加载的情况下进行检测，在反复载荷的作用下，裂纹一张一合，裂纹中的渗透剂也在紫外线照射下一闪一闪地发光，犹如星星闪烁一样，故这种加载法又称为闪烁法。

加载法通常用来检查发动机试件，如涡轮叶片、压气机盘、压气机长轴。这种方法需要特殊的夹具，而且要选择适当的加载方法，如叶片要加弯曲载荷，长轴要加扭转力矩，检查压气机盘样槽中的裂纹要加切向载荷。

加载法的效果虽然很好，但由于工序复杂且耗费时间，所以效率较低。

3. 超声波增渗荧光渗透检测

超声波增渗荧光渗透检测法用于荧光渗透检测，荧光渗透槽整个就是一个超声波清洗槽。超声波渗透槽底面和侧面内装有大功率超声波晶片，超声波发生器起动后，晶片产生高频振动，在液态的荧光渗透剂中产生超声波清洗效应的空化作用，激发溶解在荧光渗透剂中的空气迅速形成气泡，这些暂稳态气泡形成后便向液面上升浮起；随着液体压力减小，气泡内的相对气压增大，使气泡破裂产生冲击波，冲击波不断地冲刷试件表面，能在很短时间内对开口缺陷表面及开口缺陷内壁附近进行清洗，使缺陷变得越来越干净，从而使得荧光渗透剂对开口缺陷的渗透能力增强，渗入缺陷中的荧光渗透剂就越多，提高了渗透检测的灵敏度。该渗透检测工艺适合于检测质量要求极高的试件以及无法预清洗的试件。

4. 渗漏检验

渗漏检验是检测泄漏方法的一种，它利用渗透剂的强渗透性，从试件的一个面施加荧光渗透剂，在试件的另一侧表面观察渗透剂渗出的情况，从而检测试件有无穿透性缺陷。比如，在对砂型铸造铝合金铸件进行检测的过程中，可以采用此方法检查铸件疏松缺陷是否穿透。

渗漏检验法操作简单，只需在被检部位涂覆上渗透剂，一定的时间后在试件的对应面检验就行了，不需要清洗、干燥、显像等步骤。渗漏检验用的渗透剂多为荧光渗透剂，荧光渗透剂不必从试件表面上去除，故即使是粗糙的试件也可以采用高灵敏度的后乳化型荧光渗透剂。

渗漏检验所需的渗透时间比一般渗透检测的方法要长，渗透时间越长，检验效果越可靠，因此渗透时间最长可达12h以上。这种方法多用于密封容器的焊缝检验。

5. 着色荧光渗透检测法

着色荧光渗透剂既具有着色渗透剂的优点，又具有荧光渗透剂的优点，其操作过程与着色检验完全一样。不同的是缺陷的显示在白光下可以看见，通常为红色显示，在紫外线照射下也可发出明亮的荧光。着色荧光渗透检测法的缺陷显示可先在白光下进行检测，对试件上的重要部位或在白光下检测有怀疑的部位再在黑光灯下检测，即在白光下进行低灵敏度检测，在黑光灯下进行高灵敏检测。着色荧光渗透剂中的染料是一种能在白光下呈鲜红色又能在紫外线照射下发出荧光的特殊染料。

6. 水基荧光检验法

某些试件（如盛液态氧的导弹或火箭容器）不允许接触油类液体，即使量很少也不允许。因为液氧与油相遇后在静电或火星的作用下极易发生爆炸，所以禁止使用油基荧光渗透剂；又如某些塑料试件或橡胶试件，易与油类或煤油的分馏物起作用而被损坏，以上情况都需要用水基荧光渗透剂进行检验。

水基荧光渗透剂价格便宜、不可燃、无味、无毒，但用水作为渗透剂，渗透能力差、灵敏度不高、对试件有一定腐蚀性，故广泛应用受到限制。

7. 非标准温度范围的检测方法

当渗透检测不可能在标准或工艺规定的温度环境下完成时，必须对非标准温度环境下的检测方法做出鉴定。通常采用分体式铝合金裂纹试块进行鉴定，鉴定方法为：将分体试块的一部分在标准方法（含标准温度）下进行正常程序检测，记录试块上所显示的裂纹痕迹（包括裂纹显示条数、长度、宽度、分布等），然后将分体试块的另一部分在现场环境温度下进行检测，通过延长渗透时间、延长显像时间、多润湿试件表面等手段，进行渗透检测，然后也记录其检测结果，并对上述两个检测结果进行鉴定评价，最后作出非标准温度下检测方法、检测参数的调整，以达到最终能够检测的目的。

5.5 渗透检测方法的选择

渗透检测方法的选择，首先应该考虑的是试件缺陷类型和检测灵敏度。选择检测方法时必须考虑试件的表面粗糙度、数量、规格大小、检测现场的水电源等条件。还要考虑检测成本，这个成本不仅包括检测材料的费用，还包括检测时间、人员工时成本等。任何一种渗透检测方法的灵敏度级别、检测材料和工艺方法并不一定适合所有检测场合。灵敏度选择满足适用原则，即只要满足渗透检测要求的灵敏度，不必刻意提高灵敏度级别。在相同的条件下，荧光渗透检测法的检测灵敏度一般要优于着色渗透检测法。

对于细而小的裂纹、宽而浅的裂纹以及表面粗糙度值低的试件，适宜选用后乳化型荧光渗透检测法、后乳化型着色渗透检测法或溶剂去除型荧光渗透检测法。

对于磨削裂纹、疲劳裂纹、应力腐蚀裂纹、氢脆裂纹等，适宜选用后乳化型荧光渗透检测法或溶剂去除型荧光渗透检测法。

如果检测现场没有水源、电源，则适宜选用溶剂去除型着色渗透检测法。

对于表面粗糙度值较大且检测灵敏度要求较低的试件，适宜选用水洗型荧光渗透检测法或水洗型着色渗透检测法检测。

对于大型试件的局部检测，适宜选用溶剂去除型着色渗透检测法或溶剂去除型荧光渗透检测法。

对于数量极多的试件的检测，适宜选用水洗型荧光渗透检测法或水洗型着色渗透检测法。但水洗型着色渗透检测法灵敏度太低，除特殊情况外一般不宜使用。

另外，对于含铁、镍等元素的黑色金属铁磁性材料的试件，应优先选用磁粉检测法，一般不选用渗透检测法检测。

实际渗透检测过程中，可以允许以高灵敏度等级的渗透剂去代替低灵敏度等级的渗透剂，但不允许以低灵敏度等级的渗透剂去代替高灵敏度等级的渗透剂。

此外，选择合适的显像方法对保证渗透检测的灵敏度也是极其重要的。表面粗糙度值小的试件不适合采用干粉显像剂，所以一般采用湿式显像；表面粗糙度值大的试件，则适合于采用干粉显像剂显像；湿式显像的显像剂容易在试件的微小特殊部位聚集而掩盖缺陷显示；溶剂悬浮显像剂对微小裂纹的显示十分有效，且显像速度极快、灵敏度高，但对浅而宽的缺陷的显示效果较差，且缺陷显示的细节清晰度要差一些；自显像方法必须要经过大量工艺试验且经过有关部门评审通过后才能使用。

需要指出的是，通常经过着色渗透检测检验过的试件不允许再进行荧光渗透检测，因为残存在缺陷中的着色渗透剂会降低或熄灭荧光亮度，造成漏检。

各种渗透检测方法均有其优缺点，具体选择时应注意以下几个方面：

1）考虑检测缺陷的类型和灵敏度的要求。

2）考虑被检试件的大小、数量、表面粗糙度以及检测现场的水源、电源等情况。

3）灵敏度级别达到预期检测目的即可，并不是灵敏度级别越高越好。相同条件下，荧光渗透检测比着色渗透检测有更高的检测灵敏度。

4）灵敏度要与检测技术和检测费用综合考虑。

表5-6所列为渗透检测方法的选择指南。

表5-6 渗透检测方法的选择指南

对象	条　件	渗透剂	显像剂
预期检出的缺陷	浅而宽的缺陷、深度小于10μm的细微缺陷	后乳化型荧光渗透剂	水基湿式、非水基湿式；缺陷长度达几毫米以上，可用干式
	深度为30μm及30μm以上的缺陷	水洗型渗透剂 溶剂去除型渗透剂	水基湿式、非水基湿式、干式（只用于荧光）
	靠近或聚集的缺陷以及需观察表面形状的缺陷	水洗型荧光渗透剂 后乳化型荧光渗透剂	干式
被检试件	连续检测小批量试件	水洗型荧光渗透剂 后乳化型荧光渗透剂	湿式、干式
	间歇不定期检测少量试件及大试件、结构件的局部检测	溶剂去除型渗透剂	非水基湿式
试件表面质量	表面粗糙的锻、铸件	水洗型渗透剂	干式（只用于荧光）、水基湿式、非水基湿式
	螺钉及键槽的拐角处		
	车削、刨削加工面	水洗型渗透剂 溶剂去除型渗透剂	
	磨削、抛光加工面	后乳化型荧光渗透剂	
	焊缝及其他缓慢起伏的凹凸面	水洗型渗透剂 溶剂去除型渗透剂	
设备条件	试验场地无暗室	溶剂去除型着色渗透剂 水洗型着色渗透剂	水基湿式、非水基湿式
	无水、电设备场所、高空作业	溶剂去除型着色渗透剂	非水基湿式
其他	要求重复检验（最多重复5～6次）	溶剂去除型着色渗透剂 后乳化型荧光渗透剂	非水基湿式、干式
	泄漏检测	水洗型荧光渗透剂 后乳化型荧光渗透剂	自显像、干式、非水基湿式

复　习　题

5-1　渗透检测的基本步骤包括哪几个主要阶段？

5-2　渗透检测各个处理工序应注意哪些事项？

5-3　渗透检测前，为什么要对被检测面进行预处理？

5-4　清除试件表面的污物有哪些方法？各种方法应注意哪些事项？

5-5　施加渗透剂的方法有哪些？各种方法的适用范围是什么？

5-6　施加渗透剂时为什么要控制渗透时间及渗透温度？

5-7　去除工序的基本要求是什么？去除多余渗透剂的方法有哪些？各种方法应注意哪些事项？

5-8　根据清洗方式和显像方式的不同，该如何安排干燥工序？

5-9 干燥的方法有哪些？实际应用中如何选择这些方法？

5-10 什么是热浸技术？为什么不推荐使用热浸技术？

5-11 常用显像的方法有哪些？各有什么特点？

5-12 为什么要控制显像剂覆盖层厚度？

5-13 试比较干式显像和湿式显像的不同。

5-14 显像剂的选择原则有哪些？

5-15 观察和评定缺陷时应注意哪些事项？

5-16 后处理的方法有哪些？

5-17 在什么情况下需进行复验？

5-18 试写出水洗型渗透检测的工艺流程和适用范围。

5-19 试写出后乳化型渗透检测的工艺流程和适用范围。

5-20 试写出溶剂去除型渗透检测的工艺流程和适用范围。

5-21 选择渗透检测方法时应考虑哪些因素？试举例说明。

5-22 简述静电喷涂法的工作原理及优点。

5-23 简述加载法的工作原理及优点。

第6章　痕迹显示的解释和评定

痕迹显示的解释是指对观察到的显示（荧光显示或着色显示）进行分析，确定产生这些显示的原因及其分类的过程。渗透显示的精确显现受许多因素的影响，如渗透系统的选择、试件制造工序、采用的渗透检测技术以及前期检测对渗透显示的影响。检测人员必须通晓所用检测技术及其对渗透显示的影响，正确理解渗透检测过程。评定是指对不连续的严重程度按规定的质量验收标准进行审查。评定在解释之后进行，对材料或试件表面上观察到的所有相关显示需要进行测定、统计，根据指定的验收标准进行评级，对显示影响部件使用可靠性或安全性的程度作出评价，以便决定验收或拒收。

6.1　缺陷的基本知识

无损检测是指在不破坏材料的外形和性能的情况下，检测该材料的表面或内部结构（连续或不连续）和性能的技术。不连续性是指材料在机械、金属等物理特性方面缺乏均一性，可以用无损检测方法检测出来。缺陷是不连续性的一部分，但不连续性不一定是缺陷。通常把能够引起或可能引起材料在固性方面的中断或不连续性称为缺陷，它将降低材料的强度和工作特性。

缺陷可分为两类：一类是超标缺陷，国外用 Defects 表示，是因累计的影响（例如裂纹总长等）使材料或产品不能满足验收标准或技术要求的一种不连续性，即不合格性。另一类是对材料或产品的坚固性有不良影响但尚可容许的不连续性，称为容许缺陷，用 Flaw 表示。

在工程实践中，金属或其他材料在熔融焊接、冶炼铸造、滚轧锻造、机械加工和热处理等过程以及试件使用过程中都会产生缺陷。

6.1.1　焊接常见缺陷及其成因

1. 裂纹

焊接过程中或焊接以后，在焊接接头区域内出现的金属局部破裂称为裂纹。裂纹是一种面积型缺陷，也是焊接缺陷中危害性最大的一种。根据焊接生产中采用的钢种和结构类型的不同，可能遇到各种裂纹，如图6-1所示。裂纹可能产生在焊缝上，也可能产生在焊缝两侧的热影响区；有时产生在金属表面，有时产生在金属内部；还可能产生热影响区和焊缝的贯穿裂纹。根据裂纹的本质和特征，目前可以分为五种类型：热裂纹、冷裂纹、再热裂纹、层状撕裂及应力腐蚀裂纹。

（1）焊接热裂纹　在焊接过程中，焊缝和热影响区金属冷却到固相线附近的高温区时产生的焊接裂纹称为焊接热裂纹。焊接热裂纹的特征是沿奥氏体晶界开裂，属于沿晶或晶界裂纹。结晶裂纹是焊接热裂纹常见的一种。焊缝结晶过程中，在固相线附近，由于凝固金属的收缩，残余液体金属不足，在应力的作用下沿晶出现的裂纹称为结晶裂纹。结晶裂纹表面无金属光泽，带有氧化颜色，焊缝表面的宏观裂纹中往往填满熔渣。结晶裂纹产生的原因是焊缝金属的结晶后期，熔点较高的纯金属已凝固成晶粒，残留的低熔点共晶被排挤到晶粒的交界处，存在于晶粒之间形成“液态薄膜”割开了晶粒之间的联系，由于先凝固的焊缝金属收缩，使焊缝中心部位受到一定的拉伸应力，焊缝中心部位的“液态薄膜”在拉伸应力的作用下形成结晶裂纹。

（2）焊接冷裂纹　焊接冷裂纹是在焊后冷至较低温度时产生的，是指焊接接头冷却到材料的马氏体转变点 *Ms* 以下产生的裂纹。焊接冷裂纹主要产生在中、高碳钢和低合金高强度钢等可以发生马氏体相变的钢中。不发生马氏体相变的奥氏体不锈钢、镍基合金和有色金属中不会发生焊接冷裂纹。焊接冷裂纹有时在焊后立即出现，有时推迟几个小时甚至更长时间才出现。这种焊接后经过一段时间才产生的裂纹为延迟裂纹。焊接冷裂纹根据裂纹分布特点可分为焊道下裂纹、焊趾裂纹、焊缝根部裂纹和横向裂纹等。其中横向裂纹起源于熔合线，其垂直于焊道扩展，横贯母材与焊缝金属，向热影响区扩展。焊接冷裂纹的产生主要与焊接接头的含氢量、所承受的拘束应力状态以及材料淬硬倾向有关，是三个因素相互作用的结果。

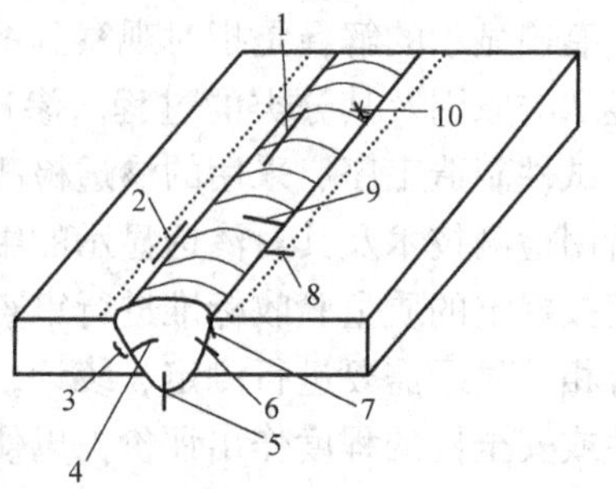

图 6-1　各种裂纹的分布情况
1—焊缝上纵向裂纹　2—焊接热影响区纵向裂纹　3—焊道下裂纹　4—焊缝内晶间裂纹　5—焊缝根部裂纹　6—焊接热影响区焊缝贯穿裂纹　7—焊趾裂纹　8—焊接热影响区横向裂纹　9—焊缝上横向裂纹　10—弧坑裂纹

（3）层状撕裂　焊接带有分层夹杂物（硫化物、氧化物）的轧制钢材时，在垂直夹层的焊接应力作用下，出现平行于轧制方向的阶梯形裂纹称为层状撕裂。层状撕裂主要是由于钢材的内部存在有分层的夹杂物（沿轧制方向），在焊接时产生的垂直于轧制方向的应力使在热影响区或稍远的地方产生“台阶”式层状开裂。层状撕裂属于低温开裂，一般低合金钢撕裂的温度在 400℃以下，主要发生在厚壁结构的 T 形接头、十字接头和角接接头上。

（4）再热裂纹　某些含有沉淀强化元素的厚板钢材，焊后消除应力退火或在一定温度（低合金钢为 320 ~ 720℃，高温合金钢为 700 ~ 900℃）下使用，在焊接热影响区的粗晶部位发生的裂纹称为再热裂纹。由于这些裂纹是在重新加热的过程中产生的，故称再热裂纹或消除应力处理裂纹。再热裂纹是由晶界优先滑动导致微裂形核发展而来的，也即在焊后加热或高温使用过程中，接头发生了残余应力松弛，在粗晶区应力集中部位的某些晶界滑动变形超过了该部位的塑形变形能力而产生的。

应力腐蚀裂纹缺陷及其成因见 6. 1. 6 小节。

2. 气孔

气孔是气体在焊缝中形成的孔洞。气孔是焊缝中常见的一种缺陷，它的存在会使焊缝截面减小、强度降低，应力集中，导致焊接件过早失效。焊接气孔形成的原因是熔池金属在高温时吸收了过多的气体（如氢气、氮气）或熔池内部冶金反应产生气体（如一氧化碳和水蒸气），这些气体在熔池冷却凝固过程中来不及逸出，而在焊缝内部或表面形成了孔穴。焊缝有表面气孔、内部或根部气孔，也有贯穿性气孔；从分布上看有单个气孔、密集气孔、链状气孔和虫状气孔等，如图 6-2 所示。

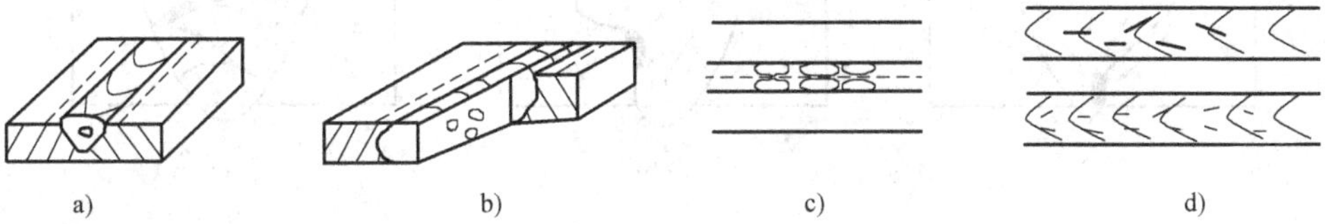

图6-2　气孔示意图

a）单个气孔　b）密集气孔　c）链状气孔　d）虫状气孔

3. 夹渣

焊接冶金反应产生的、焊后残留在焊缝中的非金属夹杂物（如氧化物、氮化物、硫化物等）统称为夹渣，如图6-3所示。夹渣是由于焊接规范不当，如焊接电流过小、焊速过快等，使焊缝金属冷却太快，夹杂物来不及浮出，以及试件焊前清理不好，多层焊的前一层熔渣未清理干净等原因而产生的。

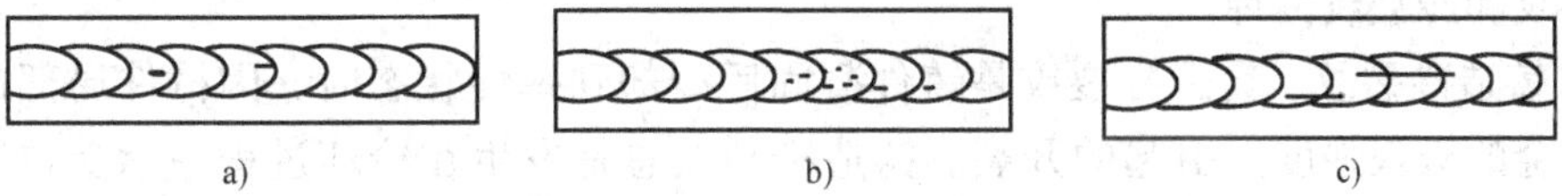

图6-3　夹渣

a）点状夹渣　b）密集夹渣　c）条状夹渣

4. 未焊透

焊接接头中，焊缝金属与母材间未被电弧熔化而留下空隙称为未焊透，如图6-4所示。它出现在坡口根部，常成为根部未焊透。产生未焊透缺陷的原因有焊接不规范、电流太小、焊速太快；操作工艺不当、焊条偏于一边；坡口尺寸不对、留间隙太小或坡口表面不清洁等。

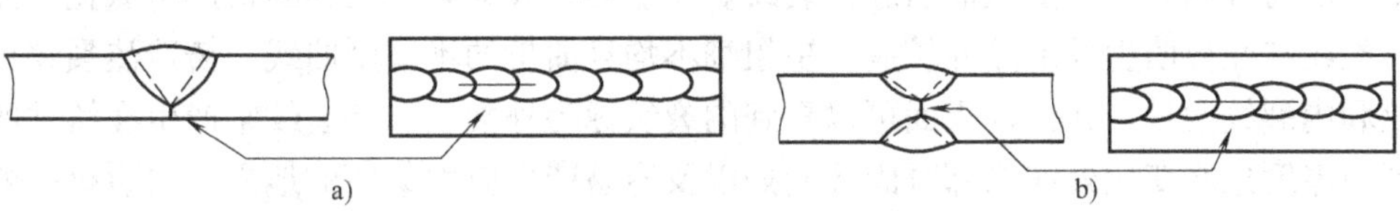

图6-4　未焊透示意图

a）单面焊　b）双面焊

5. 未熔合

熔焊时，焊道与母材之间或焊道与焊道之间未完全熔化结合的部分；点焊时，母材与母材之间未完全熔化结合的部分，统称为未熔合，如图6-5所示。根据其发生部位可分为根部未熔合、层间未熔合和坡口未熔合。未熔合产生的原因有：母材坡口或先焊的焊缝金属表面有铁锈，熔渣或脏物未清理干净，焊接时又未能将其熔化；电流过小或焊速太快，由于热量不足致使母材坡口或先焊的焊缝金属未得到充分熔化；焊接件散热速度太快，或起焊处温度低，使母材的开始端未熔化等。

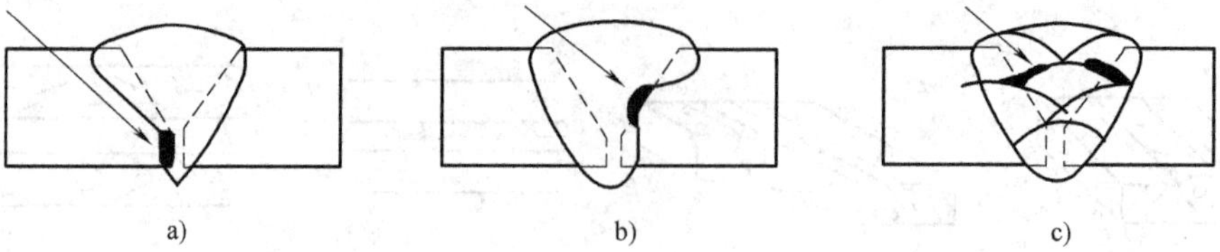

图6-5 未熔合

a）根部未熔合 b）坡口未熔合 c）层间未熔合

6.1.2 铸造常见缺陷及其成因

铸造工艺过程复杂，影响铸件质量的因素很多，由于原材料控制不严、工艺方案不合理及生产操作不当等原因，会使铸件产生各种铸造缺陷。

1. 铸造裂纹

铸造裂纹是铸造金属液在接近凝固温度时，相邻区域冷却速度不同而产生了内应力；在凝固收缩过程中，由于内应力作用而产生的一种线状缺陷。根据裂纹生成的原因及特点，可分为热裂纹和冷裂纹两种。

（1）铸造冷裂纹 铸造冷裂纹是铸件凝固后冷却到弹性状态时，因铸件局部的铸造应力大于合金的极限强度而引起的开裂。铸造冷裂纹总是发生在冷却过程中承受拉应力的部位，特别是拉应力集中的部位，如铸件内转角、缩孔、非金属夹杂物等处附近。结构复杂、壁厚不均匀的铸件容易产生铸造冷裂纹。铸造冷裂纹常穿过晶体，而不是沿晶界断裂，断口呈金属光泽或呈轻微氧化色泽，断口形状与普通抗拉试棒断口相似，一般在较低温度下产生。

产生铸件冷裂纹的原因是铸件内部应力过大，或者铁水中的硫、磷含量过高，增加了脆性，在落砂、清理、搬运及热处理等工序中，受到振动、捶击或加热速度过大等引起开裂，或者铸件中夹杂物缩孔、气孔和粗大树枝晶造成应力集中。

（2）铸造热裂纹 铸造热裂纹是铸件在凝固末期或凝固后不久尚处于强度和塑性很低状态下，因铸件固态收缩受阻而引起的裂纹。铸造热裂纹缺陷特征为断口严重氧化，无金属光泽，裂纹在晶界萌生并沿晶界扩展，呈粗细不均且曲折的不规则曲线。铸造热裂纹可分为外裂纹和内裂纹两种。在铸件表面可以看到的裂纹称为外裂纹。外裂纹常产生在铸件的拐角处、截面厚度急剧变化处或局部凝固缓慢处以及容易产生应力集中的地方。内裂纹一般出现在铸件内部最后凝固的部位，有时出现在缩孔的下部。

产生铸件热裂纹的根本原因是铸件的凝固方式和凝固时期铸件的热应力和收缩应力。金属液接近凝固温度时，收缩量较大，塑性较差，铸件自由收缩受阻而造成铸造热裂纹。

2. 气孔

气孔出现在铸件内部或表层，截面形状呈圆形、椭圆形、梨形、蠕虫状或针头状，一般为孤立存在或成群分布的孔洞。气孔孔壁比较光滑而发亮，具有金属光泽，颜色有时发蓝，有时发暗。由于气体的来源和形成原因不同，气孔的表现形式也各不相同，有侵入气孔、析出气孔和反应气孔等。

（1）侵入气孔 缺陷特征数量较少，尺寸较大，内表面光滑，形状有梨形和椭圆形，产生在铸件的局部，有时显露在铸件表面。侵入气孔主要是由铸型或砂芯在高温金属液体的热作用下产生的气体侵入金属液体而形成的。如在砂型中，当砂型或泥芯产生的气体压力超过金属液体对气体的阻力时气体进入金属液体中。特别是砂型或泥芯局部过湿或金属液体钻入通气孔，就会形成侵入气孔。梨尖一般指向气体侵入的方向。侵入的气体一般为水蒸气、一氧化碳、氮气和碳氢化合物等。

（2）析出气孔　这种气孔多而分散，多呈细小的圆形、椭圆形或针状，往往出现在铸件的厚大断面上或热节处，经加工后显露。由于在熔炼过程中，金属液吸收的气体在凝固前未能全部析出，因此在铸件中形成许多分散的小气孔。析出气孔主要是氢气孔和氮气孔。铝合金的吸气性较大，铸件的析出气孔通常表现为针孔。

（3）反应气孔　反应气孔常出现在球墨铸铁件上，也称为皮下气孔，主要出现在铸件表层皮下2~3mm处，孔径约1~3mm，数量较多，铸件经热处理去除氧化皮后就会显露出来。金属液内的反应气孔形成情况有两种：一种是金属与夹渣相互作用而产生的（常称为渣气孔），另一种是金属液内各组成成分之间相互作用而产生的。另外，高温金属液注入铸型后，与型砂（芯）混合料冷铁或型芯撑等发生化学反应生成气体而形成气孔，这类气孔主要是金属液与外部因素之间的化学反应而产生的。

3. 夹杂

铸件夹杂缺陷是指铸件内部或表面存在的，和基本金属成分、性质不同的夹杂物。这类缺陷有金属或氧化膜夹杂物、夹渣和砂眼等。

（1）金属或氧化膜夹杂物　金属夹杂物是指铸件在铸造加工后出现的形状不规则、大小不等，以及成分、色泽、性能不同于基体金属的其他金属或金属间化合物夹杂。其形成原因是在熔炼过程中，由于熔炼温度太低，或中间合金加入后未完全熔化，这些中间合金以小颗粒的形式随金属液被带入铸件型腔中而产生金属夹杂物。氧化膜夹杂物是铸件表面或内部有金属液充型时形成的氧化膜，如铝合金铸锭中存在的主要由氧化铝形成的非金属夹杂。氧化膜的存在会破坏金属的连续性，降低产品性能。易产生氧化膜缺陷的金属有铝合金、纯铜及球墨铸铁等。

（2）夹渣　夹渣是指铸件内部或表面有外来的非金属化合物。夹渣缺陷产生的原因有：在熔炼或精炼过程中产生的颗粒状的渣没有清除干净，浇注到铸型中形成夹渣；金属液中含有大量的易氧化金属元素，如镁、稀土等，比较容易形成氧化物渣（如氧化锰、氧化硅、氧化铁等）；金属熔炼过程控制不当、熔炼温度低，都易形成夹渣。

（3）夹砂、砂眼　夹砂是砂型表层受热膨胀而造成的铸件缺陷。湿型平板类铸造铸件产生夹砂是很常见的。在浇注过程中，铸型上表面受热膨胀或由于型砂热导率低，砂型型壁各层间膨胀不均匀而产生内应力，形成夹层，故造成夹砂缺陷。铸件内部或表面充塞着型（芯）砂的小孔，称为砂眼。砂眼产生的原因主要是在浇注前型腔内的散砂没有清理干净或浇注过程中型砂掉落，浇注成铸件后在铸件中形成砂眼。

4. 缩孔与缩松

在铸件的厚断面、热节处或轴心等最后凝固的地方形成表面粗糙的孔洞，并且或多或少带有树枝状结晶，孔洞大而集中的称为缩孔，小而分散的称为缩松。疏松又称为显微缩松，是铸件凝固缓慢的区域因微观补缩通道堵塞，而在枝晶间及枝晶的晶臂之间形成的细小空洞。缩孔与缩松主要是由于金属液在冷却凝固时产生的液态收缩与凝固收缩远大于固态收缩，并在铸件最后凝固的地方得不到金属液的补充而造成的。缩孔外形不规则，表面粗糙，产生在铸件热节和最后凝固部位，常伴有粗大树枝晶；缩松与疏松断口呈海绵状，常产生在铸件厚大部位，不遍布整个铸件，缩松与疏松无严格分界，只是程度有差别。

5. 冷隔

金属液充型后，在金属液的交接处融合不好，而且在铸件中产生穿透的或不穿透的缝隙，这些缺陷称为冷隔。形成冷隔的原因有铸型模具温度过低、浇注系统设计不合理、浇注温度过低、合金液压头过小及流速过低等。

6.1.3 锻造常见缺陷及其成因

锻造过程中常见的缺陷有折叠、锻造裂纹、分层及白点等。

1. 折叠

折叠是金属变形过程中已氧化过的表层金属汇合到一起而形成的。它可以是由两股（或多股）金属液对流汇合而形成的；也可以是由一股金属液的急速大量流动将邻近部分的表层金属带着流动，两者汇合而形成的；也可以是由于变形金属发生弯曲、回流而形成；还可以是部分金属局部变形，被压入另一部分金属内而形成的。折叠不仅减小了试件的承载面积，而且工作时由于此处的应力集中往往成为疲劳源。

折叠形成的原因是当金属坯料在轧制过程中，由于轧辊上的型槽定径不正确，或因型槽磨损面产生的毛刺在轧制时被卷入，形成和材料表面成一定倾角的折缝。对于钢材，折缝内有氧化铁夹杂，四周有脱碳，折叠若在锻造前不去掉，可能引起锻件开裂。

2. 锻造裂纹

锻造裂纹通常是由于锻造时存在较大的拉应力、切应力或附加拉应力引起的。裂纹发生的部位通常是坯料应力最大、厚度最薄的部位。如果坯料表面和内部有微裂纹，或坯料内存在组织缺陷，或热加工温度不当使材料塑性降低，或变形速度过快、变形程度过大，超过材料允许的塑性指标等，则在镦粗、拔长、冲孔、扩孔、弯曲和挤压等工序中都可能产生裂纹。

3. 分层

钢板由板坯轧制而成，而板坯中的缩孔、夹渣等在轧制过程中未密合而形成的分离层即为分层。铸坯内部疏松、缩孔、中心偏析、中心线裂纹等质量缺陷是造成板材分层的主要原因。

4. 白点

白点是在氢和相变时的组织应力以及热应力的共同作用下产生的，当钢中含氢量较多和热压力加工后冷却（或锻后热处理）太快时较易产生。白点的主要特征是在钢坯的纵向断口上呈圆形或椭圆形的银白色斑点，在横向断口上呈细小的裂纹。白点的大小不一，长度为1～20mm或更长。白点在镍铬钢、镍铬钼钢等合金钢中常见，普通碳钢中也有发现，是隐藏在内部的缺陷。

用带有白点的钢锻造出来的锻件，在热处理时（淬火）易发生龟裂，有时甚至成块掉下。白点会降低钢的塑性和试件的强度，是应力集中点，它像尖锐的切刀一样，在交变载荷的作用下很容易变成疲劳裂纹而导致疲劳破坏。所以锻造原材料中绝对不允许有白点。

6.1.4 机械加工常见缺陷及其成因

机械加工常见缺陷是磨削裂纹。磨削裂纹是指试件在磨削加工时，当残余应力超过试件材料的强度极限时，试件表面出现的裂纹。磨削裂纹极浅，呈网状、放射状或垂直于磨削方向。在磨削加工或使用过程中，由于去除了表面极薄金属层后，残余应力失去平衡而形成微小裂纹，这些微小裂纹在交变载荷作用下将扩展开来形成宏观裂纹。磨削裂纹不但影响试件的外观，更重要的是还直接影响试件的质量。

6.1.5　热处理常见缺陷及其成因

1. 淬火裂纹

淬火裂纹是试件在热处理淬火过程中产生的裂纹。试件的尖角、棱角部分是淬火应力最为集中的地方，往往是淬火裂纹的起点；厚薄悬殊的试件，在淬火冷却时，由于冷却不均匀而造成的变形、开裂倾向较大。淬火裂纹可在热处理冷却过程中产生，也可在试件刚从介质中取出时或在存放一定时间后产生。

2. 回火裂纹

回火裂纹是指淬火后回火时，因急热冷或快速加热组织变化较快而形成的裂纹。高碳钢、高合金钢淬火后的回火裂纹的产生比例较高，尤其在回火二次硬化的钢种中，如 Cr12、Cr12MoV、H13 和高速钢等。

6.1.6　在役试件常见缺陷及其成因

1. 疲劳裂纹

金属构件在交变载荷作用下，可能在应力集中区产生的裂纹称为疲劳裂纹。疲劳裂纹常出现在有刀痕、划伤、刻痕及表面缺陷部位。金属构件表面状态、应力集中及构件工作载荷都是疲劳裂纹产生的原因。

2. 应力腐蚀裂纹

金属材料在某些特定介质和拉应力共同作用下所产生的延迟破裂，称为应力腐蚀裂纹。它是由于残余应力或拉伸应力的存在，金属材料受到腐蚀介质（酸、碱、盐等）的侵蚀而产生的。应力腐蚀裂纹的分布如同疏松的网状或龟裂形式，断断续续，而且以近视横向的裂纹占多数。

6.2　痕迹显示的分类

渗透检测所得到的显示（又称为痕迹、痕迹显示）是判别缺陷或不连续存在的依据，但并非所有的显示都是由缺陷或不连续引起的。痕迹的解释是对观察到的显示进行分析研究，确定这些显示产生的原因，即确定显示是由缺陷引起的，或是由于试件的结构等不相关原因引起的，或仅是由于表面未清洗干净而残留的渗透剂，或由于某种污染引起的虚假缺陷显示。一般而言，如果采用荧光渗透剂且在黑光（紫外线）照射下检测，则完好部位呈现深紫蓝色，而不连续处发出明亮的黄绿光；此荧光强度与截留在缺陷中的渗透剂容量和浓度有关。如果采用着色渗透剂在普通白光下检测，则由显像剂形成白色本底，而缺陷处便形成了可见的红色指示，色泽浓密与缺陷截留渗透剂容量密切相关。

渗透检测后，对观察到的不连续的显示进行分析，确定显示的形成原因和显示的量值。显示的量值可用来估计不连续的量值，显示的宽度和亮度可用来大致度量不连续的深度。裂缝越深，截留的渗透剂越多，其宽度越大或亮度越高；非常细微的开口，只能截留少量的渗透剂，因而呈细微的浅状显示。

痕迹显示一般可分为相关显示、非相关显示和虚假显示三种类型。

1. 相关显示

相关显示是指由缺陷或不连续引起的显示，是缺陷或不连续存在的标志。渗透检测中常见的缺陷有裂纹、气孔、夹杂、疏松、折叠、冷隔、分层、未熔合和未焊透等。在渗透检测过程中分析产生相关显示的原因，对显示影响构件使用安全性的程度作出评定，关键在于渗透检测人员。检测人员必须熟悉所用的检测方法，熟知材料、制造加工工艺，了解材料的各种缺陷特征和制造加工中可能产生哪些缺陷，同时具备有关在役构件失效方面的知识，尽可能使检测评定结果准确可靠。

2. 非相关显示

非相关显示是指不是由缺陷或不连续引起的显示，非相关显示不作为渗透检测评定的依据。根据造成非相关显示的原因不同，主要分为以下三类：

1）由试件的加工和装配造成的非相关显示。例如装配压印、铆接印和电焊时未焊接部位所产生的显示。

2）由试件的结构外形的间断引起的非相关显示。例如键槽、花键和装配接合缝等引起的显示，这类显示常发生在试件的几何不连续处。

3）由于机械损伤、划伤、刻痕、凹坑、毛刺、焊斑或松散的氧化层等引起的非相关显示。

引起非相关显示的原因一般用肉眼目视检测来证实，或擦去显像剂后直接观察试件的表面，确定其形成的原因。

3. 虚假显示

虚假显示是指由于试件表面被渗透剂污染而引起的渗透剂显示，这种显示是由于操作或处理方法不适当产生的，故也常将这类显示称为伪缺陷显示。产生虚假显示的主要原因为：操作者的手被渗透剂污染，在试件表面显示手指印纹；在被渗透剂污染的检验工作台上检测试件；使用被渗透剂污染的显像剂；被渗透剂污染的擦布或棉花纤维引起的纤维绒毛印；清洗时，渗透剂飞溅到干净的试件上；试件筐、吊具上残留的渗透剂与已清洗干净的试件相接触而造成的污染；试件上缺陷处渗出的渗透剂污染了相邻的被检试件。

从显示的特征上来分析，虚假显示是较容易判别的。用蘸有少量清洗剂的棉球擦拭，快速施加显像剂补充显像，如再次出现显示，则为相关显示；用放大镜观察，如有划痕、刻痕等，则为非相关显示。虚假显示很容易擦去，且不会重新出现。同时可结合试件的结构形状来排除非相关显示。

影响渗透检测的痕迹显示解释的因素如下：

（1）渗透检测剂系统的选择　渗透检测剂系统中，渗透剂和显像剂的选用决定渗透检测方法的灵敏度，为了达到最佳检测效果，应选择合适的渗透检测剂系统。

（2）试件制造工序　试件的前道工序（如机加工、热处理等）会较大程度地影响渗透显示。金属制造工序对渗透显示的影响见表6-1。为确保渗透检测的有效性，要合理安排工序。工序安排总的要求如下：

1）渗透检测一般紧接在最容易产生缺陷的工序后进行。

2）渗透检测应在表面处理（喷漆、阳极化、电镀等）之前、热处理之后进行。

3）如果需要两次以上的热处理，可在温度较高的一次热处理之后进行。

4）要求对试件进行腐蚀检验时，渗透检测应紧接在腐蚀工序之后进行。

5）矫直、磨削、焊接、机械加工这些容易产生裂纹或暴露出内部存在缺陷的操作，渗透检测应在这些操作完成后进行。

6）渗透检测通常在喷丸强化、研磨操作之前进行，如果喷丸、研磨之后要求检测，则应进行腐蚀处理使表面开口充分暴露出来后进行检测。

表6-1　金属制造工序对渗透显示的影响

工序	对缺陷的影响	非相关显示
研磨、珩磨	开口将堵塞	油和油脂可能发出的荧光
锻造	局部折叠封闭	氧化皮保持的渗透剂
喷丸	开口封闭	
铸造或焊接		粗糙表面保持的渗透剂
磨光	金属流线覆盖缺陷	
热处理		氧化皮保持的渗透剂
喷漆或电镀	开口被填充满	
阳极处理	荧光减弱	氧化疏松吸收的渗透剂
铬盐酸处理	荧光减弱	
不通孔粗加工		难以清除多余的渗透剂

使用过的试件应去除表面积炭层、氧化层、涂层或漆层后才能进行渗透检测。但阳极化层可不去除，直接进行渗透检测。完整无缺的脆漆层可不必去除直接进行渗透检测，如果在脆漆层发现裂纹，可去除裂纹部位及其附近的漆层再用渗透检测检查基体金属上有无裂纹。

（3）前期检测对渗透显示的影响　试件进行磁粉检测后，缺陷可能被磁粉充满或堆积，因此在渗透检测时缺陷无法检出。经过着色渗透检测的试件，再进行荧光渗透检测时，由于颜色吸收入射的紫外线，荧光会减弱甚至熄灭而影响检测灵敏度，从而造成缺陷漏检。荧光渗透可以检出的缺陷接着进行着色渗透检测时，会因荧光渗透剂影响着色渗透剂的可见度而使缺陷漏检。因此，如果试件在前期用其他方法进行过检测，则必须将试件彻底清洗后才能进行渗透检测。

（4）采用的渗透检测技术　被检试件的表面状态、试件或渗透剂的温度、渗透和清洗时间、显像时间及检测条件等都会影响渗透检测灵敏度，同时也会影响渗透检测的痕迹显示。

6.3　缺陷显示的分类

渗透检测的缺陷显示受各种因素的影响，渗透痕迹是在渗透剂渗入表面开口后才会显现出来的。缺陷显示的分类一般是根据显示的形状、尺寸和分布状况进行的。不同的渗透检测验收标准对缺陷显示的分类也不尽相同。在实际工作中，应根据被检试件采用的渗透检测的质量验收标准进行分类。下面简要介绍一下常见的分类方法。

1. 连续线状显示

连续线状显示通常是指长度（L）与宽度（B）之比大于3的缺陷显示。如图6-6a所示，一条裂缝的渗透指示往往呈连续的线状，其宽度和荧光的亮度或色泽取决于裂缝中渗透剂的容量。由于裂缝断面形状不同，故其线状指示可能非常直，或者参差不齐。铸件表面上的冷隔也呈连续的线状，但一般较狭窄，这是由于冷隔是两股金属流汇合时未完全熔合为一体所致；冷隔的渗透指示轮廓大多平滑，但不呈锯齿状。锻件的折叠，也可能形成连续的线状渗透指示。

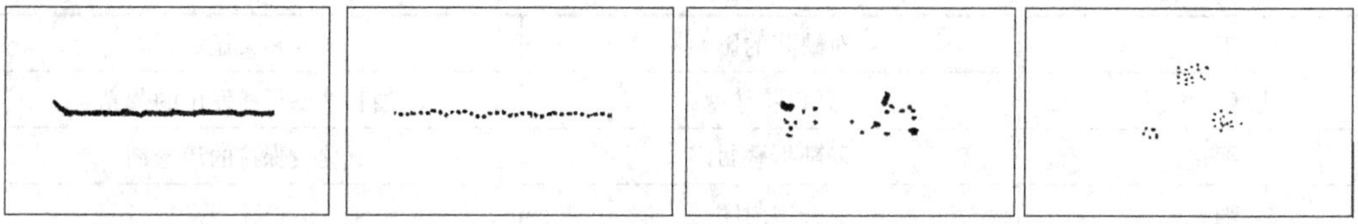

a)　b)　c)　d)

图6-6　缺陷显示

a）连续线状显示　b）断续线状显示　c）圆形显示　d）点状密集渗透显示

2. 断续线状显示

断续线状显示是指在一条直线或曲线上存在距离较近的缺陷组成的显示，如图6-6b所示。许多试件在锻造、磨削、机加工、喷丸或吹砂时，原来的开口与表面上的线状缺陷可能部分堵塞，形成的渗透指示呈断续的线状。在处理这类缺陷时，应作为一个连续的长缺陷处理，即按一条连续线状缺陷进行评定。JB/T 4730—2005规定：当两条或两条以上缺陷线性显示大致在一条直线上且间距不大于2mm时，按一条缺陷显示处理，其长度为两条缺陷显示之和加间距。

3. 圆形显示

将长宽比不大于3的显示都称为圆形显示，如图6-6c所示。渗透显示呈圆形时，表明铸件有气孔或针孔，或试件表面具有大面积不完好。显示之所以呈圆形，是由于实际的缺陷轮廓可能不规则，被截留的渗透剂容量较大。由于深的表面裂纹在显像时能吸附出较多的渗透剂，也可能在缺陷处扩散形成圆形显示。

4. 点状密集渗透显示

图6-6d所示的点状密集渗透显示表明铸件有小的针孔或收缩引起的空穴。在后一种情况下，显示往往呈显著的羊齿植物状或枝蔓状轮廓。

5. 弥散状渗透显示

渗透显示呈现大面积的弥散状，如果采用荧光渗透，则在缺陷处发出微弱的荧光；如果采用着色渗透，则缺陷处的白色本底被淡红色取代。弥散状渗透显示往往是极细小的且分布较广的多孔性收缩，如镁中的显微收缩；或者是检验前清洗不充分，多余渗透剂未完全清除，显像剂层太厚；或者存在表面疏松。对弥散成一较大区域的微弱显示，通常是对相应部位重新进行渗透检测，以排除由于错误方法造成的任何虚假指示，千万不要仓促地对弥散状显示作出评价。

6.4　渗透检测常见缺陷的显示特征

渗透检测可以检测出焊接件、铸件、锻件和各种机械加工试件的表面开口缺陷。

1. 焊缝的缺陷

（1）气孔　发光均匀而且亮度高，常产生在焊缝的起弧和断弧处及 T 形转角处和表面。渗透检测时，表面气孔的显示一般形状较规则，呈圆形、长圆形或椭圆形红色亮点或黄绿色荧光亮点，并均匀地向边缘减淡。由于回渗现象较为严重，气孔的缺陷显示通常会随显像时间的延长而迅速扩展。

（2）夹渣　缺陷处发光弱而不太均匀，该缺陷常出现在焊缝的边缘或母材和焊接金属的交接处。形状不太规则，有呈条状的，也有呈片状的。用放大镜观察，缺陷处呈疤、凹块，不光滑。

（3）裂纹　如图 6-7 所示，裂纹缺陷产生在焊缝上，有时产生在母材的热影响区中。焊缝裂纹有横向的，也有纵向的。横向裂纹以横切焊缝的形式出现，纵向裂纹沿焊缝的中心或母材与焊接金属交界处纵长延伸。

（4）未熔合　如图 6-8 所示，未熔合显示呈现为直线形或椭圆形的红色条状或黄绿色荧光亮条线。渗透检测通常无法发现层间未熔合，坡口未熔合延伸到表面时才能发现。

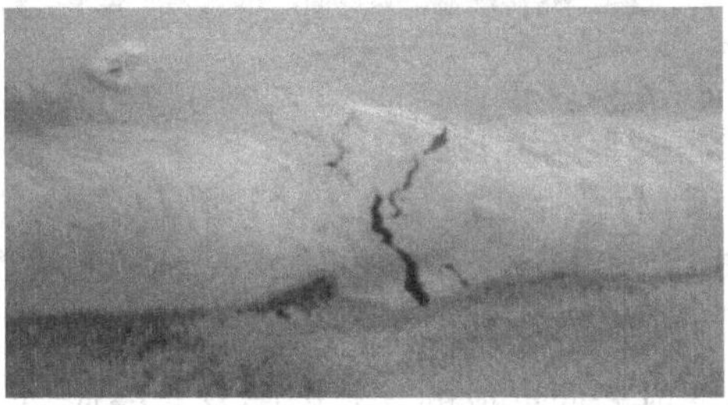

图 6-7　钢材焊缝上的横向裂纹

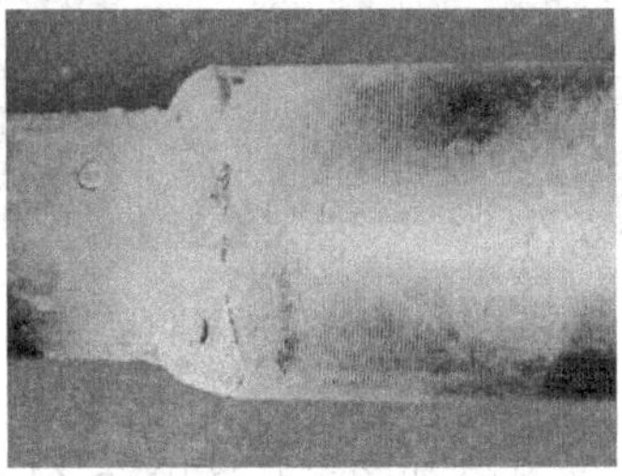

图 6-8　钢管接头焊缝未熔合

（5）未焊透　渗透检测中，能发现的未焊透显示呈一条连续或断续的红色或黄绿色荧光亮线条，宽度一般较均匀。

2. 铸件的缺陷

（1）缩孔　在荧光灯照射下，缺陷处发光均匀、亮度较高、形状较规则，有呈长圆形的，也有呈球形的。缩孔多产生在铸件的厚薄断面交接处和靠近内浇口的部位等较迟凝固的部位。

（2）疏松　如图 6-9 和图 6-10 所示，疏松缺陷处发光不均匀，其形状很不规则，呈海绵状。用放大镜观察，孔内粗糙不平。根据疏松形态不同，渗透检测时的缺陷显示分为密集点状、密集条状及聚集状。每个点、条、块的显示又是由无数个靠得很近的小点显示连成一片而形成的。

（3）砂眼　砂眼是粘砂在铸件的表面或内部造成的孔穴。缺陷处发光均匀、亮度较高、形状规则，多呈点状。

（4）夹渣　夹渣是夹在铸件内部或表面的夹杂物，如图 6-11 和图 6-12 所示。露出表面的夹渣发光较弱，而且不均匀，常出现在浇冒口和冒口切除的部位，或出现在厚薄断面的交接处。缺陷形状极不规则，用放大镜观察，缺陷内的夹杂物呈疤痕、凹块，表面不光滑。

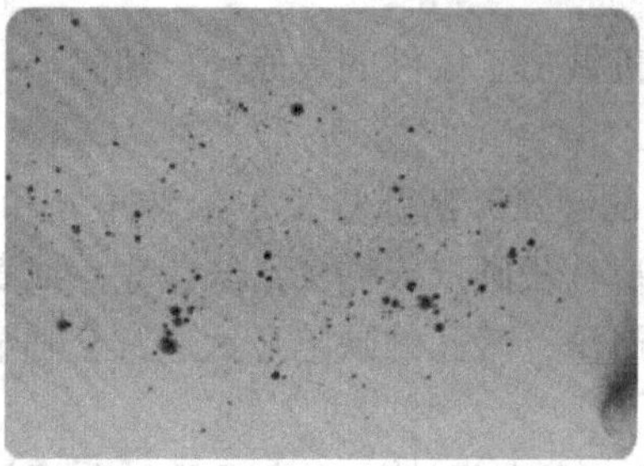
图 6-9　镁合金铸件分散状疏松

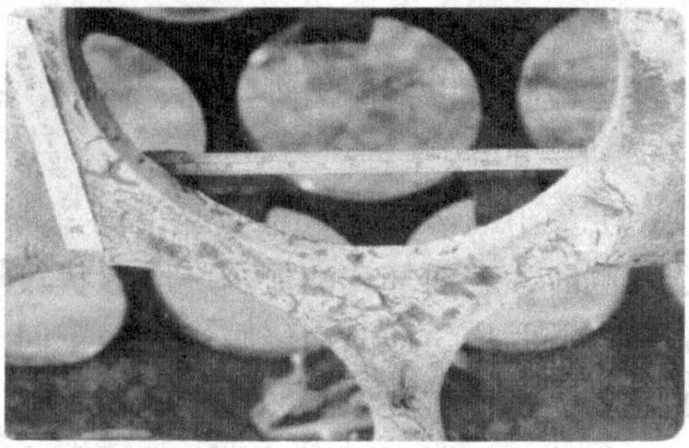
图 6-10　耐热铸钢件网格状密集疏松

图 6-11　叶片试件的氧化膜夹渣

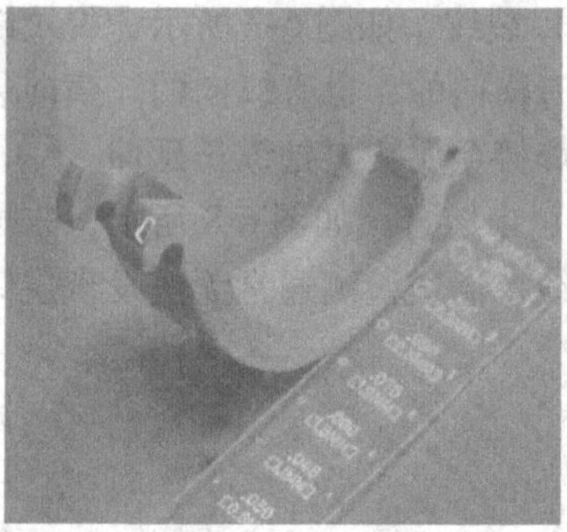
图 6-12　ZL101 壳体试件机加工后的氧化物夹渣

（5）气孔　如图 6-13 和图 6-14 所示，铸件内部或表面形成的气孔缺陷发光亮而均匀，常产生在接近浇冒口和断面交接处的表面和内部，形状比较规则，呈长圆形、圆形或球形，用放大镜观察，气孔内表面是光滑的。

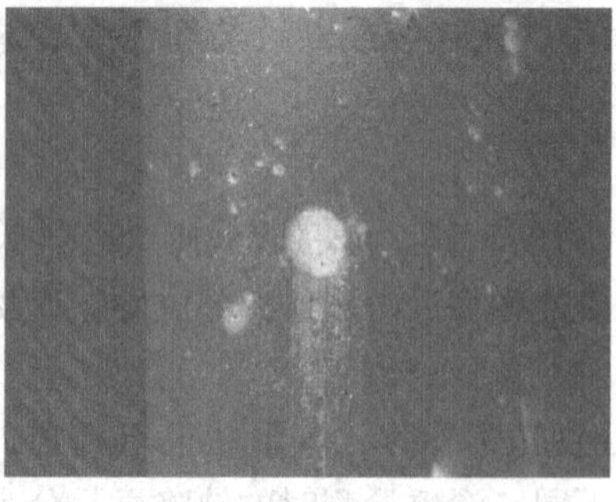
图 6-13　ZL201 铝合金铸件点状气孔

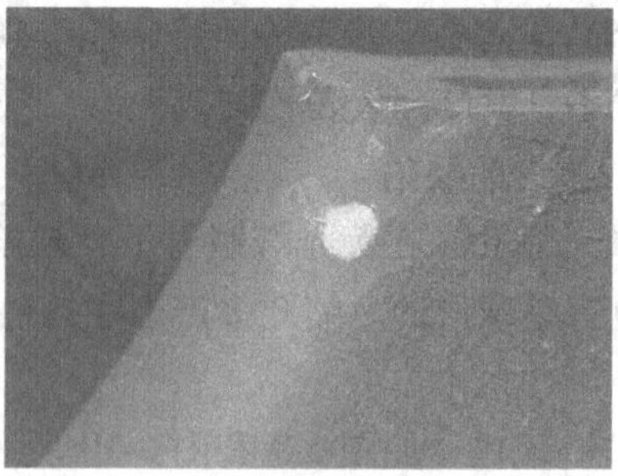
图 6-14　ZL201 铝合金铸件单个气孔

（6）氧化斑疤　如图 6-15 所示，缺陷呈密集网状，缺陷处发光不均匀，而且亮度较弱，其形状和产生部位均不规则，用放大镜观察，其边缘粗糙不平。缺陷边缘粗糙不平的称为氧化斑疤，边缘较整齐的称为氧化皮。

（7）铸造裂纹

1）铸造热裂纹。如图 6-16 所示，缺陷处发光强烈，而且清晰，呈弯曲条形、锯齿状和树枝状，有连续的，也有断续的，其一端或两端尖细。渗透检测时，热裂纹显示一般呈略带曲折的波浪状或锯齿状的红色细条线或黄绿色细条。但火口裂纹呈星状，较深的火口裂纹有时因渗透剂回渗较多使显示扩展而呈圆形，但如果用蘸有清洁剂的棉球擦去显示后，裂纹的特征可清楚地显示出来。

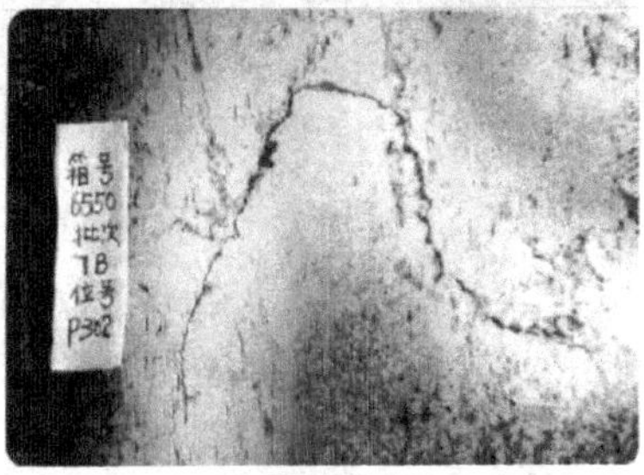

图 6-15　低碳无缝钢管氧化斑疤

2）铸造冷裂纹。如图 6-17 所示，冷裂纹在黑光灯照射下，同热裂纹一样。用显微镜观察，断口处呈光洁的未氧化或稍氧化的表面，而且往往是穿晶的。冷裂纹是在低温时产生的，一般产生在厚薄交界处。

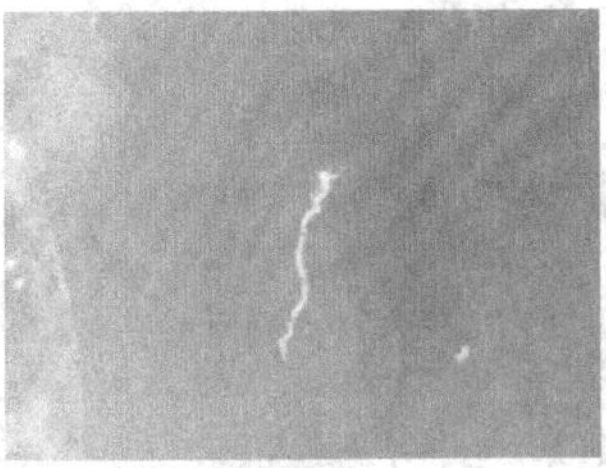

图 6-16　ZL114A 铝合金铸件铸造热裂纹

图 6-17　精铸高温合金叶片根部冷裂纹

（8）冷隔　如图 6-18 和图 6-19 所示，缺陷处发光强且较均匀，多呈条状。用放大镜观察缝隙处是圆滑的，常产生在两个方向流来的金属液交口处，或厚薄断面交接处。渗透检测时，冷隔显示为连续的或断续的光滑红色线条或黄绿色荧光亮线条。

图 6-18　ZG330 支座铸件冷隔

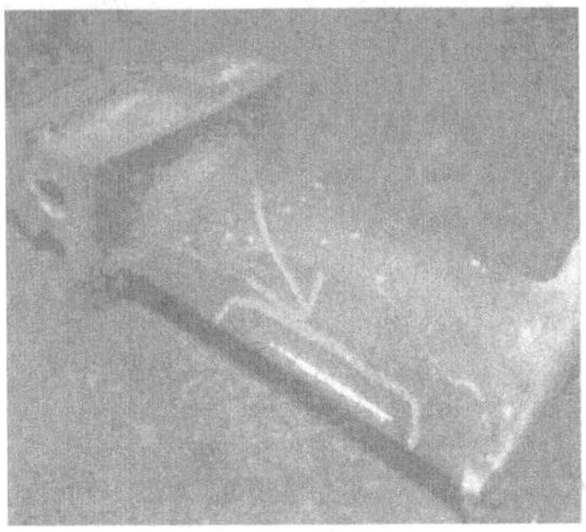

图 6-19　不锈钢叶片铸件冷隔

3. 锻件的缺陷

（1）分层　如图 6-20 和图 6-21 所示，缺陷处发光不太均匀，但发光强度较高。分层延伸方向往往平行于锻压面，呈稍有弯曲的条形或直线条形。其产生部位极不规则，有时有小夹层伴随存在，以裂纹状出现。用放大镜观察，缺陷内高低不平。

（2）折叠　如图 6-22 和图 6-23 所示，折叠在试件表面呈弯曲线状。多出现在试件接边处或转角处，折叠两部分贴合得比较紧密，渗透剂较难渗入，故一般荧光显示较弱。渗透检测显示呈连续或断续红色线条或黄绿色荧光亮线条。

图6-20 不锈钢锻件的分层

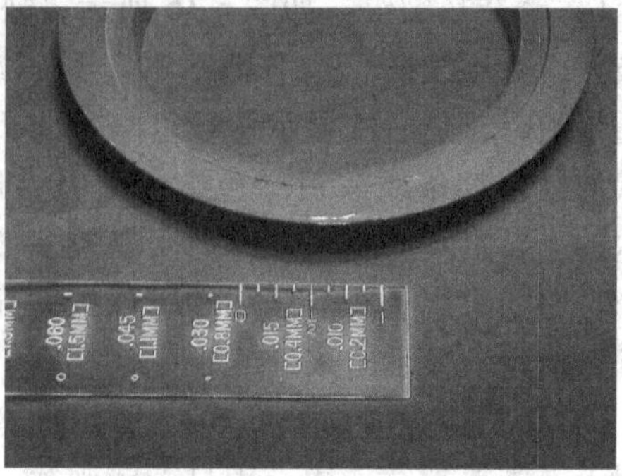

图6-21 LD5锻件垫圈分层

图6-22 不锈钢锻造弯头弯曲部位的折叠链条

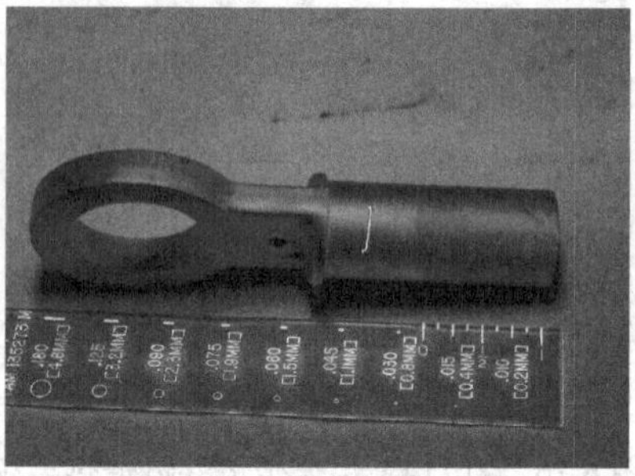

图6-23 2A70铝合金摇臂模锻件折叠

（3）裂纹 如图6-24和图6-25所示，缺陷处发光强且较均匀，呈锯齿状。在孔穴边缘也可能产生这种缺陷。用显微镜观察，缺陷处高低不平，有晶粒结晶和氧化现象。

图6-24 黄铜气动阀门锻件的锻造裂纹

图6-25 不锈钢模锻件端部裂纹

（4）白点 渗透检测时，缺陷显示在横向断口上为辐射状不规则分布的小裂纹，在纵向断口上呈弯曲线状，或圆形、椭圆形斑点。

4. 其他缺陷

（1）磨削裂纹 如图6-26所示，磨削裂纹的渗透显示呈红色断续条纹，有时呈现为红色网状条纹或黄绿色荧光亮网状条纹。

（2）淬火裂纹 如图6-27所示，淬火过程中产生的淬火裂纹的渗透显示呈红色或明亮黄绿色的细线条，或呈线状、树枝状、网状。裂纹起源处宽度较宽，沿延伸方向逐渐变细。

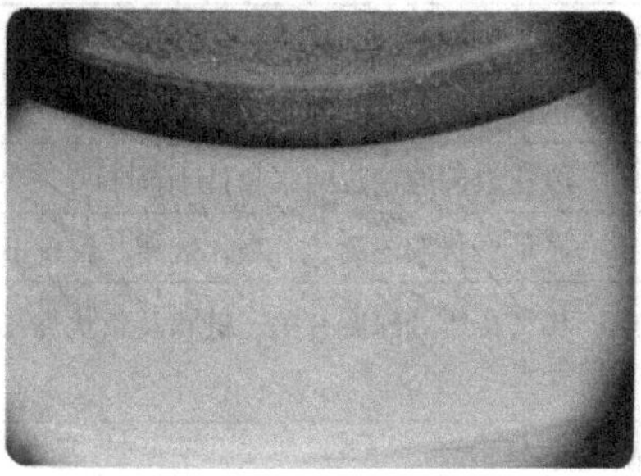

图 6-26　轧辊研磨面的磨削裂纹

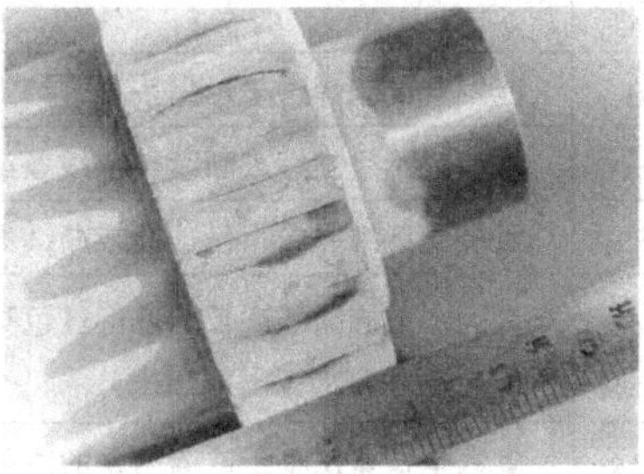

图 6-27　齿轮热处理淬火裂纹

（3）疲劳裂纹　如图 6-28 所示，疲劳裂纹的渗透显示呈红色光滑线条或黄绿色荧光亮线条。

（4）应力腐蚀裂纹　如图 6-29 所示，应力腐蚀裂纹的渗透显示常伴有腐蚀点，呈红色圆形亮点或黄绿色荧光亮点。

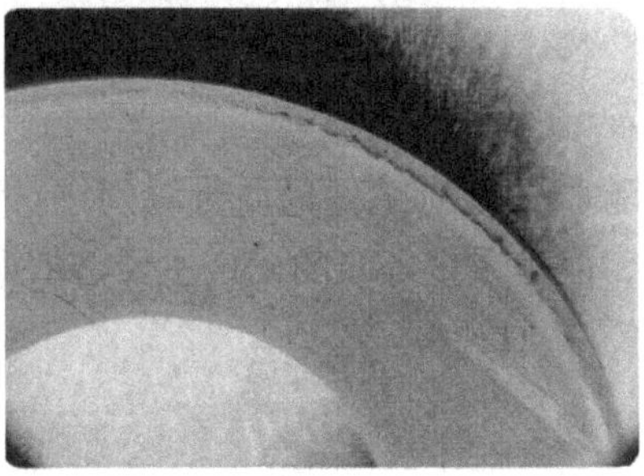

图 6-28　渗碳钢表面产生的疲劳裂纹

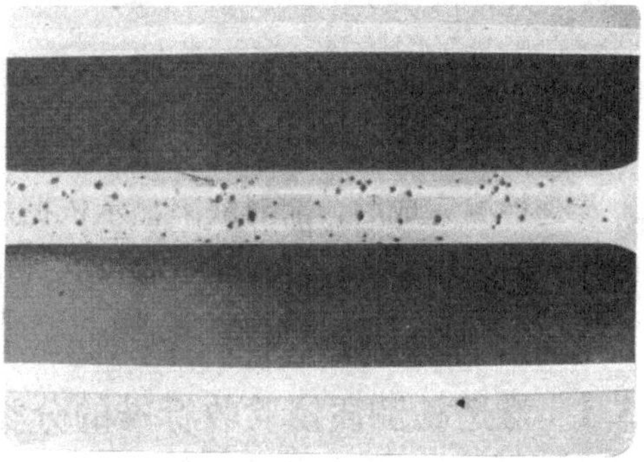

图 6-29　在役件应力腐蚀裂纹

渗透检测缺陷显示的特征见表 6-2。其他的显示图例见附录 B。

表 6-2　渗透检测缺陷显示的特征

缺陷名称	显示特征及位置
焊接冷裂纹	一般呈直线状红色或明亮黄绿色细线条，中部稍宽，两端尖细，颜色或亮度逐渐减淡，直到最后消失
焊接热裂纹	一般呈略带曲折的波浪状或锯齿状红色细条线或黄绿色细条状
铸造裂纹	呈锯齿状和端部尖细的特点。但深的裂纹痕迹显示，由于回渗的渗透剂较多，会失去了裂纹的外形，有时甚至呈圆形痕迹显示
淬火裂纹	呈红色或明亮黄绿色的细线条显示，或呈线状、树枝状或网状，裂纹起源处宽度较宽，沿延伸方向逐渐变细
磨削裂纹	显示呈红色断续条纹，有时呈现为红色网状条纹或黄绿色荧光亮网状条纹
疲劳裂纹	缺陷显示呈红色光滑线条或黄绿色荧光亮线条
线状疏松	呈各种形状的短线条，散乱分布，多成群出现在铸件的孔壁或均匀板壁上
冷隔	显示为连续的或断续的光滑红色线条或黄绿色荧光亮线条

（续）

缺陷名称	显示特征及位置
未焊透	能发现的未焊透显示呈一条连续或断续的红色线条或黄绿色荧光亮线条，宽度一般较均匀
折叠	缺陷显示呈连续或断续红色线条或黄绿色荧光亮线条。一般在锻件的棱边或拐角处
非金属夹杂	沿金属纤维方向，呈连续或断续的线条，有时成群分布。显示形状较清晰，分布无规律，位置不固定
气孔	呈圆形或椭圆形或长圆条形红色亮点或黄绿色荧光亮点，与气孔所处深度有关。链状及条状气孔会形成线性显示（需加工曝露出来）
圆形疏松	多数呈长宽比小于或等于3的线条，也呈圆形显示，散乱分布
缩孔	呈不规则的凹坑，常出现在铸件表面
火口裂纹	呈星状，较深的火口裂纹有时因渗透剂回渗较多使显示扩展而呈圆形。在焊道的端部容易出现
针孔	呈小点状显示，显示比较细微、深度浅、比较弱
收缩空穴	呈显著的羊齿植物状或枝蔓状轮廓
显微疏松	可弥散成一较大区域的微弱显示
表面疏松	对相关部位重新检测，以排除虚假显示

6.5 质量评定

渗透检测完成后，需对缺陷显示依据规定的质量验收标准对试件的质量级别进行评定。尽管不同的渗透检测标准对质量分级的规定有所不同，但是质量等级的确定主要是依据缺陷的性质、尺寸、数量及对材料造成的损伤严重程度。

6.5.1 渗透检测质量验收标准的分类与制定

渗透检测验收标准按适用范围可分为专用验收标准和通用验收标准。专用验收标准只适用于某种特定的零部件或某种工艺缺陷渗透检测时评定验收；通用标准适用于某类材料、某种加工工艺制作的试件，对可能产生的各种缺陷的评定和验收。

渗透检测验收标准按评级对象的不同可分为显示评级验收、缺陷评级验收和试件评级验收三种形式。显示评级验收标准由显示分类评级标准和显示验收文件两部分组成。显示分类评级标准只对显示的形状、尺寸和分布按规定将其进行分类、评级。显示验收文件是设计部门根据经验及类似试件验收标准，规定整个试件或试件的某个区域各种显示的验收等级。缺陷评级验收由缺陷分类评级标准和缺陷显示验收文件两部分组成，该类验收标准与显示评级验收标准相类似。试件评级验收是根据试件使用时的载荷不同、使用环境不同及试件缺陷的危害程度不同将试件分类，对每类试件针对不同的制造工艺可能产生的各类缺陷作出显示的分布及尺寸的验收规定。

渗透检测的各类缺陷的质量验收标准通常是按下述方法制定的：

1）引用类似试件的现有质量验收标准。

2）采用破坏性试验评价渗透检测结果。

3）根据实验或理论的应力分析，制定出质量验收标准。

渗透检测的验收标准包括不同材质的各类原材料的验收标准、通过各种工艺制造的不同材质的试件的验收标准及使用过的试件的验收标准。

6.5.2　缺陷显示评定的具体规定

缺陷显示的等级评定均只针对由缺陷引起的相关显示。当能够确定显示是非相关显示或虚假显示时，不必进行痕迹显示的记录和评定。对明显超出质量验收标准的缺陷，可立即作出不合格的结论。对于那些缺陷尺寸接近质量验收标准的，需在白光下借助放大镜观察，测出缺陷的尺寸和定出缺陷的性质后，才能作出结论。超出质量验收标准而又允许打磨或补焊的试件，应在打磨后再次进行渗透检测，确认缺陷被打磨干净后，方可验收或补焊。补焊后还需再次进行渗透检测或其他方法的检测。

按验收标准进行评定为合格的试件，应做合格标记，然后发往下道工序。评定不合格的试件应做不合格标记。特别是报废的试件，应做好破坏性标记，以防止将废品混入合格品中，而产生质量事故。现场检验时，一定要将合格品与报废品严格分开。

通常缺陷显示评定的具体规定如下：

1）对于小于人眼所能够观察的极限值尺寸的显示一般可忽略不计。除确认显示是由外界因素或操作不当造成的之外，其他任何显示均应作为缺陷评定。

2）对严重影响试件的安全性、完整性的裂纹类缺陷（如裂纹、白点）引起的缺陷显示，绝大多数渗透检测标准均对其不进行质量等级分类，而直接评定为不允许的缺陷显示。

3）长宽比大于 3 的缺陷显示按线性缺陷处理。长宽比小于或等于 3 的缺陷显示一般按圆形缺陷评定。圆形缺陷显示的直径一般指其在任何方向上的最大尺寸。

4）线状缺陷显示的长轴方向与试件轴线或素线的夹角大于或等于 30°时，一般按横向缺陷进行评定、处理，其他按纵向缺陷进行评定、处理。

5）对于两条或两条以上线状缺陷显示痕迹，当在同一条直线上且间距不大于 2mm 时，应合并为一条缺陷显示进行评定。

6.5.3　质量评级举例

JB/T 4730.5—2005《承压设备无损检测 第 5 部分：渗透检测》规定了承压设备的液体渗透检测方法以及质量评级，适用于由非多孔性金属材料或非金属材料制造的承压设备在制造、安装及使用中产生的表面开口缺陷的检测。

1. 缺陷类型的规定

按照 JB/T 4730.5—2005《承压设备无损检测 第 5 部分：渗透检测》的规定，渗透检测缺陷显示分为线性缺陷、圆形缺陷、横向缺陷和纵向缺陷。该标准对于小于 0.5mm 的显示不计。两条或两条以上线状缺陷显示痕迹在同一条直线上且间距不大于 2mm 时，按一条缺陷显示进行评定，其长度为两条显示之和加间距。

2. 质量评级依据

JB/T 4730.5—2005《承压设备无损检测 第 5 部分：渗透检测》中关于质量分级的规定如下：

1）不允许有任何裂纹和白点，紧固件和轴类试件不允许有任何横向缺陷显示。

2）焊接接头和坡口的质量评级按表 6-3 进行。

3）其他部件的质量评级按表 6-4 进行。

表 6-3 焊接接头和坡口的质量评级

等级	线性缺陷	圆形缺陷（评定框尺寸为 35mm×100mm）
Ⅰ	不允许	$d \leqslant 1.5$，且在评定框内少于或等于 1 个
Ⅱ	不允许	$d \leqslant 4.5$，且在评定框内少于或等于 4 个
Ⅲ	$L \leqslant 4$	$d \leqslant 8$，且在评定框内少于或等于 6 个
Ⅳ	大于Ⅲ级	

注：L 为线性缺陷长度，单位为 mm；d 为圆形缺陷在任何方向上的最大尺寸，单位为 mm。

表 6-4 其他部件的质量评级

等级	线性缺陷	圆形缺陷（评定框尺寸为 $2500mm^2$，其中一条矩形边的最大长度为 150mm）
Ⅰ	不允许	$d \leqslant 1.5$，且在评定框内少于或等于 1 个
Ⅱ	$L \leqslant 4$	$d \leqslant 4.5$，且在评定框内少于或等于 4 个
Ⅲ	$L \leqslant 8$	$d \leqslant 8$，且在评定框内少于或等于 6 个
Ⅳ	大于Ⅲ级	

注：L 为线性缺陷长度，单位为 mm；d 为圆形缺陷在任何方向上的最大尺寸，单位为 mm。

3. 质量评级应用举例

例 1 检测某一叶片，发现 2 个缺陷显示，其间距为 1.9mm，显示长度均为 3mm，宽度均为 0.8mm，若按 JB/T 4730.5—2005 进行分级，可评几级？

解： 缺陷显示的长度为 3mm + 3mm + 1.9mm = 7.9mm

因 3/0.8 >3，故按线状显示处理。查表 6-4 可知：Ⅲ级允许的显示长度 $L \leqslant 8$mm，故评为Ⅲ级。

例 2 焊缝上 35mm × 100mm 范围内，存在 3 个缺陷，显示长度均为 2mm，间距均为 2.5mm，试根据 JB/T 4730.5—2005 评定该焊缝的质量级别。

解： 在 35mm × 100mm 范围内缺陷个数为 3，查表 6-3 可知：Ⅱ级允许的圆形缺陷 $d \leqslant 4.5$，且在评定框内少于或等于 4 个，故评为Ⅱ级。

6.6 缺陷的记录

非相关显示和虚假显示不必记录和评定。对缺陷显示进行评定以后，需将缺陷记录下来，常用的缺陷记录方式有如下几种：

（1）草图记录 画出试件草图，要注意缺陷到试件轮廓、凸台或孔周边边缘（参照物）的距离。在草图上标出缺陷的相应位置、形状和大小，并注明缺陷的性质。

（2）照相记录 采用彩色数码相机对缺陷显示直接进行拍照。着色渗透检测的显示在白光下拍照，荧光渗透检测的显示应在黑光下拍照。注意：不能使用闪光灯。

（3）录像记录 可以在适当的光照条件下，采用录像机完整地记录渗透检测过程和缺陷显示痕迹的形成过程和最终形貌。

（4）采用透明胶带转印复制技术 复制时，应先清洁显示部位四周，并进行干燥，然后用一种透明胶带纸轻轻地覆盖在显示上，接着在显示的两边轻轻地挤压胶带纸，挤压时应注意不要用力太大，以免显示变形。粘好后，从检测表面上小心地提起胶带，再将其粘贴在薄纸上或记录本中。

还可采用可剥性塑料薄膜显像剂，显像后，剥落下来，贴到玻璃板上，保存起来。剥下的显像剂薄膜包含有缺陷显示，在白光下（或黑光灯下）可看到。

复　习　题

6-1　简述痕迹显示分为哪几类。

6-2　简述虚假显示的来源及辨别方法。

6-3　简述裂纹、气孔、未焊透、未熔合、冷隔及折叠等缺陷的渗透检测显示痕迹。

6-4　缺陷显示评定的具体规定有哪些？

6-5　缺陷记录方式有哪些？

第 7 章　渗透检测应用

渗透检测方法广泛应用于国防、船舶、兵器、核工业和特种设备等各个领域。通过渗透检测方法可以检测各种金属和非金属材料，如钛合金、镁合金、铝合金、不锈钢、玻璃、塑料和陶瓷等；也可以检测各种工艺加工的试件，如焊接件、铸件、锻件、机加工试件和非金属件试件等。在试件的加工及使用周期等方面，渗透检测可对原材料、在制半成品试件、成品试件、在役零构件施行具有差异化的检测方法。根据不同的试件选择适当的渗透检测方法，可以获得较高的检测灵敏度，是保障产品质量的重要手段之一。

7.1　焊接件渗透检测

焊接件渗透检测包括成品焊接接头、坡口及焊接过程检测。焊接缺陷是指焊接工艺造成的在焊接接头中产生的金属不连续、不致密或连接不良的现象。焊接中常见的缺陷有裂纹、夹渣、未焊透和咬边等。

7.1.1　焊接件的特点

焊接件（见图 7-1 ~ 图 7-5）在焊接制造过程中，因焊接工艺与设备条件的偏差、残余应力状态和冶金因素变化的影响以及接头组织与性能不均匀等，往往在焊缝中产生不同程度与数量的气孔、夹渣、未熔合、未焊透及裂纹等缺陷，对其使用性能产生不利的影响。根据渗透检测的特点，只有当上述焊接缺陷露出表面才能进行渗透检测。

图 7-1　焊接钢管堆焊焊缝

图 7-2　2mm 坡口平角焊缝

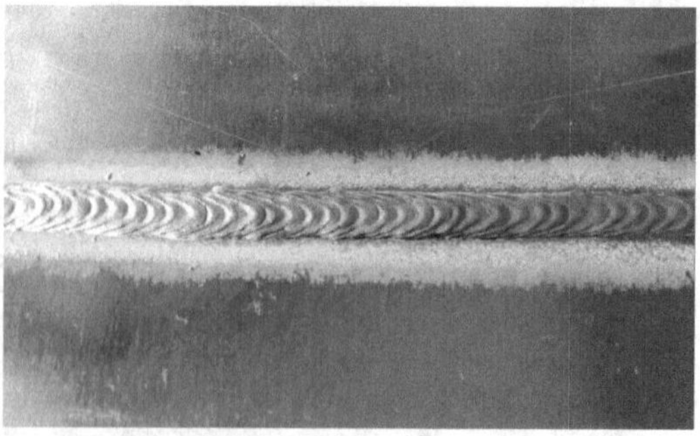

图 7-3　对接焊缝

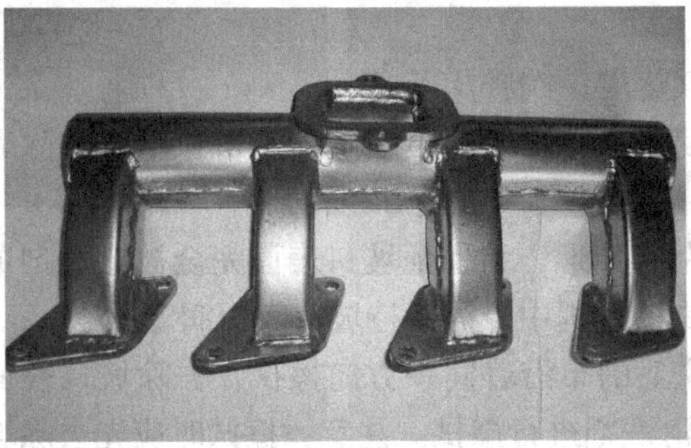

图7-4 多缸柴油机进气管焊接件

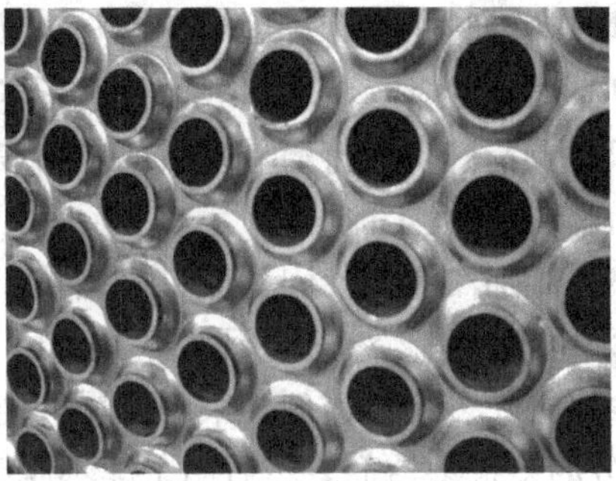

图7-5 管子和板子焊接

7.1.2 焊接件的检测

1. 检测方法

(1) 焊缝渗透检测　对焊缝的检测，常用溶剂去除型着色检测法，也可采用水洗型荧光法。焊接件焊缝表面粗糙度值大，在要求不高时可采用水洗型着色渗透检测。检测操作时，施加渗透剂采用刷涂法或喷涂法，显像采用喷涂法。

焊缝溶剂去除型着色渗透检测程序如下：

1) 表面预处理。对焊缝及热影响区（焊缝两侧至少25mm的区域）表面进行清理，清除焊渣、飞溅物及表面氧化皮等污物。在污物基本清除后，应用清洗剂（如丙酮、溶剂汽油）清洗焊缝表面的油污，最后用压缩空气吹干或自然干燥，试件充分干燥后才能进行下面的步骤。

2) 施加渗透剂。采用喷涂或刷涂方法将渗透剂涂敷在检测区域。现场温度在10~50℃，渗透时间不得少于10min或使用渗透剂使用说明书中规定的渗透时间。在渗透时间内，应保持渗透剂将检测表面全部润湿。当渗透环境温度不在此范围时，实际渗透参数应根据铝合金试块进行渗透检测参数鉴定试验确定。

3) 去除多余渗透剂。渗透操作完毕后，先用干净的不脱毛的布或纸擦去焊缝及热影响区残留的多余渗透剂，然后用蘸有清洗剂的无毛绒布或纸擦拭，应注意沿一个方向擦拭，不能往复擦拭。在清除过程中，既要防止清除不足造成对缺陷痕迹的识别困难，也要防止清除过度使渗入缺陷中的渗透剂被清除。

4) 显像观察。经清洗、干燥后的表面应立即施加显像剂，显像剂的厚度应适当、均匀，可以采用浸、刷、喷等方法。焊缝显像以喷涂法为最好，现场温度在10~50℃范围内，显像3~5min后，可用肉眼或借助5~10倍的放大镜观察所显示的图像。为发现细微缺陷，可间隔数分钟观察一次，重复观察2~3次。焊缝的起弧和熄弧处易产生细微的火口裂纹，应特别注意。对易出现缺陷的部位，应特别引起注意。

5) 后处理。检测结束后，为了防止残留的显像剂影响焊接质量，应先擦去显像剂，再用溶剂清洗剂彻底清洗干净。

(2) 坡口渗透检测　坡口表面比较光滑，可采用溶剂去除型着色渗透剂、快干法显像进行检测。检测操作时，渗透剂采用刷涂法。检测后应进行后清洗，以免产生大量气孔。

坡口溶剂去除型着色渗透检测程序如下：

1）表面准备。将坡口表面打磨干净，清除氧化皮、铁屑及飞翅。

2）预清洗。刚打磨处理后的坡口表面粗糙度值小，用干净不脱毛的毛巾擦拭，去除表面金属微粒及粉尘即可。

3）施加渗透剂。因为坡口表面狭小，且多为半X形，为保证坡口表面完全被渗透剂覆盖，采用刷涂法。渗透时间大于10min。在整个渗透过程中，需保持坡口表面润湿状态。

4）去除多余渗透剂。采用干燥、洁净、不脱毛的布沿着同一方向擦拭，去除坡口表面大部分的多余渗透剂。然后用干净不脱毛的布蘸清洗剂进行擦拭。注意：擦拭时应先去除坡口上半部的渗透剂，然后去除下半部的渗透剂。

5）干燥。采用自然干燥。

6）施加显像剂。采用喷罐式显像剂。使用前，应将喷罐上下左右摇动，保证搅拌均匀，喷嘴距离坡口面300~400mm左右，喷涂方向与被检测面保持30°~40°夹角，喷涂应薄而均匀。显像剂不可在同一位置施加，以免喷涂层过厚，影响回渗显示。

7）观察。渗透检测一般选择在白天进行，室外光照度须大于500lx，一般在显像剂施加7~10min后进行观察。

（3）焊接过程中的检测　母材厚度大的焊接过程通常采用多层多道焊接工艺，为保证焊接质量，有些要求每焊一层检测一次，发现缺陷及时处理。焊接过程的检测主要检测材料分层，层间检测时可采用溶剂去除型着色检测方法，如果灵敏度等级符合要求，也可采用水洗型着色法。检测后应立即进行后清洗，去除残留的渗透剂或显像剂。

焊接过程中有时需要进行焊缝清根，一般采用电弧气刨法或砂轮打磨法。因清根面比较光滑，可采用溶剂去除型渗透检测方法。

焊接过程中溶剂去除型渗透检测程序可参见上述焊缝溶剂去除型着色渗透检测程序。

2. 焊接件检测缺陷的类型

焊接件检测可发现焊接裂纹（纵向、横向、焊缝、热影响区、火口裂纹）、气孔、夹杂、未焊透、未熔合等，坡口缺陷有分层、裂纹等。

3. 焊缝检测注意事项

1）焊缝及坡口渗透检测后一定要进行后清洗，以避免残存的渗透剂使后面的焊接产生大量的气孔。

2）高强度合金钢和超高强度合金钢焊接焊缝表面检测时应注意延迟裂纹的产生，因此高强度合金钢和超高强度合金钢焊接件（拉伸强度$R_m \geqslant 540$MPa）一般要求放置24h以后才进行检测；现场组焊制造球罐特种设备，一般要求放置36h以后才进行检测。

3）对钛合金和奥氏体不锈钢制品进行焊缝着色检测，采用快干型显像剂显像时，应注意避免喷灌中的雾化剂（氟利昂）对材料的腐蚀。检测完成后应尽快进行后处理。

7.2 铸件渗透检测

7.2.1 铸件的特点

铸件（见图7-6~图7-9）是指将熔融的液态金属注入预先制备好的铸型中使之冷却、

凝固，而获得的毛坯或试件。由于凝固成形时条件的差异，会产生各类铸造缺陷。如液态金属的凝固收缩会形成缩孔、缩松；凝固期间元素在固相和液相中的再分配会造成偏析；冷却过程中热应力的集中会造成铸件裂纹和变形；此外，还有夹杂物、气孔、冷隔等缺陷出现在铸造充填过程中。当缺陷露出金属表面时，采用渗透检测可以检测到这些缺陷。

图7-6 碟板铸铁

图7-7 灰铁铸件

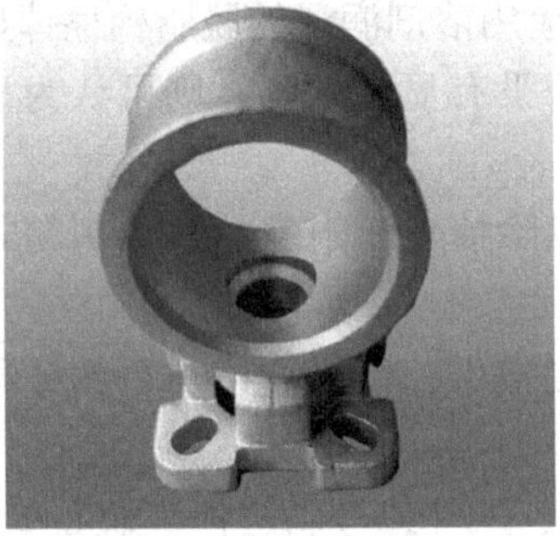

图7-8 精密铸件

图7-9 树脂砂铸铁件

7.2.2 铸件的检测

1. 检测方法的选择

铸件一般表面比较粗糙，渗透检测时清洗困难，所以采用水洗型荧光渗透检测法、干法显像进行检测，特别是批量检查时更应采用水洗型荧光渗透检测。检测操作时，采用浸涂法施加渗透剂。对于重要铸件，如涡轮叶片，采用精密铸造法制造，其表面光洁，故也可采用后乳化型渗透检测。

铸件的水洗型荧光渗透检测程序如下：

1）预处理。由于铸件表面比较粗糙，所以预处理可采用砂轮打磨，或者直接用喷砂处理等机械方法处理铸件表面，然后用化学清洗方法去除表面氧化膜。清洗干净的铸件置于烘箱中烘烤，铸件烘烤干燥后，让铸件冷却至30℃左右。

2）施加渗透剂。施加渗透剂的方法可视具体情况而定，小型铸件可直接浸入水洗型荧光渗透剂中，较大型的试件可采用喷涂、浇涂或刷涂等方法。渗透时间一般为10min左右，环境温度在15～40℃。在整个渗透时间内，应使被检部位始终被渗透剂覆盖并处于润湿状态。

3）去除表面多余的渗透剂。铸件表面多余的荧光渗透剂中含有乳化剂，故遇水可自行乳化，用淋浴状的水直接冲洗经过渗透的铸件。冲洗时，喷嘴处的水压不超过0.34MPa，喷嘴与试件表面之间的间距约为300mm，水射束与被检面的夹角以30°为宜，水温为10～40℃。对荧光渗透检测而言，需将试件置于紫外线光源下进行清洗，及时观察试件表面荧光渗透剂的残留情况。若清洗不净，可再次洗净。黑光灯应该防爆。

4）干燥。清洗完毕后，用干燥的压缩空气（压缩空气必须经油水分离器后才能用于吹干试件）吹去水分，然后放在烘箱烘干。烘箱中的温度保持在70℃左右，表面烘干即可，应避免过分干燥。

5）显像。干燥后的试件用喷粉柜（大批量时采用）以埋入法或手工撒（试件少时）的方法把干粉显像剂施加到试件的表面，并与全部的被检表面相接触。显像时间为10min，最长不超过2h；在显像时间结束后，通过轻轻地敲打可抖掉多余的显像剂粉末。

6）观察。将显像后的铸件放在暗室观察台上或暗幕中，目视检验铸件。检验人员应对黑暗至少适应3min；黑光灯在试件表面上的辐照度至少为1000μW/cm²；暗室的白光照度应小于20lx；对没有显示或仅有不相关显示的试件，准予验收，并将合格试件放到合格区；对有相关显示的对照验收标准进行评定，对有疑问的显示应用溶剂润湿的脱脂棉擦掉显示，干燥后重新显像予以评定，或用10倍放大镜直接观察。若没有显示缺陷，则可认为显示是虚假的；若显示再现，则可按规定的验收标准进行评定。

7）后处理。试件检验完之后，应用水进行冲洗，以除掉表面附着的显像剂粉末和残留的荧光渗透剂，并将试件进行干燥。

8）签发报告。根据标准、规范或技术文件出具检测报告，作出合格与否的评价。报告包括如下内容：

1）试件的名称、材料、数量（合格数和不合格数）、试件编号、送检日期和单位。

2）检验标准和验收标准。

3）检验结果和结论。

4）检验员、审核员和主任签字或盖章。

5）签发报告日期。

2. 铸件渗透检测缺陷的类型

铸件渗透检测缺陷类型有铸造裂纹（冷、热裂纹）、疏松、气孔（针孔）、冷隔等。

荧光渗透检测能检测到的铸件缺陷主要有三类：孔洞类缺陷，如气孔、针孔、缩孔和疏松；裂纹和冷隔类缺陷；夹杂类缺陷，如金属（非金属）夹杂物、夹渣、渣眼和氧化斑痕等。

7.3 锻件渗透检测

7.3.1 锻件的特点

锻件（见图7-10～图7-13）是指金属坯料通过锻造和锻压，利用锻压机械的锤头、砧块、冲头或通过模具施加压力，使之产生塑性变形，从而获得所需形状和尺寸的金属制件。金属经过锻压可以改变金属组织，提高金属性能。铸锭经过热锻压后，原来的铸态疏松、孔隙、微裂等被压实，这些缺陷经热锻会变成分层甚至产生新的锻造裂纹；原来的枝状结晶被打碎，使晶粒变细；同时改变原来的碳化物偏析和不均匀分布，使组织均匀，从而获得内部密实、均匀、细微、综合性能好、使用可靠的锻件。锻件经热锻变形后，金属是纤维组织；经冷锻变形后，金属晶体呈有序性。

图 7-10 套筒锻件

图 7-11 饼形锻件

图 7-12 连杆锻件

图 7-13 环形锻件

7.3.2 锻件渗透检测方法

精密模锻件尺寸较精密，所以有些锻件毛坯需要进行检测，以剔除个别有缺陷的试件。大部分锻件都在机加工后进行渗透检测。

1. 锻件的检测

锻件一般需经过机械加工，加工后表面粗糙度情况将决定渗透检测方法的选择。如果加工后表面粗糙度值较大，则应采用水洗型荧光渗透检测法（中级灵敏度）；如果加工后表面粗糙度值较小（经精车、铣、磨，研磨、抛光等方法加工），则可采用亲水性后乳化型荧光渗透检测法进行检测。检测操作时采用浸涂法施加渗透剂。锻件毛坯用水洗型荧光渗透检测方法，工艺与铸件相同。

锻件的亲水性后乳化型荧光渗透检测程序如下：

1）表面预处理。锻件的表面油污较少，可采用蘸有酒精或丙酮的布擦洗。如果油污较多，用三氯乙烯蒸气或汽油清洗。如锻件表面氧化皮较多，则可采用抛光或超声波清洗等方法清理，也可采用酸洗或碱洗等化学方法清洗。高强度钢酸洗时，应注意防止产生氢脆现象，酸洗后应立即进行去氢处理。

2）渗透。施加后乳化型荧光渗透剂，可采用浸涂、浇涂、刷涂或喷涂等方法。渗透时间不少于10min，环境温度在15～40℃之间。在滴落架上滴落时应转动试件，防止滴落过程中渗透剂的积聚，并保持试件表面的润湿状态。

3）预水洗。将水压调至0.27MPa左右，喷嘴与试件之间的距离保持在400mm左右，水温为10～40℃，对试件进行预清洗，以清除表面附着的渗透剂。

4）乳化。预水洗后的试件应先用压缩空气吹去凹处、不通孔等处的水，然后将试件浸入亲水性乳化剂中进行乳化，乳化剂浓度应按生产厂家推荐的浓度。当试件所有的检测面都沾上乳化剂后，应提出试件在滴落架上让其滴落，并计算乳化时间。

5）最终水洗。乳化完毕后，按预清洗的条件进行水清洗，并在黑光灯下检查清洗效果，对背景较深的部位可通过补充乳化的办法予以去除，乳化时间最长不超过2min。

6）干燥。试件应在热空气循环烘箱中干燥，烘箱温度控制在65℃左右，干燥时间应尽量短，只要表面水分充分干燥即可，要防止过干燥。

7）显像。试件经干燥后，放到喷粉柜中进行喷粉显像，用经过过滤的、干净和干燥的压缩空气将干燥的显像剂粉末吹扬起来，呈粉雾状，在试件上均匀地覆盖一薄层显像剂粉末，显像时间为15min，最长不超过3h。

8）观察。在暗室的黑光下，目视检查试件。

①在检验试件之前，检验人员（已取得Ⅱ级资格证者）应对黑暗至少适应3min，并戴上防紫外线眼镜和浸塑手套。

②暗室的白光照度应小于20lx，黑光灯在试件表面的辐照度应至少为1000μW/cm^2。

③对没有显示或仅有不相关显示的试件准予验收，并把合格的试件放至合格区。

④对所观察到的显示有怀疑时，可用放大镜进行观察，以做进一步的辨别。

9）后处理。试件检验完成后，应用水进行后清洗，以去除表面附着的显像剂粉末和荧光底色，并进行干燥。

10）签发报告。报告应包含以下内容：

①试件名称、材料、数量（合格和不合格数）、试件编号、送检单位和日期。

②检验标准和验收标准。

③检验结果和结论。

④检验员、审核员和主任签字或盖章。

⑤签发报告日期。

2. 锻件渗透检测缺陷的类型

锻件渗透检测缺陷的类型有裂纹、折叠和白点等。

3. 注意事项

对钛合金和奥氏体不锈钢铸件进行荧光渗透检测时，要求使用低氟、氯元素的荧光渗透剂和显像剂；对镍基合金铸件进行荧光渗透检测时，要求使用低硫、钠元素的荧光渗透剂和显像剂。

7.4 机加工件渗透检测

7.4.1 机加工件的特点

采用车、铣、刨、钻、磨等传统通用机床、精密机床或数控机床等，通过机械作用力使试件的几何尺寸发生改变而获得的试件即为机加工件。机加工件常见的切削加工缺陷有表面粗糙、鳞片状毛刺、疲劳断裂，以及切削加工过程中构件表面相撞擦伤、碰伤、压伤等表面机械损伤。

在磨削加工过程中，由于磨削力及磨削热的作用，不仅试件表层产生塑性变形，而且温度急剧升高。磨削加工常见的缺陷有：由于磨削热和磨削力的作用，表面组织硬度和应力状态发生变化，导致表面回火损伤或淬硬损伤；磨削表面烧伤与剥皮，试件磨削表面呈明显色彩的斑点状、块状、带状、点片状、线状、细螺旋线形、鱼鳞片状，或整个表面都是变色的烧伤痕迹。磨削淬火钢试件烧伤时往往伴随有磨削裂纹或剥皮。磨削表面残余应力一般表现为拉应力，存在于试件表层内，它的大小和深度取决于磨削热与试件的材料特性。较大的残余应力会引起应力腐蚀裂纹的出现。

7.4.2 机加工件的渗透检测方法

表面经机加工，表面粗糙度值较小，可采用后乳化型渗透检测方法，检测程序可参照锻件后乳化型渗透检测程序。其中，在预清洗工艺中应注意清洗和除去所有的机加工过程残留润滑油和切削液。

7.5 在役试件渗透检测

7.5.1 在役试件的特点

对在役试件的检测是确保设备安全运行的重要手段。在役设备定检中，除常发现因制造方式不同导致的制造缺陷发展以致缺陷超标，还应注意设备因运行而发生的运行缺陷。在役设备重要承力件中最常见也是最危险的缺陷就是疲劳裂纹，特别是早期疲劳裂纹更难以用目视检查发现，若正确地采用渗透检测就能有效地检测出来。疲劳裂纹是指设备或部件承受交变载荷而引起的裂纹，其断口一般有明显的呈同心圆状的疲劳源并伴有脆性断口。应力腐蚀裂纹是指处于特定腐蚀介质中且在拉应力作用下产生的裂纹。晶间腐蚀裂纹是金属在应力和某些腐蚀介质作用下，沿着材料晶粒间界先行发生腐蚀，使晶粒之间丧失结合力而出现的裂纹，腐蚀程度的不同也造成了裂纹深浅程度的不同。

7.5.2 在役试件的检测

1. 检测方法的选择

在役试件存在的缺陷一般尺寸都很小，开口度也不大，要求检测方法具有很高的检测灵敏度才能发现缺陷，所以应尽量采用后乳化型渗透剂。试件可分解拆卸的（如涡轮叶片），用后乳化型荧光渗透剂、亲水性乳化剂、干法或快干显像进行检测。现场检测时，如果有条件（有高强度黑光灯，如 Maxima3500 型）也可采用后乳化型荧光渗透剂、溶剂去除、快干式显像；无条件时，采用溶剂去除型着色渗透剂、溶剂去除、快干式显像剂进行检测。检测操作时可采用刷涂法或喷涂法施加渗透剂。渗透时间要求长，特殊情况下可延长至 1 ~ 4h，必要时渗透时要加载，让缺陷开口。装过腐蚀性介质的压力容器定检时，推荐用荧光渗透检测。

2. 在役试件渗透检测缺陷的类型

在役试件渗透检测缺陷的类型有疲劳裂纹、应力腐蚀裂纹、晶间腐蚀裂纹等。

3. 注意事项

1）被检件预处理应认真细致，清洗后要充分干燥。

2）容器内部检测时应注意用火、用电，应有排风装置，注意安全生产。

3）对钛合金和奥氏体不锈钢铸件进行荧光渗透检测时，要求使用低氟、氯元素的荧光渗透剂和显像剂；对镍基合金铸件进行荧光渗透检测时，要求使用低硫、钠的荧光渗透剂和显像剂。

7.6 非金属件渗透检测

7.6.1 非金属件的特点

非金属件是指以玻璃、陶瓷、石墨、塑料、橡胶等非金属材料设计制作的试件。随着生产和科学技术的进步，尤其是无机化学和有机化学工业的发展，人类以天然的矿物、植物、石油等为原料制造和合成了许多新型非金属材料，如人造石墨、特种陶瓷、合成橡胶、合成树脂（塑料）、合成纤维等。这些非金属材料因具有各种优异的性能，为天然的非金属材料和某些金属材料所不及，在近代工业中的用途不断扩大，并迅速发展。承压设备非金属件因具有耐强酸强碱腐蚀、重量轻、强度高、阻燃和耐冲击等特点，越来越广泛地应用于化工产品的生产、储存和运输中。

7.6.2 非金属件的渗透检测方法

陶瓷、玻璃、塑料及玻璃钢等非导电和非磁性材料试件的表面质量，已广泛应用荧光或着色渗透检测方法来进行控制；与溶剂不相容的非金属材料（如橡胶、塑料等）应选择水洗型着色渗透剂、水湿显像；对玻璃制品进行荧光渗透检测时，可采用自显像；检测多孔性非金属材料制品（如水泥、耐火材料、石墨及非光洁表面的陶瓷等）时，由于渗透剂无法清洗干净，一般不适合采用渗透检测法，可选用过滤性微粒渗透剂进行检测。过滤性微粒渗透剂检测方法的检测过程是：利用流动性好而渗透力强的有机溶剂或水等无色液体，作为直径大于缺陷开口宽度的着色微粒或荧光粉的载体施加到多孔材料试件的表面上，当遇到表面开口缺陷时液体将渗入缺陷，而显示介质因直径大于缺陷开口宽度不能进入缺陷，于是堆积在缺陷开口处，从而可以被观察到。

复习题

7-1 焊接件可采用哪些渗透检测方法？应注意哪些事项？

7-2 铸件渗透检测一般采用哪种工艺程序？

7-3 对锻件进行后乳化型荧光渗透检测时应注意哪些事项？

7-4 机加工件渗透检测有哪些特点？

7-5 在役试件有哪些特点？应选用哪种工艺程序？应注意哪些事项？

7-6 非金属件渗透检测应注意哪些事项？

第 8 章　渗透检测的质量管理

质量是一组固有特性满足要求的程度。质量受企业生产经营管理活动中多种因素的影响，是企业各项工作的综合反映。要保证和提高产品质量，就必须对影响质量的各种因素进行全面而系统的管理。产品质量形成于产品生产的全过程，而质量体系贯穿于产品质量形成的全过程。完善的质量管理体系是使质量最佳化并对质量加以控制的重要管理手段。

渗透检测的质量管理包括影响产品质量的人（检测人员）、机（检测设备及器材）、料（检测耗材）、法（检测方法及工艺）、环（检测环境条件）五个方面。因此，为了保证检测过程的规范性和符合性，确保检测结果的可靠性，在渗透检测的实施过程中必须对这些方面加以控制和管理。目前，国际上对产品质量管理的通用做法是建立、实施全面、系统的质量管理体系并通过认证评审，以控制产品质量形成的各个过程、要素。在质量管理体系的基础上，通过建立、实施计量认证体系有针对性地加强对影响检测过程的技术、管理因素的控制。

8.1　质量管理体系认证

8.1.1　质量管理体系

按照 ISO 9001：2005 的定义，质量是一组固有特性满足要求的程度。

质量管理是指在质量方面指挥和控制组织的协调的活动。通常包括制订质量方针和质量目标以及质量策划、质量控制、质量保证和质量改进。

质量管理体系（Quality Management System，QMS）是在质量方面指挥和控制组织的管理体系。

要实现质量管理的方针与目标，有效地开展各项质量管理活动，就必须建立相应的管理体系，这个体系就称为质量管理体系。质量管理体系是企业内部建立的、为实现质量目标所必需的、系统的质量管理模式。它是将资源与过程相结合，以过程管理方法进行的系统管理，根据企业特点选用若干体系要素加以组合，一般包括与管理活动、资源提供、产品实现以及测量、分析与改进活动相关的过程，涵盖了从确定顾客需求、设计开发、采购、生产、检验、销售、售后等全过程的策划、实施、监控、纠正与改进活动的要求，一般以文件化的方式建立质量管理体系，成为组织内部质量管理工作的基本要求。

质量管理体系认证就是由第三方用被广泛承认的标准（如 ISO 9000 系列标准）来衡量一个企业的质量管理体系的整体水平，并判定该企业是否具备质量保证和满足顾客要求的能力。进行 ISO 9000 系列标准认证是国际贸易中对企业质量管理方面的基本要求。企业实施质量管理体系（如 ISO 9000 系列标准），通过 ISO 9000 系列标准认证，可以长期稳定地为顾客提供满意的产品和服务。企业通过持续改进生产过程、产品质量和服务质量，可以不断增强顾客满意度、不断扩大市场并取得相应回报。

8.1.2 ISO 9000 系列标准

针对质量管理体系的要求，国际标准化组织的质量管理和质量保证技术委员会制定了 ISO 9000 系列标准，它是国际标准化组织于 1987 年制定，后经不断修改完善而成的系列标准。现已有许多国家将此标准等同转化为国家标准。该标准系列可帮助组织实施并有效运行质量管理体系，是质量管理体系通用的要求或指南，适用于不同类型、产品、规模与性质的企业。该类标准由若干相互关联或补充的单个标准组成，其中为大家所熟知的是 ISO 9001《质量管理体系 要求》，它提出的要求是对产品要求的补充。

ISO 是“国际标准化组织”的英语简称，其全称是 International Organization for Standardization。ISO 是世界上最大的国际标准化组织，成立于 1947 年 2 月 23 日，它的前身是 1928 年成立的“国际标准化协会国际联合会”（简称 ISA）。ISO 9001：2008 是由 ISO/TC176/SC2 质量管理和质量保证技术委员会质量体系分委员会制定的质量管理系列标准之一。为了更好地满足顾客及法律法规的要求，提升顾客满意度，ISO 于 1987 年发布了 ISO 9000 ~ ISO 9004 五项 ISO 9000 系列质量管理标准，后又针对 ISO 9000 系列标准应用中的问题进行了三次修订，发布了 1994 版、2000 版和 2008 版 ISO 9000 系列标准。ISO 9000 系列标准是世界上许多经济发达国家质量管理实践经验的科学总结，适用于各种类型、不同规模和提供不同产品的组织。最新版本 ISO 9000 系列标准包括以下四个核心标准：

1）ISO 9000：2005《质量管理体系 基本原理和词汇》。

2）ISO 9001：2008《质量管理体系 要求》。

3）ISO 9004：2009《质量管理体系-业绩改进指南》。

4）ISO 19011：2011《审核管理体系指南》。

ISO 9000 系列标准具有下列特点：

1）以八项质量管理原则作为标准的理论基础，体现了质量管理最普遍、适用的规律。

2）具有广泛的通用性，适用于各类组织的质量管理。

3）强调遵守法律法规、满足顾客要求的重要性。

4）明确最高管理者、全员参与在质量管理中的作用。

5）强调建立、实施文件化的质量管理体系的重要性。

6）运用过程方法、PDCA（计划、实施、检查、处理）循环模式。

7）强调预防为主，应用纠正预防措施等方法持续改进质量管理体系。

1987 年 3 月 ISO 9000 系列标准正式发布以后，我国在原国家标准局部署下组成了“全国质量保证标准化特别工作组”。1988 年 12 月，我国正式发布了等效采用 ISO 9000 标准的 GB/T 10300《质量管理和质量保证》系列国家标准，并于 1989 年 8 月 1 日起在全国实施。1992 年 5 月，我国决定等效采用 ISO 9000 系列标准，发布了 GB/T 19000—1992 系列标准。1994 年，我国发布了等同采用 1994 版 ISO 9000 系列标准的 GB/T 19000 系列标准。2000 ~ 2003 年，我国陆续发布了等同采用 2000 版 ISO 9000 系列标准的国家标准，包括 GB/T 19000—2008、GB/T 19001—2008、GB/T 19004—2011 和 GB/T 19011—2013。2008 年，我国根据 ISO 9000：2005、ISO 9001：2008 的发布，同时也修订发布了 GB/T 19000—2008、GB/T 19001—2008。

8.1.3 ISO 9000 体系认证

近年来，由于 ISO 9000 系列标准的作用及重要性被越来越多的人所认识，其应用范围也随之日益扩大。在国际贸易中，要求提供按 ISO 9000 系列标准通过质量体系认证的证明，作为签订合同的一个条件，这已是一个趋势。积极主动地开展以 ISO 9000 系列标准为依据的质量体系认证，可以提高企业的质量管理水平，保持产品质量的稳定性，提高产品在国际、国内市场上的竞争力。目前 ISO 9000 质量管理体系认证工作已在 100 多个国家开展。

我国从 1991 年起正式开展认证工作。1991 年 5 月，国务院颁发了《中华人民共和国产品认证管理条例》，标志着我国产品质量认证工作进入法制轨道。1993 年 1 月 1 日，我国正式由等效采用改为等同采用 ISO 9000 系列标准，建立了符合国际惯例的认证制度。对我国企业而言，通过公正、独立的第三方认证获得质量认证证书，是产品质量信得过的证明，是产品、服务进入国际市场的通行证。1993 年 2 月，《中华人民共和国产品质量法》颁布，明确质量认证制度为国家的基本质量监督制度。我国认证认可制度逐步进入到法治化轨道。2001 年，国家认监委成立。2003 年，《中华人民共和国认证认可条例》颁布。自此，我国的认证认可工作进入国家统一管理，全面规范化、法治化阶段，我国质量认证工作取得了长足的发展。

实施 ISO 9000 系列标准可以促进组织质量管理体系的改进和完善，对提高组织的管理水平能够起到良好的作用。实施 ISO 9000 质量管理体系认证具有以下重要意义：

1）可以完善组织内部管理，使质量管理制度化、体系化和法制化，有利于提高产品质量，保证产品质量的稳定。

2）尊重消费者权益和对社会负责，增强消费者的信赖，使消费者放心地采用其产品，有利于提高企业的质量管理能力和市场竞争能力。

3）ISO 9000 质量管理体系认证有利于发展外向型经济，扩大市场占有率，是政府采购等招投标项目的入场券，是组织向海外市场进军的准入证，是消除贸易壁垒的强有力的武器，有利于开展国际贸易，提升企业形象。

4）有利于持续满足顾客需求，提高顾客满意度。

8.2 计量认证体系

8.2.1 实验室认可的产生和发展

1947 年，澳大利亚建立了世界上第一个国家实验室认可体系，并成立了认可机构——澳大利亚国家检测协会（NATA）。20 世纪 60 年代，英国也建立了实验室认可机构，从而带动欧洲各国认可机构的建立。20 世纪 70 年代，美国、新西兰、法国也开展了实验室认可活动，20 世纪 80 年代，实验室认可发展到东南亚，新加坡、马来西亚等国家，并相继建立了实验室认可机构。目前国际上大多数国家都实行了实验室认可制度。国际实验室认可合作组织（ILAC）于 1978 年制订了实验室基本技术要求的说明，并将其作为实验室认可技术准则的说明提交国际标准化组织（ISO），ISO 导则 25：1978《评审测试实验室技术能力导则》首次向全世界发布。1982 年，ISO 认证委员会进行修订后，由国际电工委员会（IEC）和

ISO 两个组织当年联合发布，即 ISO/IEC 导则 25：1982《测试实验室能力通用要求》；1999年，ISO 认证委员会结合 ISO 9000 系列标准对导则进行较大的修改后发布，即 ISO/IEC 导则 25：1990《校准和测试实验室能力的通用要求》。

2000 版的 ISO 9000 系列标准发布后，ISO 着手对导则 25 结合 2000 版 ISO 9001 系列标准进行第三次修订，在广泛征求意见的基础上，几经讨论、修改，决定改导则为国际标准 ISO/IEC 17025：2005《检测和校准实验室能力的通用要求》并正式对外发布，取消并代替 ISO/IEC 导则 25：1990。

8.2.2 实验室认可和审核

实验室认可是对检测和校准实验室能力进行评价、认可。它依据 GB/T 15481—2000 、ISO/IEC 17025：2005 检测和校准实验室能力的通用要求，由权威机构对检测/校准实验室及其人员有能力进行特定类型的检测/校准作出正式承认的程序。所谓权威机构，是指具有法律或行政授权的职责和权力的政府或民间机构。这种承认意味着承认检测/校准实验室有管理能力和技术能力从事特定领域的工作。

实验室认可采取自愿性、无歧视性、专家评审和国家认可的原则。自愿性原则是指：实验室是否申请认可，是根据其需求自主决定的，即认可机构不会强制任何一个实验室申请。但对于实验室而言，这一自愿性原则实际上会受到顾客需求的制约，即当顾客提出实验室必须通过认可方可承担起检测/校准业务，而实验室又希望承接这项业务时，申请认可便成为一种强制行为；另外，当实验室的母体机构或管理机构有要求时，申请认可也会成为一种强制要求。无论基于上述哪一种情况，强制要求都不会来自认可机构。

审核是为获得审核证据并对其形成客观的评价，以确定满足审核准则的程度所进行的系统的、独立的并形成文件的过程。按审核主体的不同，实验室审核可分为三种类型：第一方审核、第二方审核和第三方审核。第一方审核也称为内部审核，其输出是管理评审和纠正、预防措施的输入，并且能够为实验室的自我合格声明提供保证。第二方审核由与实验室利益相关的一方进行，如顾客或由其他人以顾客的名义进行的审核。有些行业内部或行业管理部门对实验室实施的认可、达标考核也属于第二方审核。第三方审核则是由与实验室和顾客无关的独立方进行，例如 ISO 9000 质量体系认证的目的是为认证/注册提供充分的证据。第二方审核和第三方审核均属于外部审核。

为维护质量管理体系的有效运行，不断完善和改进质量管理体系，实验室必须进行内部审核。内审从改善内部管理出发，由经过专门培训、具备资格（一般认为是培训合格后获证并经过实验室授权）的内审员执行，通过对发现的问题采取相应纠正与预防措施，推动质量改进。内审作为一项体系审核工作，已有相应国际标准，并已转化为国家标准，形成了一套规范的做法。

实验室认可表明实验室具备了按国际认可准则开展检测和校准服务的能力，可增强实验室的市场竞争能力，赢得社会各界的信任；有利于消除非关税贸易技术壁垒，提高实验室的知名度，保持实验室的技术能力和促使实验室的结果互认。

8.2.3 我国的计量认证

计量认证是指国家认证认可监督管理委员会和各省、自治区、直辖市人民政府质量技术监督部门对实验室的基本条件和能力是否符合法律、行政法规的规定，以及相关技术规范或标准实施的评价和承认活动。《中华人民共和国计量法》中规定：为社会提供公证数据的产品质量检验机构必须经省级以上人民政府计量行政部门对其计量检定、测试能力和可靠性考核合格，这种考核称为计量认证，即实验室资质认定。计量认证是我国通过计量立法，对为社会出具公证数据的检验机构（实验室）进行强制考核的一种手段。20 世纪 90 年代初，我国颁布了《产品质量检验机构实验室资质认定技术考核规范》（JJG 1021-90），建立了最早的实验室认证/认可体系模型。由于国家计量法律中使用"认证"字样，"实验室资质认定"的实质是对实验室的一种法定认可活动。2007 年 1 月 1 日起开始实施《实验室资质认定评审准则》，原国家质量技术监督局发布的《产品质量检验机构计量认证/审查认可（验收）评审准则》（试行）废止 。《实验室资质认定评审准则》是结合我国实验室的实际状况、国内外实验室管理经验和我国实验室评审工作的经验，由国家认监委组织制定的。《实验室资质认定评审准则》参考了 GB/T 15481—2000《检测和校准实验室能力的通用要求》（现为 GB/T 27025—2008《检测和校准实验室能力的通用要求》）和 ISO/IEC 17025：2005《检测和校准实验室能力的通用要求》。

实验室资质认定是法制计量管理的重要工作内容之一，对检测机构来说，就是检测机构进入检测服务市场的强制性核准制度，即具备实验室认定资质、取得实验室资质认定为法定地位的机构才能为社会提供检测服务。经计量认证合格的产品质量检验机构提供的数据可用于贸易出证、产品质量评价、成果鉴定和作为公证数据，具有法律效力。取得计量认证合格证书的产品质量检验机构可按证书上所限定的检验项目，在其产品检验报告上使用计量认证标志。没有经过计量认证的检定/检测实验室，其发布的检定/检测报告便没有法律效力，不能作为法律仲裁与产品/工程验收的依据，而只能作为内部数据使用。

实验室资质认定分为两级实施。一个为国家级，由国家认证认可监督管理委员会组织实施；另一个为省级，由省级质量技术监督局负责组织实施。不论是国家级还是省级，实施的效力是完全一致的，对通过认证的检测机构，其资格在全国同样法定有效，不存在办理部门不同效力不同的差异。今后我国实验室的政府计量认证、审查认可即将与国际接轨，统一到 ISO/IEC 17025：2005 标准的轨道上来，避免重复评审、证出多门，减轻实验室负担，提高管理水平，以适应国内和国际形势的发展以及政府职能转变的大趋势。

检测实验室实施计量认证具有下列意义：

1）为社会提供的检测数据和检测报告/校准证书具有更强的可信度。

2）通过认可的实验室具有某方面领域检测/校准任务的能力。

3）符合国际和政府要求，达到"一次检测/校准，全球承认"，提高竞争力和市场占有率。

4）实验室管理国际化、规范化，提高全员素质。

5）为和国际接轨及国家认证、认可统一化奠定基础。

对国内从事向社会出具具有证明作用的数据和结果的实验室或检测机构，应当按评审准则建立质量管理体系。评审准则分为两大部分，即管理要求和技术要求。管理的 11 项要求包括组织、管理体系、文件控制、检测和/或校准分包等内容；技术方面的 8 项要求包括人员、设施和环境条件、检测和校准方法、设备和标准物质、抽样和样品处置等内容。技术要求与管理要求的共同目的是实现质量体系的持续改进。

8.2.4 计量认证的评审程序

(1) 申请阶段，质检机构提出申请并提交有关材料。

(2) 初查阶段（必要时进行） 按规范要求帮助质检机构建立健全的质量体系，并使之正常运行。

(3) 预审阶段（必要时进行） 按规范要求进行模拟评审，查找不符合项并要求整改。

(4) 正式评审 主管部门组成评审组对申请认证的机构进行评审。

(5) 上报、审核、发证阶段 对考核合格的产品质检机构由有关人民政府计量行政主管部门审查、批准、颁发计量认证合格证，并同意其使用统一的计量认证标志。不合格的发给考核评审结果通知书。

(6) 复查阶段 质检机构每五年要进行到期复查，各机构应提前半年向原发证部门提出申请，申请时须上报的材料项目与第一次申请认证时相同。

(7) 监督抽查阶段 计量行政主管部门对已取得计量认证合格证书的单位，在五年有效期内可安排监督抽查，以促进质检机构的建设和质量体系的有效运行。

质量管理体系认证与计量体系认证的管理基础是类似的。检测实验室的评审准则是依据ISO/IEC 17025：2005《检测和校准实验室能力的通用要求》来制定的，而ISO/IEC 17025：2005又是在ISO 9001质量管理体系标准的基础上，结合检测机构或实验室的实际运作特点形成的，所以质量管理体系标准与计量认证体系评审准则是相似的。

渗透检测是五大常规无损检测之一，是无损检测的重要组成部分，无损检测过程的产品是检测服务。对于企业来说，如果存在无损检测过程，那么对于无损检测过程的管理也应按照质量管理体系或计量认证评审准则的要求实施。所以，渗透检测的各个过程（包括检测人员的管理、器材及耗材的管理、检测工艺方法的选择、检测环境的控制、检测设备的维护以及检测报告的填写等）都应按质量管理的要求加以控制。

8.3 渗透检测的人员资格鉴定

无损检测应用的正确性和有效性取决于检测人员的技术水平和能力，因此，无损检测人员所担负的责任要求他们具备相应的无损检测理论知识和实践技能，从而能够完成检测的执行、技术文件的编写以及对无损检测进行管理、监督或评价等任务。无损检测是一种特殊工种，需持证从业。因此，必须制订一种程序来评定检测人员是否能胜任其职责，并颁发证书给予证明。GB/T 9445—2008《无损检测人员资格鉴定与认证》对各级无损检测人员的学历、培训学时、实践经历、资格鉴定考试内容与方法以及检测人员的职责、认证、档案管理等作出了规定。按照标准的要求将无损检测人员分为1级、2级和3级三个等级。获得资格证的人员可以在证书上规定的工业门类、产品门类范围内从事检测工作。资格证的有效期一般不超过5年，超过有效期的应按规定的时间进行复考。

8.3.1 一般要求

渗透检测报考人员应具有一定的学历，受过培训并有实践经验，以保证他们具有理解无损检测方法的原理和规程的能力。

1. 视力要求（各个等级）

无论是否经过矫正，在距离 30cm 处，一只眼睛或两只眼睛的近视力应能读出 Times New Roman 4.5 或等同大小的字母（Times New Roman 4.5 点的垂直高度，每一点为 1/72in 或 0.3528mm）。报考人的色觉应能足以辨别雇主规定的无损检测相关方法所涉及的颜色间的对比。获得资格后，应由雇主或责任单位负责每年进行一次检查和验证。

另外，按 JB/T 4730—2005 的要求，渗透检测人员未经矫正或经矫正的近（距）视力和远（距）视力应不低于 5.0（小数记录值为 1.0），测试方法应符合 GB 11533—2011 的规定。每年检查一次，不得有色盲。

2. 学历

申请 2 级及 3 级认证人员的学历（或同等学力）必须是高中毕业以上。为了证实报考人符合报考条件，需要有效的学历证明。

3. 培训

（1）1 级和 2 级　为了有资格申请任何一种无损检测方法的认证，报考人应提供证据证明已完成国家认证机构所批准的该方法的培训要求。有关规定具体见 GB/T 9445—2008《无损检测人员资格鉴定与认证》。但是，国家认证机构还应考虑其学历、其他方法的认证、培训情况和其他有关因素。无损检测方法鉴定与认证至少应接受的培训学时见表 8-1。

表 8-1　无损检测方法鉴定与认证至少应接受的培训学时

无损检测方法	培训学时		无损检测方法	培训学时	
	1 级	2 级		1 级	2 级
涡流检测	40	80	射线检测	40	80
渗透检测	16	40	超声检测	40	80
磁粉检测	24	40			

注：1. 培训学时包括实际操作和理论培训课程。
2. 直接报考 2 级者，培训学时为 1 级和 2 级之和。

（2）3 级　申请 3 级认证的报考人员，其资格鉴定的准备可以用不同的方法进行：如参加培训班，参加由工业部门或学会、协会组织的讨论或研讨会，研读图书、期刊和其他专业文献资料等。有关培训内容、最少学时参考 GB/T 9445—2008《无损检测人员资格鉴定与认证》。

4. 工业经历

为得到认证资格，报考人对所申请认证的检测方法应按规定获得相应的工业经历。渗透检测等每一种无损检测方法所需工业经历的连续时间应符合标准的规定。针对一些特殊情况，GB/T 9445—2008《无损检测人员资格鉴定与认证》也给出了工业经历的计算方法。例如，当同时在两个或多个表面无损检测方法（如 MT、PT 和 VT）上获得工业经历时，则在一个 NDT 方法应用中获得的工业经历，可补充其他一个或多个表面 NDT 方法中获得的工业经历。再如，已认证的一个无损检测方法的一个门类的工业经历，可补充于同一无损检测方法的其他门类的工业经历。具体的工业经历时间规定参考 GB/T 9445—2008。

8.3.2　无损检测人员的职责

对于不同资格的检测人员，其职责与权限也不同，一般来讲，1 级、2 级和 3 级检测人员的职责如下。除此之外，不同企业还会在企业的质量管理体系文件中规定各级人员的其他职责与权限，各级检测人员应严格遵守规定。

1. 1级

1级持证人员应已证实具有在2级和3级人员监督下，按无损检测作业指导书实施无损检测的能力。在证书所明确的能力范围内，经雇主授权后，1级人员可按无损检测作业指导书执行下列任务：

1）调整无损检测设备。

2）执行检测。

3）记录和分类检测结果。

4）报告检测结果。

1级持证人员不应负责选择检测方法或技术，也不对检测结果作评价。

2. 2级

2级持证人员应已证实具有按已制订的工艺规程执行无损检测的能力。在证书所明确的能力范围内，经雇主授权后，2级人员可执行下列任务：

1）选择所用检测方法的无损检测技术。

2）限定检测方法的应用范围。

3）根据实际工作条件，把无损检测规范、标准、技术条件和工艺规程转化为无损检测作业指导书。

4）调整和验证设备设置。

5）执行和监督检测。

6）按适用的规范、标准、技术条件或工艺规程解释和评价检测结果。

7）准备无损检测作业指导书。

8）实施和监督属于2级或低于2级的全部工作。

9）为2级或低于2级的人员提供指导。

10）编写无损检测结果报告。

3. 3级

3级持证人员应已证实具有其认证内容执行和指挥无损检测操作的能力。在证书所明确的能力范围内，经雇主授权后，3级人员可执行下列任务：

1）对检测设施或考试中心和员工负全部责任。

2）制订和验证无损检测作业指导书和工艺规程，审核其在编辑和技术上是否有差错。

3）解释规范、标准、技术条件和工艺规程。

4）确定所采用的特定的检测方法、工艺规程和无损检测作业指导书。

5）实施和监督各个等级的全部工作。

6）为各个等级的无损检测人员提供指导。

3级持证人员还应证实具有：

1）用现行规范、标准、技术条件和工艺规程来评定和解释结果的能力。

2）在选择无损检测方法、确定无损检测技术以及协助制定验收准则（在没有现成可用的情况下）时所需的有关原材料、制成品和加工工艺等方面的丰富实际知识。

3）一般地熟悉其他无损检测方法。

从事无损检测的人员也是企业的员工，除按要求参加与资格鉴定有关的培训外，应按照企业的培训管理规定，按培训计划参加企业组织的各项培训，包括新技术、新设备、新材料、新工艺以及质量、安全、法规等方面的培训。为了对人员进行有效的管理，企业还应按质量管理体系的要求建立无损检测人员的个人档案，其内容应包括学历、工作经历、教育培训、资格、奖惩记录等信息。人员档案应在安全的条件下保存，保存期限至少要等于第一个有效期与延长期之和，并应符合有关法律法规的要求。

8.3.3　无损检测人员的任职要求

在无损检测领域，对技术监督人员和检测工作人员的任职要求如下：

1. 对技术监督人员的要求

1）应具有无损检测技术的专门知识和经验，并具有射线检测或超声检测 3 级人员的资格。

2）应具有有关材料性能、检测过程和工作环境相关的知识。

3）应具有整理分析有关无损检测数据和结果的经验和能力。

4）应具有使用相关标准的经验和依据相关标准编制作业指导书的能力。

5）应具有提出最终的、严谨的检测报告的能力。

6）应具有完成无损检测和监测工作质量的能力。

2. 对授权签字人的要求

当授权签字人仅对射线检测或超声检测的项目负责时，其应具有射线检测或超声检测 3 级人员的资格；当授权签字人仅对磁粉检测或渗透检测项目负责时，其应具有磁粉检测或渗透检测 2 级人员的资格。当授权签字人对无损检测总报告负责时，必须满足上述技术监督人员条款中对人员的全部要求。

3. 对检测工作人员的要求

1）应具有无损检测 2 级人员的资格。

2）应具有进行无损检测的经验。

3）应具有使用相关标准的经验和根据具体的要求使用合适的标准的能力。

4）应具有整理分析无损检测数据和结果的经验和能力。

5）应具有保持工作记录和编制常规报告的能力。

8.4　渗透检测的设备器材管理

检测设备是保障检测结果准确可靠的必不可少的手段，科学合理地配置适宜的检测设备，并对其进行有效的使用、管理，是无损检测工作者的重要工作。设备的管理包括设备的购置、安装、调试、验收、建账、建档、标识管理、故障维修、保养、报废等一系列过程。渗透检测使用的设备和器材主要有便携式设备（渗透剂、清洗剂和显像剂喷罐）、固定式设备（如预清洗装置、渗透剂施加装置、乳化剂施加装置、水洗装置、干燥装置、显像剂施加装置和后清洗装置等）、白光灯、黑光灯以及辅助器材（如黑光辐射照度计、白光照度计、荧光亮度计、标准试块等）。渗透检测设备与器材的管理也应按照企业的质量管理体系及计量认证体系的要求进行管理，建立设备管理职责及设备管理制度。

1. 仪器设备的配置

应根据所开展的新检测项目配置检测设备，应考虑设备的先进性；选购设备时，要选择有质量保证能力的供应单位、生产单位，在签订合同时应明确质量要求。

2. 仪器设备的安装、调试、验收

仪器设备到企业后应及时组织开箱检查，检查仪器设备的外观、随机附件、工具及资料等，如发现问题应及时与供货单位联系。按要求进行安装、调试，安装，调试应有记录，完成后应组成验收组进行验收并记录。

需计量检定、校准的仪器设备必须检定校准合格才能通过性能验收，然后投入使用。

3. 仪器设备的建账、建档

应对仪器设备进行唯一性编号，仪器设备应登记建账、建立设备档案。档案一般包括以下内容：

1）仪器设备名称、型号规格、技术指标、用途及符合相应标准的核查记录。

2）制造商名称、地址和联系方式。

3）仪器设备编号和安装场地。

4）进公司日期和启用日期。

5）仪器设备使用说明书和随机其他技术资料。

6）安装调试验收记录。

7）所有检定、校验或检查、核查的日期及结果。

8）使用、维护记录。

9）仪器设备故障及维修、报废记录。

10）操作规程、校验方法、期间核查方法文本（如果有）。

4. 仪器设备的检定、校验、比对、检查和状态标识

仪器设备的检定、校验按规定、计划定期执行（如黑光辐照度计应每年由计量部门校验一次，渗透剂含水量校验周期为3个月），强制检定的仪器应由法定计量部门实施；应定期对设备的检测能力进行比对，并记录比对结果；对检验质量有影响的非计量辅助设备进行检查，确认其功能是否正常；需要期间核查的计量仪器按期间核查程序的规定执行。应标识检测设备的检定及工作状态。

一般应对处于下列情况的设备进行期间核查：

1）使用频繁。

2）使用环境严酷或使用环境发生剧烈变化。

3）使用过程中容易受损、数据易变或对数据存疑的。

4）脱离实验室直接控制后返回的。

5）临近失效期的。

6）第一次投入运行的。

应针对具体的设备或计量标准的各自特点，从经济性、实用性、可靠性、可行性等方面综合考虑相应的期间核查方法。使用技术手段进行期间核查的方法常见的有以下五种：

1）参加实验室间比对。

2）使用有证标准物质。

3）与相同准确等级的另一个设备或几个设备的量值进行比较。

4）对稳定的被测件的量值重新测定（即利用核查标准进行期间核查）。

5）在资源允许的情况下，可以进行高等级的自校。

不同实验室所拥有的测量设备与参考标准的数量和技术性能不同，对检测/校准结果的影响也不同。实验室应从自身的资源和能力、设备和参考标准的重要程度以及质量活动的成本和风险等因素考虑，确定期间核查的对象、方法和频率，并针对具体项目制订期间核查的要求和程序。实验室应在体系文件中对此作出规定。

5. 仪器设备的使用、保管

所有较复杂的检测设备都应按规定编制仪器设备操作规程和维护作业指导书，并方便操作者取用。操作者应熟悉设备的结构、性能、操作规程及维护保养方法，并在考核合格获上岗操作证后，方可上岗操作。

检测前、后都应对仪器设备的状态进行检查并记录，发现异常时应组织分析，评估对以前检测工作可能造成的影响，提出处理措施。使用计算机或自动化设备时，应对计算机软件的功能进行定期确认。

在移动、调整检测设备时，应确保设备不失准。

6. 仪器设备的维护保养

应明确指定各台仪器设备的维护责任人。应制订设备维护保养规范，规定保养的周期、项目、方法、人员等内容，并按规定实施。保持维护保养的记录，并作为该仪器设备档案的一部分。

7. 仪器设备的维修

仪器设备出现故障时，应在该仪器设备上进行停用标识。组织鉴别故障产生原因后，进行修理；对修复的仪器设备验收，需检定或校准的，应检定校准合格后才能验收使用。

发现设备故障，应组织评估对以前的检测工作可能造成的影响，并提出处理措施。维修情况及维修效果、验收结果应记录，并存入仪器设备档案。

8. 仪器设备的报停和启用

因检测业务或其他原因，仪器设备暂时不用时，可按程序申请报停，并粘贴停用标识；停用的仪器设备也需进行维护保养，并参加仪器设备的检查比对。停用的仪器设备如检测工作需要重新启用时，应填写启用申请，并经授权人批准。需检定或校准的，应检定或校准合格后方可使用。

9. 仪器设备的降级、报废

仪器设备的降级、报废应按程序申请、报批，并组织鉴定。降级的仪器设备应标识，明确准用范围。超过使用期限或无法修复的设备，可申请报废，批准报废的仪器设备应在设备上标注报废，在台账中注明，并按有关规定办理固定资产变更手续。

8.5　渗透检测耗材的管理

渗透检测中用到的耗材如渗透剂、清洗剂、显像剂等，也可列为渗透检测器材。对这些耗材的管理包括供应商的选择与评价、采购、验收、出入库、储存、使用等过程的控制。质量管理体系标准对耗材的采购提出了严格的要求。应根据耗材对检测质量的影响程度来选择提供耗材的供应商，制订选择、评价供应商的准则，并定期对供应商的供货质量及供货能力等进行动态监控，将评价合格的供应商列入合格供应商名录，实施定点采购。

在采购实施过程中，应通过采购计划、采购订单或采购合同、招投标书等，明确拟采购的耗材的品名、型号、数量等信息，并经授权人批准后实施定点采购。对于采购的耗材，入库前应进行验收，必要时进行检验，并保存验收记录及质量合格证明。

对新购进和使用中的渗透检测材料必须定期进行质量控制校验。如果新的渗透检测材料性能达不到要求或使用中生产工艺改变，则会影响渗透检测工作的可靠性。提取检验的渗透材料的试样要确保具有代表性，应将渗透剂充分地混合均匀，使其沉淀物质或分离物均包含在样品中，储存渗透剂样品的容器必须清洁、不被渗透材料腐蚀和无渗漏。

1. 新购进的渗透检测剂的质量控制项目

新购进的渗透检测剂（如渗透剂）须复验腐蚀性、荧光亮度、可去除性、闪点、黏度、含水量、灵敏度。显像剂需复检项目如干粉显像剂荧光性，非水湿显像剂和水悬浮性显像剂的再悬浮、沉淀性。具体校验方法见 3.1.7 及 3.4.3 节，只有符合要求才可用于检验。当检验镍基合金、钛合金、奥氏体不锈钢等材料的试件时，必须控制渗透剂中硫、氟、氯的含量。选择的渗透检测剂系统必须是同族组的，不同族组的产品不能混用，原则上必须采用同一生产厂家的产品。渗透剂、乳化剂和显像剂的入厂质量控制鉴定项目分别见表 8-2、表 8-3 和表 8-4。

表 8-2　渗透剂入厂质量控制鉴定项目

序号	项目	技术要求	备　注
1	闪点	大于或等于 93℃（开口闪点）	不同渗透剂有不同标准
2	黏度	与标称值相差不超过 ±10%	标称值由质保单提供
3	荧光亮度	符合要求	标称值由质保单提供
4	灵敏度	符合该灵敏度级别	用 5 点 B 型试块试验
5	腐蚀性（中温）	试样无失光、变色、腐蚀	
6	含水量	小于 5%（质量分数）	
7	可去除	符合要求	

表 8-3　乳化剂入厂质量控制鉴定项目

序号	项目	技术要求	备注
1	乳化性能	乳化剂的去除性能不应明显低于标准乳化剂	
2	含水量	符合要求	

表 8-4　显像剂入厂质量控制鉴定项目

序号	项　目	技术要求	备注
1	松散度	应小于 $0.075g/cm^3$	
2	再悬浮性	符合要求	
3	沉淀性	静置 15min 后分界线距上表面不超过 2mL（溶剂悬浮显像剂）	
4	可去除性	符合要求	

2. 渗透检测剂在使用过程中的校验

使用过程中的渗透剂等材料应按周期校验亮度、含水量、去除性、灵敏度。乳化剂应校验去除性、含水量、浓度。干显像剂应检查干燥和荧光污染程度。水溶和水悬浮显像剂应检查润湿性和荧光污染。只有符合要求，才能继续使用。使用过程中渗透检测材料的校验周期是基于每天多班制、工作全负荷的情况。当实际工作量不足时，可以根据实际情况，每天、每周检查校验的项目可降低校验频次，适当延长校验周期，但一般只允许延长至下次渗透检测工作开始之前。渗透剂、乳化剂和显像剂的校验项目分别见表 8-5、表 8-6 和表 8-7。

表 8-5　渗透剂的校验项目

序号	项目	校验周期	标准及要求	备注
1	荧光亮度校验	3 个月	当荧光亮度降低到同批材料的标准样品的 75% 以下就不允许继续使用	
2	水洗型渗透剂含水量	3 个月	含水量超过 5%（体积分数）时不允许继续使用	
3	水洗型渗透剂可去除性	1 个月	符合要求	
4	灵敏度校验	每班工作前	应当能发现规定的等级，才能开展检测工作	采用 B 型试块
5		6 个月	若灵敏度低于同批材料的标准样品，则不允许继续使用	采用 C 型试块
6	腐蚀性能（常温）	6 个月	不合格就不能使用	

表 8-6　乳化剂的校验项目

序号	项目	校验周期	标准及要求	备注
1	外观检查	每天	发现沉淀及黏度增大而引起乳化性能降低就不能使用	
2	荧光污染	1 周	发生污染，影响使用时则不能使用	
3	乳化能力	1 个月	乳化时间延长 1 倍就不能使用	

表 8-7　显像剂的校验项目

序号	项目	校验周期	技术要求	备注
1	干式显像剂外观检查	每个工作班	发现有明显的荧光或结块凝聚现象，不准使用	
2	干式显像剂松散度校验	1 个月	如不符合要求就不准使用	
3	干式显像剂荧光（或着色渗透剂）污染	1 个月	有明显污染不符合要求，不准使用	
4	湿式显像剂	1 个月	如不符合要求就不准使用	
5	湿式显像剂	1 个月	如不符合要求就不准使用	
6	显像灵敏度	1 周	发现显像能力下降或失去附着力，则不准使用	使用 A 型试块进行

耗材的领用应按规定执行；耗材的储存应确保储存的环境条件、方式及场地符合要求。在储存过程中，确保账、卡、物的一致性；由于渗透检测用到的耗材大多是化学品，具有一定的保质期，故应遵循“先进先出”的使用原则，并应定期检查库存耗材的质量。使用耗

材时，严格按照说明书执行。

8.6 渗透检测环境与安全防护管理

渗透检测剂系统的材料大多是易燃、易挥发的有机溶剂，在整个渗透检测过程中，渗透检测剂可能对使用者健康造成危害、对生态环境造成各种污染。渗透检测环境要求具体见4.3节。使用渗透检测剂时的注意事项如下：

1）在满足检测灵敏度要求的前提下，尽量采用无毒或低毒渗透检测剂。

2）渗透检测所用的检测剂一般是无毒或低毒的，但是如果人体直接接触和吸收渗透剂、清洗剂等，有时会感到不舒服，会出现头痛和恶心。尤其是在密封的容器内或室内检测时，容易聚集挥发性的气体和有毒气体，所以必须充分地进行通风。关于有机溶剂的使用，应根据有机溶剂预防中毒的规则，限定工作环境中有机溶剂的浓度。

3）正确使用防护用品。有些渗透检测用渗透剂、清洗剂、乳化剂和显像剂具有很强的溶解脂肪和油的能力，手和皮肤长时间接触这些材料容易引起皮肤干燥、粗糙、变红和裂口。因此，对直接参与渗透检测或接触渗透检测材料的人员，在操作前要戴上浸塑手套，浸塑手套用完后，要用水或肥皂清洗干净并擦干；皮肤已接触到渗透材料时，要立即用肥皂彻底清洗，接触到荧光渗透剂时，可在黑光灯下检查清洗效果，清洗干净后可涂上防护油脂或软膏。

4）严格遵守操作规程，喷洒渗透检测剂时，人最好立于上风处。

5）严格遵守工艺纪律，防止三氯乙烯气体受紫外光照射后产生剧毒的光气。

6）在规定波长范围内的紫外线对眼睛和皮肤是无害的，但必须注意：如果长时间的直接照射眼睛和皮肤，有时会使眼睛疲劳和灼红皮肤。所以在检测操作时，必须注意眼睛和皮肤的保护。

7）渗透检测防火安全措施。

①操作现场应文明整洁，并有切实可行的防火措施。

②避免阳光直射盛装检测剂的容器。

③避免在火焰附近以及在高温环境下操作，如果环境温度超过50℃，应特别引起注意，操作现场禁止明火存在。

④绝不允许将压力喷罐直接放在火焰附近进行加热，可用30℃以下的温水加热。

⑤工作现场不准吸烟。

8）检测人员应定期体检。

8.7 渗透检测文件管理

8.7.1 文件管理的一般要求

按照ISO 9000的定义，文件是信息及其承载媒体，文件能够沟通意图、统一行动，其使用有助于：

1）满足顾客要求和改进质量。

2）提供适宜的培训。

3）重复性和可追溯性。

4）提供客观证据。

5）评价质量管理体系的有效性和持续适宜性。

企业的文件可分为内部文件和外来文件。按照质量管理体系的要求，内部文件一般包括质量手册、程序文件、作业指导书（如工艺文件、管理制度等），外来文件包括有关的法律法规、标准，顾客提供的技术文件等。无论是哪种文件，均应按照 ISO 9001 质量管理体系的文件控制要求管理以下项目：

1）规定文件的编制、审核、批准职责，文件发布前应批准，以确保文件是充分与适宜的。

2）必要时对文件进行评审与更新，评审与更新后的文件应重新批准再发放。

3）标识文件的更改和现行修订状态，以便于识别现行文件的版本状态。

4）文件及时发放到使用场所，确保在使用处可获得有关版本的适用文件。

5）文件应保持清晰、易于识别，以起到指导作用。

6）识别、收集有关法律法规、标准等外来文件，并控制外来文件的发放。

7）控制作废文件，对需保留的作废文件进行适当的标识，防止作废文件的非预期使用。

企业的质量管理手册、程序文件、管理制度等管理性文件是任何企业员工都需要遵守的。对于无损检测人员，在具体实施检测工作时，技术标准、工艺规程、工艺卡是作业的直接依据。因此，渗透检测等无损检测人员了解这些技术文件的编写、使用及管理是有必要的。

8.7.2　技术标准

1. 标准的定义

标准是指为了在一定范围内获得最佳秩序，经协商一致制定并由公认机构批准，共同使用和重复使用的一种规范性文件。制定标准的目的就是获得最佳秩序和促进最佳共同效益。最佳秩序是指通过制定和实施标准，使标准化对象的有序化程度达到最佳状态，而最佳共同效益指的是相关方的共同效益，而不是仅追求某一方的效益。标准产生的基础是科学、技术和经验的综合成果。制定标准的对象是“重复性事物”。标准由公认的权威机构批准。

2. 标准化的定义

标准化是指为在一定范围内获得最佳秩序，对现实问题或潜在问题制定共同使用和重复使用的条款的活动。标准化是一个活动过程，主要是制定标准、实施标准进而修订标准的过程，它是一个不断循环、螺旋式上升的运动过程。每完成一个循环，标准的水平就提高一层。标准化是一项有目的的活动，除了为达到预期目的改进产品、过程和服务的适用性之外，还包括防止贸易壁垒，促进技术合作。标准化活动是建立规范的活动，所建立的规范（条款）具有共同使用和重复使用的特征。

在无损检测过程中，对于同一个被检测对象，尽管采用同一种检测方法（如渗透检测），如果实施的检测程序、选择的参数不同或有差异（如检测方法、渗透时间、显像条件等），则检测结果将会存在差异，甚至有明显的不同，显然，这样不可能对被检测对象作出准确、可靠的评价。因此，无损检测的质量管理中标准化工作是一项重要的内容，包括检测方法、验收方法、工艺规程、工艺卡、检测报告等的内容及格式标准化。标准化的基础工作是建立标准，使得不同的检测人员，只要具有符合要求的技术资格，按照统一的技术文件实施，都能得到一致的检测结果，以确保无损检测的稳定性、可重复性及可靠性。我国的无损检测标准化工作尚在不断的建设与完善过程中。

3. 标准代号

不同的国家、不同的标准制定机构对于制定的标准都有特定的标准代号。为了对世界主要国家及组织、国内外相关标准制定机构的标准代号有一个基本了解，以便更好地选择、应用标准，以下列出了国内外标准代号的相关信息（表8-8、表8-9）。

表8-8 部分国内标准代码的意义及发布机构

序号	代号	意义	序号	代号	意义
1	GB	国家标准	6	WJ	兵器工业标准
2	GJB	国家军用标准	7	EJ	核工业标准
3	HB	航空工业标准	8	SJ	电子行业标准
4	QJ	航天工业标准	9	JB	机械行业标准
5	CB	船舶工业标准	10	YB	黑色冶金行业标准

表8-9 部分国际组织与国外标准代号制定机构及其英文名称

序号	代号	制定机构	制定机构的英文名称
1	ISO	国际标准化组织	International Organization for Standardization
2	IEC	国际电工委员会	International Electrotechnical Commission
3	IAEA	国际原子能机构	International Atomic Energy Agency
4	ICS	国际造船联合会	International Committee of Shipping
5	ANSI	美国国家标准学会	American National Standards Institute
6	ASTM	美国材料与试验协会	American Society for Testing and Materials
7	ASME	美国机械工程学会	American Society of Mechanical Engineers
8	MIL	美国军用标准	American Military Standards
9	BS	英国标准学会	British Standards Institute
10	LR	英国劳氏船级社	Lloyd's Register of Shipping
11	EN	欧洲标准化委员会	European Committee for Standardization
12	DIN	德国标准化学会	Dutsches Institute for Normung
13	JIS	日本工业标准调查会	Japanese Industrial Standards Committee
14	NF	法国标准化协会	Association Fran，caise de Normalisation
15	ГОСТ	俄罗斯国家标准	The State Standard Committee of Russian

4. 渗透检测标准的分类

渗透检测标准主要有国际标准化组织（ISO ）标准、欧洲标准（EN）、美国材料与试验学会标准（ASTM）、美国机械工程师学会（ASME）标准、德国标准（DIN）、英国标准

(BS)、日本工业标准（JIS）等。按照我国对标准的分类方法，根据标准的适用范围，渗透检测标准分为国家标准、国家军用标准、行业（部门）标准、企业标准四个级别。

从标准化角度，按 GB/T 15496—2003《企业标准体系 要求》，标准分为技术标准、管理标准和工作标准三大标准。渗透检测标准属于技术标准。按技术标准的组成，渗透检测标准可分为基础标准，产品标准，方法标准，安全、卫生与环境保护标准四类。

（1）基础标准　基础标准是指在一定范围内作为其他标准的基础并具有广泛指导意义的标准。如渗透检测的术语、量纲等标准，如 GB/T 12604.3—2005《无损检测 术语 渗透检测》等。

（2）产品标准　产品标准是指对产品结构、规格、质量和检验方法所做的技术规定，如 GB/T 9443—2007《铸钢件渗透检测》JB/T 7523—2010《无损检测 渗透检测用材料》、JB/T 6064—2006《无损检测 渗透检测用试块》、JB/T 6062—2007《无损检测 焊缝渗透检测》等。

（3）方法标准　方法标准是指以产品性能、质量方面的检测、试验方法为对象而制定的标准。其内容包括检测或试验的类别、检测规则、抽样、取样测定、操作、精度要求等方面的规定，还包括所用仪器、设备、检测和试验条件、方法、步骤、数据分析、结果计算、评定、合格标准、复验规则等。如 QJ 2286—1992《铸件荧光渗透检测方法》、CB/T 3802—1997《船体焊接表面质量检验方法》，JB/T 4730.5—2005《承压设备无损检测 第 5 部分：渗透检测》等。

（4）安全、卫生与环境保护标准　这类标准是以保护人和物的安全、保护人类的健康、保护环境为目的而制定的。这类标准一般都要强制贯彻执行。

渗透检测人员应该熟悉适用的渗透检测标准的范围与内容，以指导实际检测工作。渗透检测标准是必须遵守的检测法规，也是制订检测工艺规范、工艺卡等技术文件的依据。

8.7.3　工艺文件

1. 检验规程

规程是阐明产品、活动要求的文件，有产品规程、工艺规程、检验规程、试验规程等。检验规程是检测单位对一类产品所规定的检验工作的程序、操作方法、技术、设备与器材、材料、人员、质量、安全等要求的文件。检验规程是根据相关法规、技术标准、委托检测单位的要求，结合检测单位的具体技术条件而编制的技术文件，应详细、明确，具有指导作用。为使渗透检测技术处于受控状态，检测结果可靠并能满足要求，渗透检测单位应编制渗透检测规程。渗透检测规程必须由 3 级持证人员编制，检测单位的技术负责人或授权人员批准。渗透检测规程也是检验工艺卡的编制依据，渗透检测人员必须严格遵守。渗透检测规程一般包括以下内容：

1）适用范围。

2）检验的依据：法规、标准等。

3）检验准备要求（检验时机、试件表面状况等）。

4）设备与器材要求（喷罐、渗透槽、乳化槽、清洗槽、干燥装置、喷粉柜、白光灯、黑光灯等）。

5）检验操作方法（着色渗透检测程序和荧光渗透检测程序等）。

6）技术条件要求（渗透时间、渗透温度、干燥时间、干燥温度、显像时间、显像温度等）。

8）记录报告。

9）安全防护等。

2. 检验工艺卡

工艺卡是指导操作人员对具体产品进行生产的工艺性文件，一般以表卡的形式出现。针对不同的过程有不同的工艺卡，如焊接工艺卡、装配工艺卡、热处理工艺卡及电镀工艺卡等。渗透检测也有相应的工艺卡，渗透检测工艺卡是针对具体产品的渗透检测而规定方法、参数、技术要求的工艺文件，一般由检测单位的2级人员编制，3级人员审核，由检测单位技术负责人或授权人员批准。编制渗透检测工艺卡的依据是有关产品的法规、标准以及检验规程等。渗透检测工艺卡的内容如下：

1）产品有关信息：产品名称、编号，制造、安装或检验编号，特种设备类别、规格尺寸、材料牌号、热处理状态、表面状态。

2）检测设备与器材：检测用仪器的名称与型号、试块名称、检测材料。

3）检测技术标准。

4）检测工艺及技术参数：检测方法及参数、检测部位、检测比例、检测时机。

5）检测示意图：检测部位、缺陷部位、缺陷分布。

6）检测质量控制要求等。

7）编制人（级别）、审核人（级别）、制定日期。编制、审核应符合相关法规、技术规范和技术标准的要求。

渗透检测工艺卡的样式可根据各工业部门的有关法规、标准等确定。

检验规程与检验工艺卡的主要区别是：检验规程的对象是某类产品或试件，内容多为一些原则性的要求，不一定很具体，多以文字形式表述，是一种指导性技术文件；检验工艺卡是根据检验规程结合有关标准针对某一具体的试件而编写的，内容具体，是一种操作性很强的技术文件，多以图表形式出现，一般要求一物一卡。

表8-10为某企业的焊缝渗透检测工艺卡。

表8-10 某企业的焊缝渗透检测工艺卡

工艺卡编号：GY-××××PT01

设备名称	见委托单	受检状态	焊后/热后	规格	见委托单	材质	见委托单
检测时机	外观检查合格后	渗透温度	10~25℃（室温）	检测部位	焊缝	表面状态	原状/打磨
检测方法	ⅡC-d	检测比例	见委托单	可见光照度	≥1000lx	灵敏度试块	B型、灵敏度3级
渗透剂型号	HD-RS	清洗剂型号	HD-BX	显像剂型号	HD-XS	显像时间	≥7min
渗透剂施加	喷涂	去除方法	擦除	显像剂施加	喷涂	检测验收标准	JB/T 4730.5—2005
渗透时间	≥10min	干燥时间	自然干燥	观察方式	白光下目视	合格级别	Ⅰ级
不允许存在缺陷	1）不允许存在任何裂纹 2）不允许线形缺陷显示，圆形缺陷显示长径 $d \leqslant 1.5$mm，且在评定框内少于或等于1个（评定框尺寸为35mm×100mm）						

（续）

检测部位示意草图	详见委托单

序号	工序名称	操作步骤及技术参数作控制要求
1	表面准备	打磨去除焊缝及焊缝两侧各25mm范围内的焊渣、飞溅物及表面不平
2	预清洗	用清洗剂将被检表面清洗干净
3	干燥	自然干燥
4	渗透	喷涂施加，覆盖整个被检表面，在整个渗透时间内始终保持润湿，渗透时间≥10min
5	去除	先将表面大部分多余的渗透剂用不脱毛、干净的绵丝依次擦拭去除掉，再用蘸有清洗剂的绵丝或布进行擦拭，直至将被检表面多余的渗透剂全部擦净，擦拭时注意应按一个方向进行，不得往复擦拭，不得用清洗剂直接在被检面上冲洗
6	干燥	自然干燥
7	显像	喷涂施加，喷嘴离被检面300～400mm，喷涂方向与被检面夹角为30°～40°，使用前摇动喷灌使显像剂均匀，施加应薄而匀，不得在同一地点反复施加，显像时间≥7min
8	观察	显像剂施加后7～60min内进行，被检面白光照度应大于1000lx，必要时可用5～10倍放大镜进行观察，缺陷用照相方法记录，并在草图上标明缺陷所在位置
9	复验	应将被检面彻底清洗干净，重新进行渗透检测操作各步骤，检验灵敏度不符合要求、操作方法有误或技术条件改变、各方有争议或认为有必要时进行
10	后清洗	用干布擦除表面显像剂，再用溶剂擦洗干净
11	评定与验收	根据缺陷显示尺寸及性质按JB/T 4730.5—2005进行等级评定，Ⅰ级合格
12	报告	按照委托方要求出具至少包括JB/T 4730.5—2005规定内容的报告
备注		一定量渗透检测剂中的氯、氟元素的含量的质量分数不得超过1%（奥氏体钢和钛及钛合金材料） 灵敏度要达到3级高灵敏度，试块上裂纹区位要清楚显示3个 渗透检测实施前、检测操作方法有误或条件发生变化时，用B型试块按工艺进行校验

编制人： 资　格：　　　年　月　日	审核人： 资　格：　　　年　月　日	审批人： 资　格：　　　年　月　日

8.8　渗透检测工艺管理

检验规程、检验工艺卡等工艺文件是文件化、表格化的检测技术，是正确实施检测工艺的依据。因此，这些检测工艺文件编制完成、审批后应及时发布，操作人员必须严格执行。为了严肃工艺纪律，在执行过程中，应组织对工艺文件执行的情况进行定期、不定期的监督、检查。

工艺文件在执行过程中若发现存在不适宜或错误的地方，应提出修改申请，按质量管理体系规定的程序和职责修改，任何人不能私自修改。

由于现场检测条件或试件结构受到限制，有时不能采用工艺文件规定的检测方法或工艺参数进行检测。在这种情况下，可能导致检测灵敏度达不到要求、缺陷漏检，对此必须加以严格控制，包括检测申请、方案制订、试验、工艺编制、审批等的控制。

如果是采用新技术、新工艺、新设备、新材料进行检测，这相当于确定一种新的检测方法能否应用于检测过程。对于这种情况，应通过严格的工艺评审来确定它的可行性。首先应由提出部门提出书面申请，经主管技术负责人或企业授权人员批准后立项，由专人负责组织工艺研发，经过反复的试验验证，再进行试用、评审、修改等一系列过程，最后通过鉴定，形成工艺文件。

8.9 渗透检测记录及归档

按照 ISO 9000 标准的定义，记录是阐明所取得的结果或提供所完成活动的证据的文件。记录可用于为可追溯性提供文件，并提供验证、改进的证据。

渗透检测时应认真填写渗透检测记录。记录内容应包括工程名称、工程编号、材质、尺寸及热处理状态、检测部位、检测比例、渗透检测剂牌号、标准试片、检测方法（包括渗透剂类型和显像方式）、操作条件（包括渗透温度、渗透时间、干燥温度和时间、显像时间）、操作方法（包括预清洗方法、渗透剂施加方法、去除方法、干燥方法、显像剂施加方法、观察方法）验收标准、缺陷情况、返修及复探情况、检测结论等，检测人员及审核人员应在检测记录上签名。

所有检测资料应妥善保管，保管期原则上不少于 7 年，7 年后若用户需要转交给用户保管。

渗透检测报告是说明产品质量是否达到要求的重要证据。渗透检测报告至少应包含如下内容：

1）委托单位。

2）被检试件的名称、编号、规格、材质、焊接方法和热处理状况。

3）检测设备的名称、型号。

4）检测标准和验收等级。

5）检测规范、技术等级、检测条件等。

6）试件检测部位及缺陷显示部位草图。

7）检测结果及质量分级。

8）检测人员和责任人员签字及其技术资格。

9）检测日期。

表 8-11 是焊接渗透检测报告样本，表 8-12 是渗透检测部位示意，供参考。

检测单位应有适合自身具体情况并符合现行质量体系的记录管理制度，并应规定渗透检测记录的编制、填写、更改、识别、收集、索引、存档、维护和清理等的方法。

1）记录的格式应统一编制，为了管理方便，可以编制渗透检测记录目录并编制记录编号。如果需要修改检测表格的样式，应按有关规定，经申请批准后按程序修改。

2）每次检测的记录应包含足够的信息以保证其能够再现，具有可追溯性。

3）所有检测工作应当时予以记录，不能补记或追记。记录应整洁、真实、客观。

4）原始记录如填写错误，不得随意涂、描、刮、贴、重抄。确需更正时，应按规定执行，同时加盖更改人印章或签名。对电子存储的记录也应采取有效措施，避免原始信息或数据的丢失或改动。

5）渗透检测原始记录应由检测人员填写，渗透检测报告应由具备渗透检测资格的2级或3级人员出具，应按有关规定经资格人员审核、批准或签发。

6）渗透检测记录应按规定的方法及时收集、保存。所有记录和报告都应安全储存、妥善保管。保存的环境和场所应确保检测记录不受损坏。

7）记录的保存方式应便于查阅，可以按照日期、产品或顾客的不同进行归档保存，并编目录、建立台账。

8）记录的借阅应按规定经过批准，并应注意对涉及的原始数据及有关工艺的保密工作。

9）所有质量记录和原始观测记录、计算和导出数据应按适当的期限保存。保存的期限应符合有关的法律法规及单位的规定。对于超过保存期限的记录，应及时清理，编制目录，经过批准由专人销毁。

表8-11 焊缝渗透检测报告样本

委托编号：WT-×××× 记录编号：JL-×××× 报告编号：BG-××××

<table>
<tr><td rowspan="5">工件</td><td>试件名称</td><td colspan="2">试件</td><td>试件编号</td><td colspan="2">PT108-72</td></tr>
<tr><td>材质</td><td colspan="2">Q235B</td><td>规格</td><td colspan="2">150mm×100mm</td></tr>
<tr><td>坡口形式</td><td colspan="2">V</td><td>检测方法</td><td colspan="2">ⅡC-d</td></tr>
<tr><td>检测部位</td><td colspan="2">焊缝</td><td>表面状态</td><td colspan="2">打磨</td></tr>
<tr><td>加工方式</td><td colspan="2">■焊接□锻造□铸造□精加工</td><td>热处理状态</td><td colspan="2">—</td></tr>
<tr><td rowspan="6">器材、方法及参数</td><td>渗透剂型号</td><td colspan="2">HD-RS</td><td>渗透温度</td><td colspan="2">26℃</td></tr>
<tr><td>清洗剂型号</td><td colspan="2">HD-BX</td><td>渗透时间</td><td colspan="2">12min</td></tr>
<tr><td>显像剂型号</td><td colspan="2">HD-XS</td><td>显像时间</td><td colspan="2">10min</td></tr>
<tr><td>渗透剂施加方法</td><td colspan="2">喷涂</td><td>观察方法</td><td colspan="2">目视</td></tr>
<tr><td>清洗方法</td><td colspan="2">溶剂去除（擦拭）</td><td>灵敏度试块</td><td colspan="2">B型</td></tr>
<tr><td>显像施加方法</td><td colspan="2">喷涂施加</td><td>观察条件</td><td colspan="2">可见光1000Lx</td></tr>
<tr><td rowspan="2">技术要求</td><td>要求检测比例</td><td>100%</td><td>实际检测比例</td><td>100%</td><td>工艺卡号</td><td>GY-××××</td></tr>
<tr><td>检测标准</td><td>JB/T 4730.5—2005</td><td>验收标准</td><td>JB/T 4730.5—2005</td><td>合格级别</td><td>Ⅰ级</td></tr>
</table>

表 8-12 渗透检测部位示意

委托编号：WT-×××××××××× 记录编号：JL-×××××××× 报告编号：BG-××××××××××

<table>
<tr><td colspan="3">检测部位示意图</td></tr>
<tr><td>报告人：
资格：
检测日期： 年 月 日</td><td>审核人：
资格：
审核日期： 年 月 日</td><td>检测单位无损检测专用章

报告日期： 年 月 日</td></tr>
</table>

复 习 题

8-1 实施 ISO 9000 质量管理体系认证及计量认证具有哪些重要意义？

8-2 渗透检测标准可分为哪几类？举例说明。

8-3 简述渗透检测各级资格人员的主要职责。

8-4 简述渗透检测工艺规范、工艺卡的主要内容及区别。

8-5 渗透检测报告包括哪些内容？

8-6 渗透检测设备管理应包括哪些方面？

附　　录

附录 A　正交试验法与正交表

正交试验法（简称正交法）是以概率论数理统计、专业知识和实践经验为基础，利用标准化的正交表来科学合理地安排试验，尽量以较少的试验次数获得可靠的试验结果，对试验方案进行优化设计并对试验结果进行科学分析的一种科学计算方法。有关试验设计方法常用的术语定义如下：

1）试验指标：试验研究的指标，根据试验目的选定的用来衡量试验效果的特性值。多数情况下，试验只设定单个试验指标。

2）因素：在试验研究过程中影响试验指标的量。通常用 A、B、C 等大写字母作为因素的简化表示，如渗透剂中的某些成分的含量、染料溶解度及荧光亮度等。

3）水平：试验中因素所处的具体状态或情况，又称为等级。在实际试验中，大多数试验设计的因素取 2 水平或 3 水平，一般用 1、2、3……来表示因素的不同水平。如温度有 3 个水平，温度用 T 表示，下标 1、2、3 表示因素的不同水平，分别记为 T_1、T_2、T_3。

正交试验属于试验设计方法的一种。简单地讲，试验设计是研究如何科学安排试验，以较少的人力、物力消耗取得较多、较全面的信息。正交表是试验设计的基本工具，它是根据均衡分布的思想，运用组合数学理论构造的一种数学表格，均衡分布性是正交表的核心。

1. 正交表的表示

正交表是根据正交原理设计的已规范化的表格，是正交试验设计的基本工具。

1）正交表记号所表示的含义归纳为

$$L_n(t^q)$$

式中　L——正交表符号，是 Latin 的第一个字母；

n——试验次数，即正交表行数；

t——因素的水平数，即 1 列中出现不同数字的个数；

q——最多能安排的因素数，即正交表的列数。

2）正交表中 1 列可以安排 1 个因素，因此它可安排的因素数可以小于或等于 q，但不能大于 q。

3）括号内的 t^q 表示 q 个因素、每个因素 t 个水平全面试验的水平组合数（即处理数）。因为可安排的因素个数不能大于 q，所以 n / t^q 为最小部分实施。

显然，$L_4(2^3)$ 是最简单的正交表，有 4 列 3 行，用它最多能安排 3 个 2 水平因素的试验。部分试验为 4 次，全面试验为 8 次，最小部分实施为 1/2，即用它安排试验可比全面试验少做 1/2。所以，当试验因素数 q 及每个因素的水平数 t 增加时，n/t^q 下降，节省试验次数的效果更明显。

2. 正交表的分类

常见的水平数相同的正交表有：

2 水平正交表：$L_4(2^3)$、$L_8(2^7)$、$L_{12}(2^{11})$、$L_{16}(2^{15})$、$L_{32}(2^{31})$……

3 水平正交表：$L_9(3^4)$、$L_{27}(3^{13})$、$L_{81}(3^{40})$……

4 水平正交表：$L_{16}(4^5)$、$L_{64}(4^{21})$、$L_{256}(4^{85})$……

5 水平正交表：$L_{25}(5^6)$、$L_{125}(3^{31})$、$L_{265}(5^{156})$……

各列中出现的最大数字相同的正交表称为相同水平正交表。如 $L_4(2^3)$、$L_8(2^7)$、$L_{12}(2^{11})$等各列中最大数字为 2，称为 2 水平正交表；$L_9(3^4)$、$L_{27}(3^{13})$等各列中最大数字为 3，称为 3 水平正交表。凡是标准表，水平数都相等，且水平数只能取素数或素数幂。因此有 7 水平、9 水平的标准表，没有 6 水平、8 水平的标准表。

最简单的 $L_4(2^3)$，做四次试验，最多安排 3 个 2 水平因素（而全面试验所需安排的试验次数为 $2^3=8$）。

正交表 $L_9(3^4)$

试验号 \ 列号	1	2	3	4
1	1	1	1	1
2	1	2	2	2
3	1	3	3	3
4	2	1	2	3
5	2	2	3	1
6	2	3	1	2
7	3	1	3	2
8	3	2	1	3
9	3	3	2	1

还有一类正交表，表的各列中出现的因素水平数不相同，这种正交表称为“混合型正交表”。如 L_8 $(4^1\times2^4)$ 混合型正交表，表示 1 个因素是 4 个水平的，4 个因素是 2 个水平的，不等水平的混合，其中第一列与其他列的搭配是均匀的。

L_8 $(4^1\times2^4)$

试验号 \ 列号	1	2	3	4	5
1	1	1	1	1	1
2	1	2	2	2	2
3	2	1	1	2	2
4	2	2	2	1	1
5	3	1	2	1	2
6	3	2	1	2	1
7	4	1	2	2	1
8	4	2	1	1	2

还有如：L_{12} (3×2^4)，L_{12} (6×2^2)；L_{16} (4×2^{12})，L_{16} $(4^2\times2^9)$；L_{18} (2×3^7)，L_{18} (6×3^6) 等。

3. 正交表的性质

1）每一列中各数字（或称水平）出现的次数相同。比如在正交表 L_9 (3^4) 中，每一列的代表 3 种试验水平的 1、2、3 这 3 个数字都重复出现了 3 次。也就是说，试验方案中安排在该列的试验因素的每个水平都出现了相同的次数。

2）任意两列的号码所构成的水平对中，每个水平对重复出现的次数相同。比如在正交表 L_9（3^4）中，任意两列中的同行数字构成的数对如（1，1）；（1，2）；（1，3）；（2，1）；（2，2）；（2，3）；（3，1）；（3，2）；（3，3）各出现一次，只是出现的顺序不同。也就是说，在试验方案中任意两个因素的不同水平搭配的机会是相等的，不会导致某个水平在对应因素中更突出而影响对试验结果的分析。

4. 正交表的特点

比如安排3个3水平因素的试验，全面试验所需安排的试验次数为 $3^3=27$，利用正交表 L_9（3^4）从27个试验点中挑选出来的9个试验点在空间的分布如附图1所示。显然这些试验点在空间的分布是均匀的，每一个面都有3个试验点，每一条线都有1个试验点。因此根据正交表安排试验，虽然试验次数减少，但其所具有的正交性使得每个试验点都极具有代表性，从而为进一步分析试验数据、得到合理可靠的试验结论打下了基础。

5. 正交试验设计的基本步骤

正交试验设计（简称正交设计）的基本程序包括设计试验方案和处理试验结果两大部分。主要步骤可归纳如下：

1）明确试验目的，确定考核指标。试验目的就是通过正交试验要想解决什么问题。考核指标就是用来衡量或考核试验效果的质量指标。试验指标一经确定，就应当把衡量和评定指标的原则、标准，测定试验指标的方法及所用的仪器等确定下来。这本身就是一项细致而复杂的研究工作。

2）挑因素，选水平。影响指标者称为因素。因素在试验中变化的各种状态，称为水平。因素的变化引起指标的变化，正交试验法适用于试验中能人为加以控制和调节的因素——可控因素。选好的因素、水平通常可列成因素水平表。

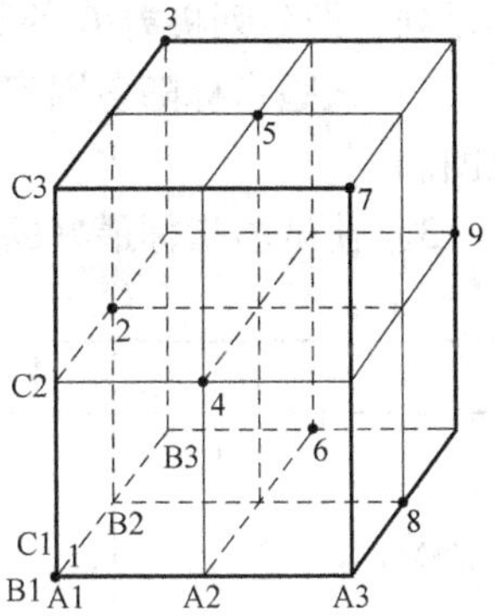

附图1　3因素3水平的空间的分布

3）选择合适的正交表。选择正交表的基本原则是先确定试验的因素、水平和交互作用，然后选择适用的正交表。在确定因素的水平数时，主要因素宜多安排几个水平，次要因素可少安排几个水平。

①先看水平数。若各因素全是2水平，就选用L（2^*）表；若各因素全是3水平，就选L（3^*）表；若各因素的水平数不相同，就选择适用的混合水平表。

②每一个交互作用在正交表中应占一列或两列。要看所选的正交表是否足够大，能否容纳得下所考虑的因素和交互作用。为了对试验结果进行方差分析或回归分析，还必须至少留一个空白列，作为“误差”列，在极差分析中要作为“其他因素”列处理。

③若试验精度要求高，宜取实验次数多的正交表。

④若试验费用很昂贵，或试验的经费很有限，或人力和时间都比较紧张，则不宜选实验次数太多的正交表。

⑤按原来考虑的因素、水平和交互作用去选择正交表，若无正好适用的正交表可选，简便且可行的办法是适当修改原定的水平数。

⑥在对某因素或某交互作用的影响是否确实存在没有把握的情况下，选择正交表时常为该选大表还是选小表而犹豫。若条件许可，应尽量选用大表，让影响存在的可能性较大的因素和交互作用各占适当的列。某因素或某交互作用的影响是否真的存在，留到方差分析进行

显著性检验时再做结论。这样既可以减少试验的工作量，又不至于漏掉重要的信息。

6. 正交试验结果分析方法

正交试验法之所以能得到科技工作者的重视并在实践中得到广泛的应用，其原因不仅在于能使试验的次数减少，而且能够用相应的方法对试验结果进行分析并引出许多有价值的结论。因此，有正交试验法进行实验，如果不对试验结果进行认真的分析，并引出应该引出的结论，那就失去了使用正交试验法的意义和价值。

（1）极差分析方法　下面以附表1为例讨论 L_4（2^3）正交试验结果的极差分析方法。极差指的是各列中各水平对应的试验指标平均值的最大值与最小值之差。从附表1的计算结果可知，用极差法分析正交试验结果可引出以下几个结论：

1）在试验范围内，各列对试验指标的影响从大到小排列。某列的极差最大，表示该列的数值在试验范围内变化时，试验指标数值的变化最大。所以各列对试验指标的影响从大到小排列，即各列极差 D 的数值从大到小排列。

2）试验指标随各因素的变化趋势。为了能更直观地看到变化趋势，常将计算结果绘制成图。

3）使试验指标最好的适宜的操作条件（适宜的因素、水平搭配）。

附表1　L_4（2^3）正交试验计算

列号		1	2	3	试验指标 y_i
试验号	1	1	1	1	y_1
	2	1	2	2	y_2
	3	2	1	2	y_3
	4	2	2	1	y_4
I_j		$\mathrm{I}_1=y_1+y_2$	$\mathrm{I}_2=y_1+y_3$	$\mathrm{I}_3=y_1+y_4$	
II_j		$\mathrm{II}_1=y_3+y_4$	$\mathrm{II}_2=y_2+y_4$	$\mathrm{II}_3=y_2+y_3$	
k_j		$k_1=2$	$k_2=2$	$k_3=2$	
I_j/k_j		I_1/k_1	I_2/k_2	I_3/k_3	
II_j/k_j		II_1/k_1	II_2/k_2	II_3/k_3	
极差(D_j)		max{ }−min{ }	max{ }−min{ }	max{ }−min{ }	

注：I_j 为第 j 列1水平所对应的试验指标的数值之和；
II_j 为第 j 列2水平所对应的试验指标的数值之和；
k_j 为第 j 列同一水平出现的次数，等于试验的次数（n）除以第 j 列的水平数；
I_j/k_j 为第 j 列1水平所对应的试验指标的平均值；
II_j/k_j 为第 j 列1水平所对应的试验指标的平均值；
D_j 为第 j 列的极差，等于第 j 列各水平对应的试验指标平均值中的最大值减最小值。

除以上三点外，还可对所得结论和进一步的研究方向进行讨论。

（2）方差分析方法　设在一个试验中只考察一个因子A，它有 r 个水平，在每一水平下进行 m 次重复试验，其结果用 y_{i1}，y_{i2}，…，y_{im} 表示，$i=1$，2，…，r。计算公式和项目如下：

1）记第 i 水平下的数据和为 T_i，$T_i=\sum\limits_{i=1}^{m}y_{ij}$；试验指标的平均值 $\bar{y}_{ij}=\dfrac{1}{m}\sum\limits_{i=1}^{m}y_{ij}$，以第 j

列为例。

2）总离差平方和 S_T

$$S_T = \sum_{i=1}^{r}\sum_{j=1}^{m}(y_{ij} - \bar{y})^2$$

3）因子 A 的离差平方和 S_A

$$S_A = \sum_{i=1}^{r} m(\bar{y}_i - \bar{y})^2$$

4）误差的离差平方和 S_e

$$S_e = \sum_{i=1}^{r}\sum_{j=1}^{m}(y_{ij} - \bar{y}_i)^2$$

5）因为 $S_T = S_A + S_e$，S_T、S_A、S_e 的自由度分别用 f_T、f_A、f_e 表示，则

$$f_T = 试验数 - 1,\ f_A = 水平数 - 1,\ f_e = f_T - f_A$$

6）因子或误差的均方和

$$MS_A = S_A/f_A,\ MS_e = S_e/f_e$$

$$F = MS_A/MS_e$$

当 $F > F_\alpha$（f_A，f_e）时认为在显著水平 α 上因子 A 是显著的。其在 F_α（f_A，f_e）是自由度为 f_A、f_e 的 F 分布的 α 分位数。

以下为正交试验法中常用的正交表：

L_4（2^3）

列号 / 试验号	1	2	3	列号 / 试验号	1	2	3
1	1	1	1	3	2	1	2
2	1	2	2	4	2	2	1

L_8（2^7）

列号 / 试验号	1	2	3	4	5	6	7
1	1	1	1	1	1	1	1
2	1	1	1	2	2	2	2
3	1	2	2	2	1	2	2
4	1	2	2	2	2	1	1
5	2	1	1	2	1	1	2
6	2	1	1	2	2	2	1
7	2	2	2	1	1	2	1
8	2	2	2	1	2	1	2

L_{12}（2^{11}）

试验号＼列号	1	2	3	4	5	6	7	8	9	10	11
1	1	1	1	1	1	1	1	1	1	1	1
2	1	1	1	1	1	2	2	2	2	2	2
3	1	1	2	2	2	1	1	1	2	2	2
4	1	2	1	2	2	1	2	2	1	1	2
5	1	2	2	1	2	2	1	2	1	2	1
6	1	2	2	2	1	2	2	1	2	1	1
7	2	1	2	2	1	1	2	2	1	2	1
8	2	1	2	1	2	2	2	1	1	1	2
9	2	1	1	2	2	2	1	2	2	1	1
10	2	2	2	1	1	1	1	2	2	1	2
11	2	2	1	2	1	2	1	1	1	2	2
12	2	2	1	1	2	1	2	1	2	2	1

L_{16}（2^{15}）

试验号＼列号	1	2	3	4	5	6	7	8	9	10	11	12	13	14	15
1	1	1	1	1	1	1	1	1	1	1	1	1	1	1	1
2	1	1	1	1	1	1	1	2	2	2	2	2	2	2	2
3	1	1	1	2	2	2	2	1	1	1	1	2	2	2	2
4	1	1	1	2	2	2	2	2	2	2	2	1	1	1	1
5	1	2	2	1	1	2	2	1	1	2	2	1	1	2	2
6	1	2	2	1	1	2	2	2	2	1	1	2	2	1	1
7	1	2	2	2	2	1	1	1	1	2	2	2	2	1	1
8	1	2	2	2	2	1	1	2	2	1	1	1	1	2	2
9	2	1	2	1	2	1	2	1	2	1	2	1	2	1	2
10	2	1	2	1	2	2	1	2	1	2	1	2	1	2	1
11	2	1	2	2	1	2	1	1	2	1	2	2	1	2	1
12	2	1	2	2	1	2	1	2	1	2	1	1	2	1	2
13	2	2	1	1	2	2	1	1	2	2	1	1	2	2	1
14	2	2	1	1	2	2	1	2	1	1		2	1	1	2
15	2	2	1	2	1	1	2	1			1	2	1	1	2
16	2	2	1	2	1	1	2	2	1	1	2	1	2	2	1

$L_{20}(2^{19})$

列号 试验号	1	2	3	4	5	6	7	8	9	10	11	12	13	14	15	16	17	18	19
1	1	1	1	1	1	1	1	1	1	1	1	1	1	1	1	1	1	1	1
2	2	2	1	1	2	2	2	2	1	2	1	2	1	1	1	1	2	2	1
3	2	1	1	2	2	2	2	1	2	1	2	1	1	1	1	2	2	1	2
4	1	1	2	2	2	2	1	2	1	2	1	1	1	1	2	2	1	2	2
5	1	2	2	2	2	1	2	1	2	1	1	1	1	2	2	1	2	2	1
6	2	2	2	2	1	2	1	2	1	1	1	1	2	2	1	2	2	1	1
7	2	2	2	1	2	1	2	1	1	1	1	2	2	1	2	2	1	1	2
8	2	2	1	2	1	2	1	1	1	1	2	2	1	2	2	1	1	2	2
9	2	1	2	1	2	1	1	1	1	2	2	1	2	2	1	1	2	2	2
10	1	2	1	2	1	1	1	1	2	2	1	2	2	1	1	2	2	2	2
11	2	1	2	1	1	1	1	2	2	1	2	2	1	1	2	2	2	2	1
12	1	2	1	1	1	1	2	2	1	2	2	1	1	2	2	2	2	1	2
13	2	1	1	1	1	2	2	1	2	2	1	1	2	2	2	2	1	2	1
14	1	1	1	1	2	2	1	2	2	1	1	2	2	2	2	1	2	1	2
15	1	1	1	2	2	1	2	2	1	1	2	2	2	2	1	2	1	2	1
16	1	1	2	2	1	2	2	1	1	2	2	2	2	1	2	1	2	1	1
17	1	2	2	1	2	2	1	1	2	2	2	2	1	2	1	2	1	1	1
18	2	2	1	2	2	1	1	2	2	2	2	1	2	1	2	1	1	1	1
19	2	1	2	2	1	1	2	2	2	2	1	2	1	2	1	1	1	1	2
20	1	2	2	1	1	2	2	2	2	1	2	1	2	1	1	1	1	2	2

$L_9(3^4)$

列号 试验号	1	2	3	4	列号 试验号	1	2	3	4
1	1	1	1	1	6	2	3	1	2
2	1	2	2	2	7	3	1	3	2
3	1	3	3	3	8	3	2	1	3
4	2	1	2	3	9	3	3	2	1
5	2	2	3	1					

$L_{27}(3^{13})$

列号 试验号	1	2	3	4	5	6	7	8	9	10	11	12	13
1	1	1	1	1	1	1	1	1	1	1	1	1	1
2	1	1	1	1	2	2	2	2	2	2	2	2	2

（续）

试验号＼列号	1	2	3	4	5	6	7	8	9	10	11	12	13
3	1	1	1	1	3	3	3	3	3	3	3	3	3
4	1	2	2	2	1	1	1	2	2	3	3	3	3
5	1	2	2	2	2	2	2	3	3	3	1	1	1
6	1	2	2	2	3	3	3	1	1	1	2	2	2
7	1	3	3	3	1	1	1	3	3	3	2	2	2
8	1	3	3	3	2	2	2	1	1	1	3	3	3
9	1	3	3	3	3	3	3	2	2	2	1	1	1
10	2	1	2	3	1	2	3	1	2	3	1	2	3
11	2	1	2	3	2	3	1	2	3	1	2	3	1
12	2	1	2	3	3	1	2	3	1	2	3	1	2
13	2	2	3	1	1	2	3	2	3	1	3	1	2
14	2	2	3	1	2	3	1	3	1	2	1	2	3
15	2	2	3	1	3	1	2	1	2	3	2	3	1
16	2	3	1	2	1	2	3	3	1	2	2	3	1
17	2	3	1	2	2	3	1	1	2	3	3	1	2
18	2	3	1	2	3	1	2	2	3	1	1	2	3
19	3	1	3	2	1	3	2	1	3	2	1	3	2
20	3	1	3	2	2	1	3	2	1	3	2	1	3
21	3	1	3	2	3	2	1	3	2	1	2	1	3
22	3	2	1	3	1	3	2	2	1	3	3	2	1
23	3	2	1	3	2	1	3	3	2	1	1	3	2
24	3	2	1	3	3	2	1	1	3	2	2	1	3
25	3	3	2	1	1	3	2	3	2	1	2	1	3
26	3	3	2	1	2	1	3	1	3	2	3	2	1
27	3	3	2	1	3	2	1	2	1	3	1	3	2

L_8（4×2^4）

试验号＼列号	1	2	3	4	5	试验号＼列号	1	2	3	4	5
1	1	1	1	1	1	5	3	1	2	1	2
2	1	2	2	2	2	6	3	2	1	2	1
3	2	1	1	2	2	7	4	1	2	2	1
4	2	2	2	1	1	8	4	2	1	1	2

$L_{16}(4^4 \times 2^3)$

试验号＼列号	1	2	3	4	5	6	7
1	1	1	1	1	1	1	1
2	1	2	2	2	1	2	2
3	1	3	3	3	2	1	2
4	1	4	4	4	2	2	1
5	2	1	2	3	2	2	1
6	2	2	1	4	2	1	2
7	2	3	4	1	1	2	2
8	2	4	3	2	1	1	1
9	3	1	3	4	1	2	2
10	3	2	4	3	1	1	1
11	3	3	1	2	2	2	1
12	3	4	2	1	2	1	2
13	4	1	4	2	2	1	2
14	4	2	3	1	2	2	1
15	4	3	2	4	1	1	1
16	4	4	1	3	1	2	1

$L_{16}(4^2 \times 2^9)$

试验号＼列号	1	2	3	4	5	6	7	8	9	10	11
1	1	1	1	1	1	1	1	1	1	1	1
2	1	2	1	1	1	2	2	2	2	2	2
3	1	3	2	2	2	1	1	1	2	2	2
4	1	4	2	2	2	2	2	2	1	1	1
5	2	1	1	2	2	1	2	2	1	2	2
6	2	2	1	2	2	2	1	1	2	1	1
7	2	3	2	1	1	1	2	2	2	1	1
8	2	4	2	1	1	2	1	1	1	2	2
9	3	1	2	1	2	2	1	2	2	1	2
10	3	2	2	1	2	1	2	1	1	2	1
11	3	3	1	2	1	2	1	2	1	2	1
12	3	4	1	2	1	1	2	1	2	1	2
13	4	1	2	2	1	2	2	1	2	2	1
14	4	2	2	2	1	1	1	2	1	1	2
15	4	3	1	1	2	2	2	1	1	1	2
16	4	4	1	1	2	1	1	2	2	2	1

L_{16}（4^5）

试验号＼列号	1	2	3	4	5	试验号＼列号	1	2	3	4	5
1	1	1	1	1	1	9	3	1	3	4	2
2	1	2	2	2	2	10	3	2	4	3	1
3	1	3	3	3	3	11	3	3	1	2	4
4	1	4	4	4	4	12	3	4	2	1	3
5	2	1	2	3	4	13	4	1	4	2	3
6	2	2	1	4	3	14	4	2	3	1	4
7	2	3	4	1	2	15	4	3	2	4	1
8	2	4	3	2	1	16	4	4	1	3	2

L_{18}（2×3^7）

试验号＼列号	1	2	3	4	5	6	7	8
1	1	1	1	1	1	1	1	1
2	1	1	2	2	2	2	2	2
3	1	1	3	3	3	3	3	3
4	1	2	1	1	2	2	3	3
5	1	2	2	2	3	3	1	1
6	1	2	3	3	1	1	2	2
7	1	3	1	2	1	3	2	3
8	1	3	2	3	2	1	3	1
9	1	3	3	1	3	2	1	2
10	2	1	1	3	3	2	2	1
11	2	1	2	1	1	3	3	2
12	2	1	3	2	2	1	1	3
13	2	2	1	2	3	1	3	2
14	2	2	2	3	1	2	1	3
15	2	2	3	1	2	3	2	1
16	2	3	1	3	2	3	1	2
17	2	3	2	1	3	1	2	3
18	2	3	3	2	1	2	3	1

$L_{16}(4^4\times2^3)$

试验号＼列号	1	2	3	4	5	6	7
1	1	1	1	1	1	1	1
2	1	2	2	2	1	2	2
3	1	3	3	3	2	1	2
4	1	4	4	4	2	2	1
5	2	1	2	3	2	2	1
6	2	2	1	4	2	1	2
7	2	3	4	1	1	2	2
8	2	4	3	2	1	1	1
9	3	1	3	4	1	2	2
10	3	2	4	3	1	1	1
11	3	3	1	2	2	2	1
12	3	4	2	1	2	1	2
13	4	1	4	2	2	1	2
14	4	2	3	1	2	2	1
15	4	3	2	4	1	1	1
16	4	4	1	3	1	2	2

$L_{16}(4^3\times2^6)$

试验号＼列号	1	2	3	4	5	6	7	8	9
1	1	1	1	1	1	1	1	1	1
2	1	2	2	1	1	2	2	2	2
3	1	3	3	2	2	1	1	2	2
4	1	4	4	2	2	2	2	1	1
5	2	1	2	2	2	1	2	1	2
6	2	2	1	2	2	2	1	2	1
7	2	3	4	1	1	1	2	2	1
8	2	4	3	1	1	2	1	1	2
9	3	1	3	1	2	2	2	2	1
10	3	2	4	1	2	1	1	1	2
11	3	3	1	2	1	2	2	1	2
12	3	4	2	2	1	1	1	2	1
13	4	1	4	2	1	2	1	2	2
14	4	2	3	2	1	1	2	1	1
15	4	3	2	1	2	2	1	1	1
16	4	4	1	1	2	1	2	2	2

L_{25} (5^6)

试验号＼列号	1	2	3	4	5	6
1	1	1	1	1	1	1
2	1	2	2	2	2	2
3	1	3	3	3	3	3
4	1	4	4	4	4	4
5	1	5	5	5	5	5
6	2	1	2	3	4	5
7	2	2	3	4	5	1
8	2	3	4	5	1	2
9	2	4	5	1	2	3
10	2	5	1	2	3	4
11	3	1	3	5	2	4
12	3	2	4	1	3	5
13	3	3	5	2	4	1
14	3	4	1	3	5	2
15	3	5	2	4	1	3
16	4	1	4	2	5	3
17	4	2	5	3	1	4
18	4	3	1	4	2	5
19	4	4	3	5	3	1
20	4	5	2	1	4	2
21	5	1	5	4	3	2
22	5	2	1	5	4	3
23	5	3	2	1	5	4
24	5	4	3	2	1	5
25	5	5	4	3	2	1

L_8 (2^7) 的交互作用列表

1	2	3	4	5	6	7
(1)	3	2	5	4	7	6
	(2)	1	6	7	4	5
		(3)	7	6	5	4
			(4)	1	2	3
				(5)	3	2
					(6)	1
						(7)

L_{16} (2^{15}) 两列间交互作用列表

列号＼列号	1	2	3	4	5	6	7	8	9	10	11	12	13	14	15
	(1)	3	2	5	4	7	6	9	8	11	10	13	12	15	14
		(2)	1	6	7	4	5	10	11	8	9	14	15	12	13
			(3)	7	6	5	4	11	10	9	8	15	14	13	12
				(4)	1	2	3	12	13	14	15	8	9	10	11
					(5)	3	2	13	12	15	14	9	8	11	10
						(6)	1	14	15	13	12	11	10	8	9
							(7)	15	14	13	12	11	10	9	8
								(8)	1	2	3	4	5	6	7
									(9)	3	2	5	4	7	6
										(10)	1	6	7	4	5
											(11)	7	6	5	4
												(12)	1	2	3
													(13)	3	2
														(14)	1

L_{27} (3^{13}) 两列间的交互作用列表

列号＼列号	1	2	3	4	5	6	7	8	9	10	11	12	13
	(1)	3	2	2	6	5	5	9	8	8	12	11	11
		4	4	3	7	7	6	10	10	9	13	13	12
		(2)	1	1	8	9	10	5	6	7	5	6	7
			4	3	11	12	13	11	12	13	8	9	10
			(3)	1	9	10	8	7	5	6	6	7	5
				2	13	11	12	12	13	11	10	8	9
				(4)	10	8	9	6	7	5	7	5	6
					12	13	11	13	11	12	9	10	8
					(5)	1	1	2	3	4	2	4	3
						7	6	11	13	12	8	10	9
						(6)	1	4	2	3	3	2	4
							5	13	12	11	10	9	8
							(7)	3	4	2	4	3	2
								12	11	13	9	8	10
								(8)	1	1	2	3	4
									10	9	5	7	6
									(9)	1	4	2	3
										8	7	6	5
										(10)	3	4	2
											6	5	7
											(11)	1	1
												13	12
												(12)	1
													11

附录B 渗透检测缺陷显示图例

1. 裂纹荧光渗透显示

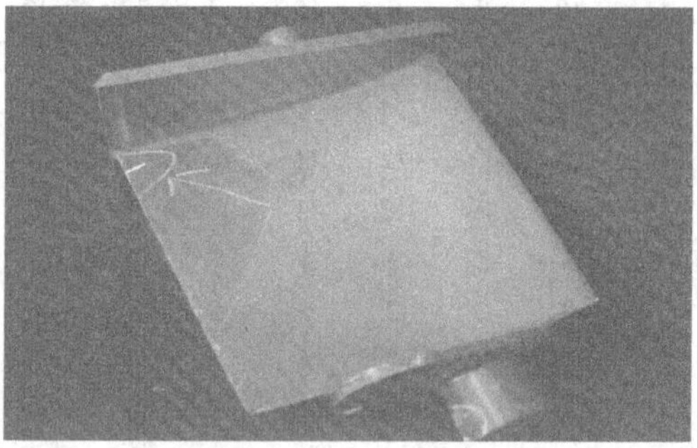

附图2 GH98 涡轮叶片裂纹

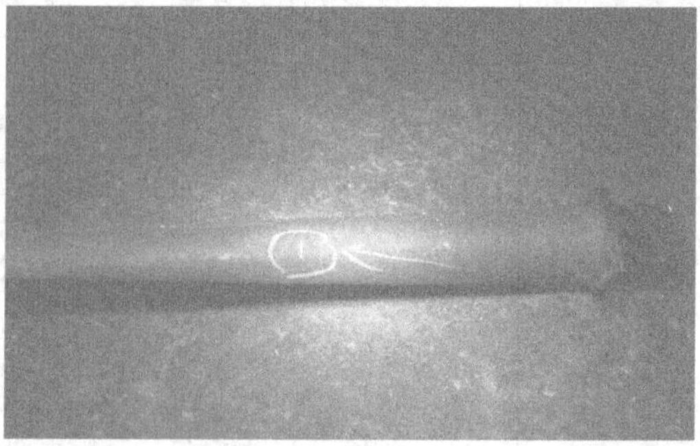

附图3 锻造钢件横裂纹

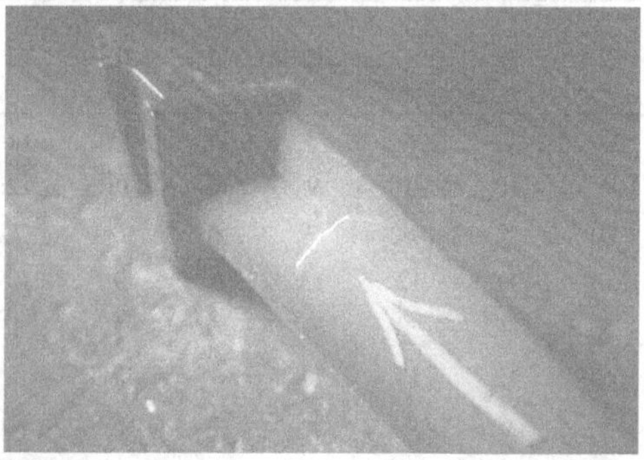

附图4 不锈钢模锻件横向裂纹

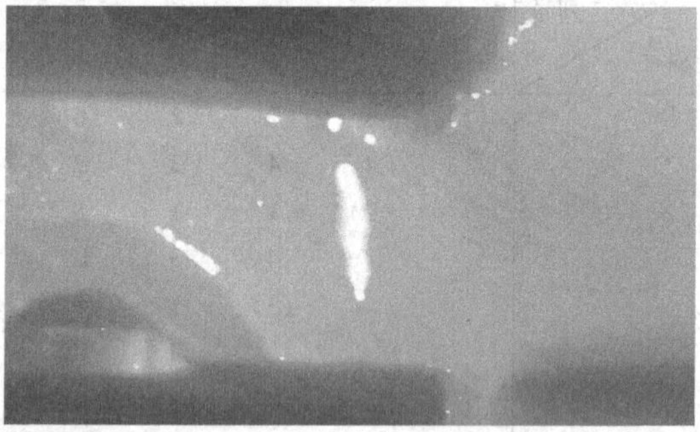

附图5 ZL114A 铝合金铸件表面裂纹

附图6 2A50 模锻接嘴试件裂纹（一）

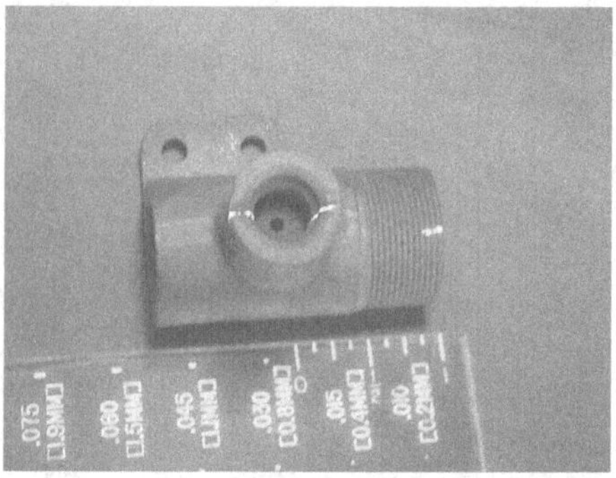

附图7 2A50 模锻接嘴试件裂纹（二）

附图 8　精铸高温合金空心叶片端部外表裂纹

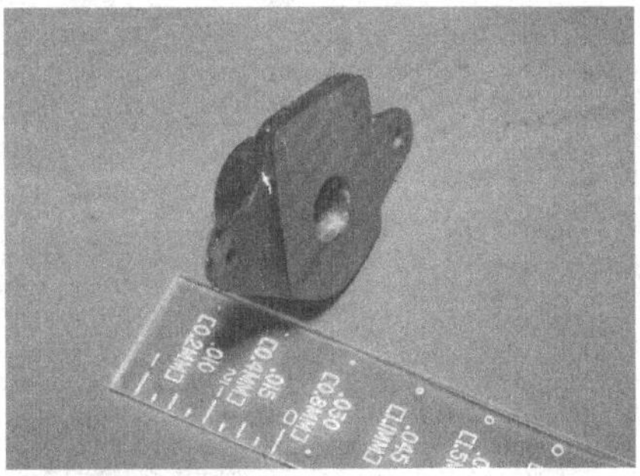

附图 9　ZG 310-570 精铸支座外表裂纹

附图 10　2A12 机加工支架试件裂纹

2. 裂纹着色渗透显示

附图 11　铸钢件的收缩裂纹

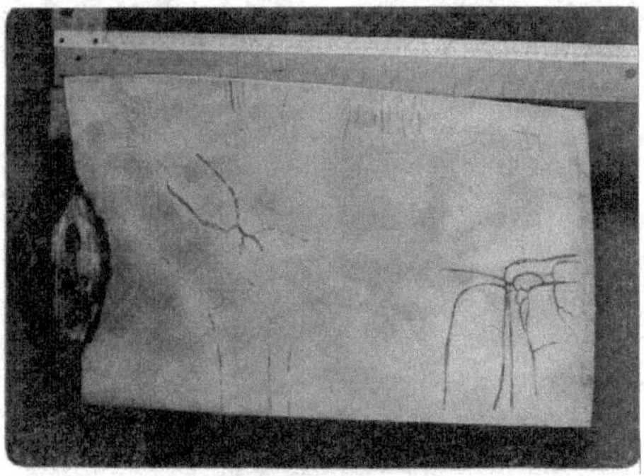

附图 12　吸风机叶片表面喷涂层的收缩裂纹

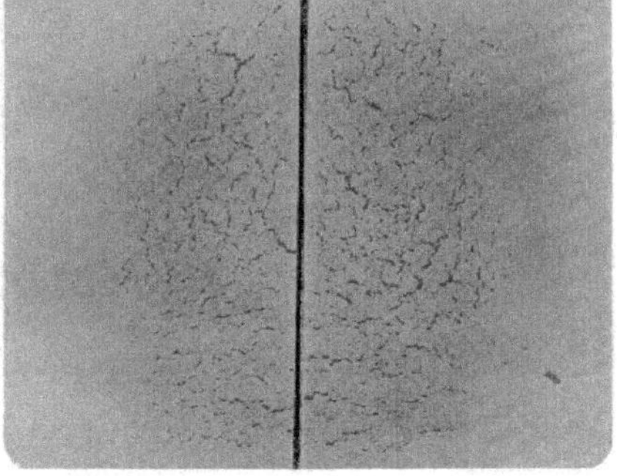

附图 13　A 型铝合金淬火试块Ⅰ、Ⅱ区的网状裂纹（7A04）

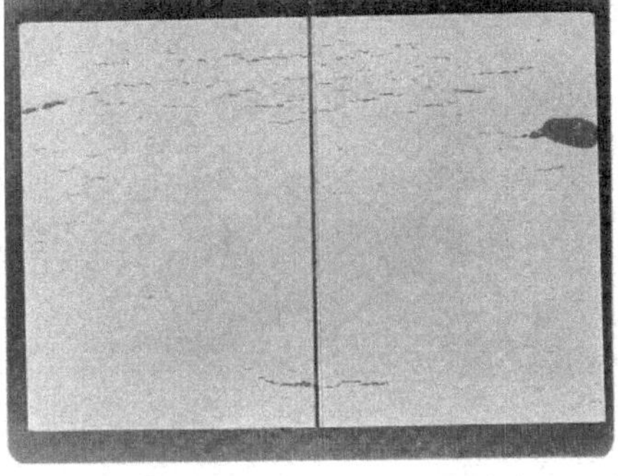

附图 14　A 型铝合金淬火试块Ⅰ、Ⅱ区的条状裂纹（2A12）

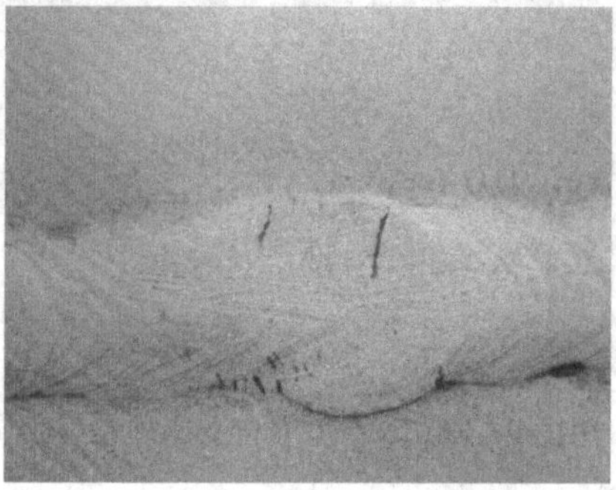

附图 15　钢焊缝上的横向裂纹（Q345）

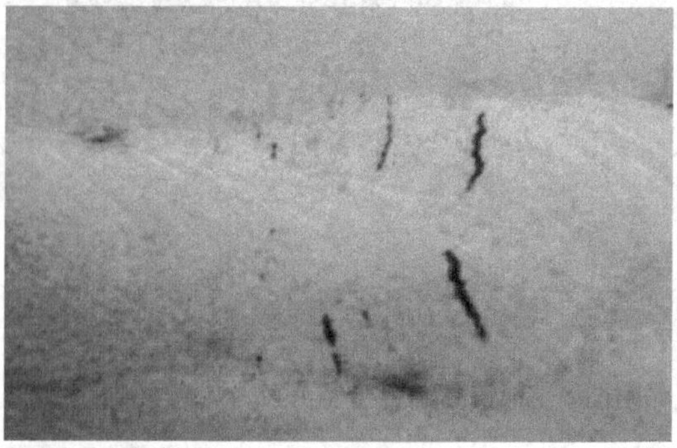

附图 16　钢焊缝上的横向裂纹（20）

附图 17　2A50 锻造接嘴试件分模线缝隙

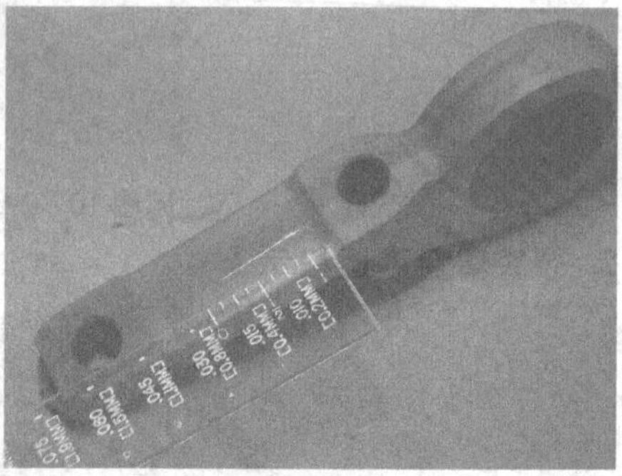

附图 18　2A50 锻造摇臂试件分模线缝隙（一）

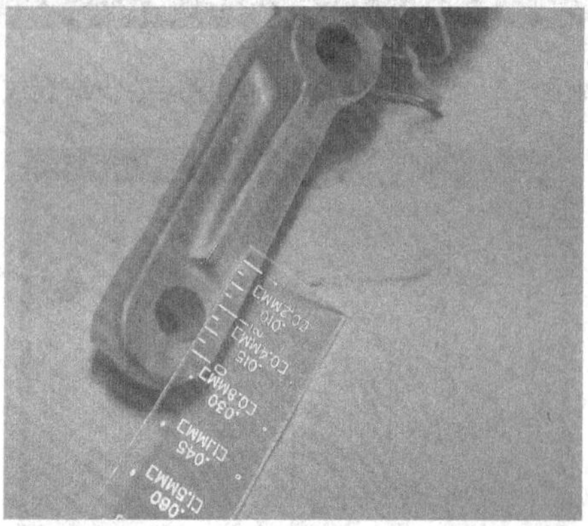

附图 19　2A50 锻造摇臂试件分模线缝隙（二）

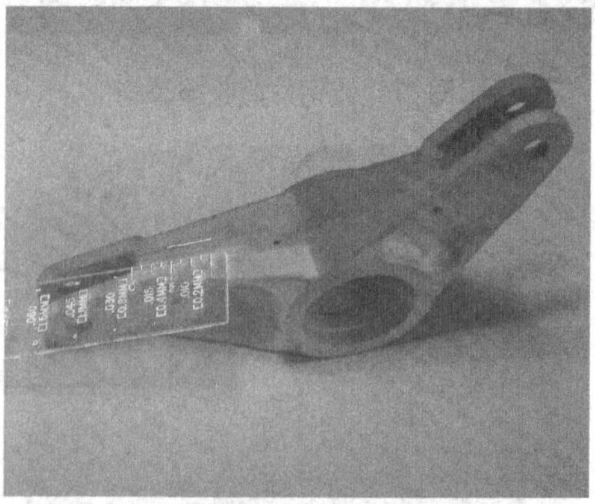

附图 20　2A50 锻造摇臂试件分模线缝隙（三）

3. 夹杂（夹渣）缺陷荧光渗透显示

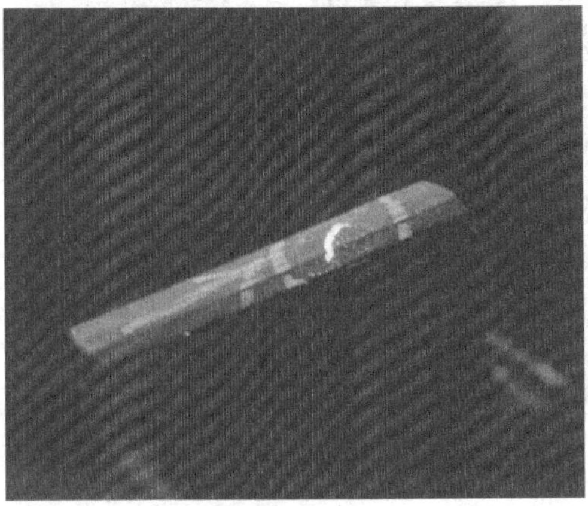

附图 21　钢模锻件的氧化膜夹杂

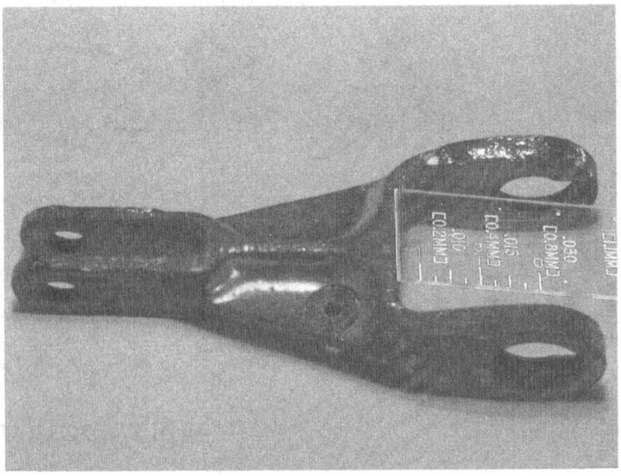

附图 22　镁合金摇臂模锻件的氧化物夹杂（一）

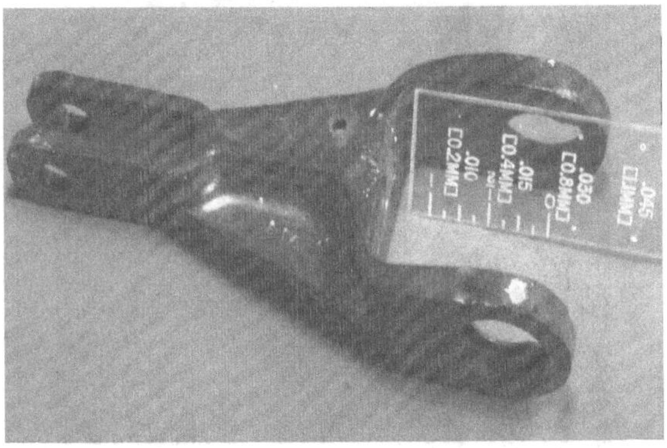

附图 23　镁合金摇臂模锻件的氧化物夹杂（二）

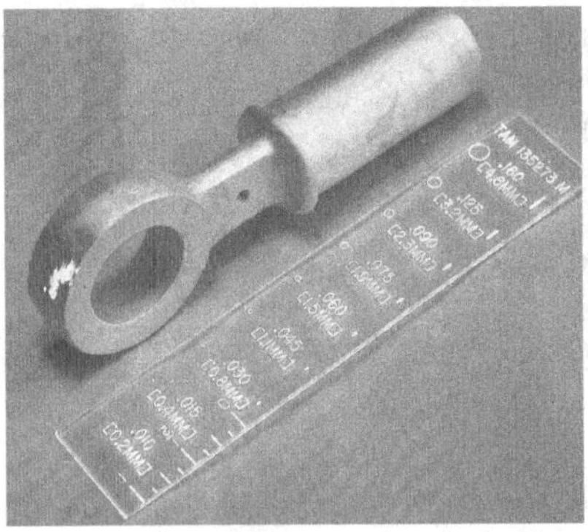

附图 24　2A70 摇臂模锻件的氧化物夹杂

4. 冷隔缺陷的荧光渗透显示

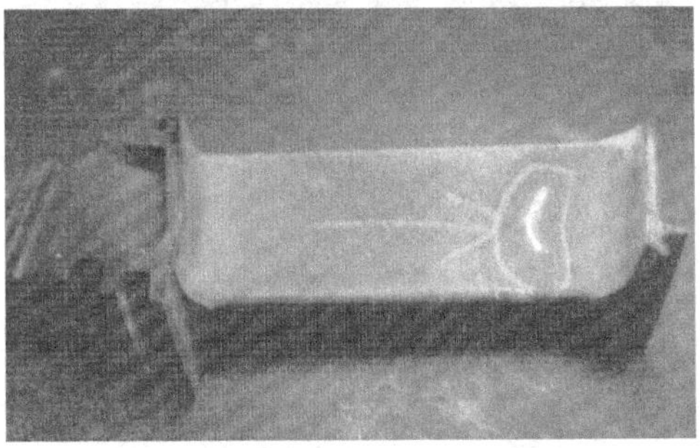

附图 25　不锈钢精密铸件冷隔

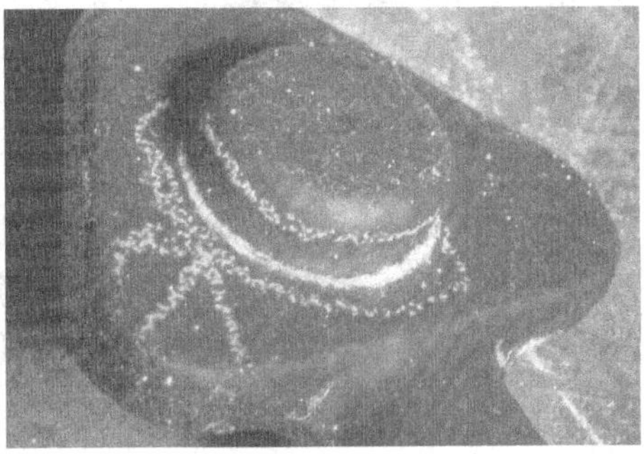

附图 26　ZL114A 铝合金筒体铸件薄壁区环形冷隔

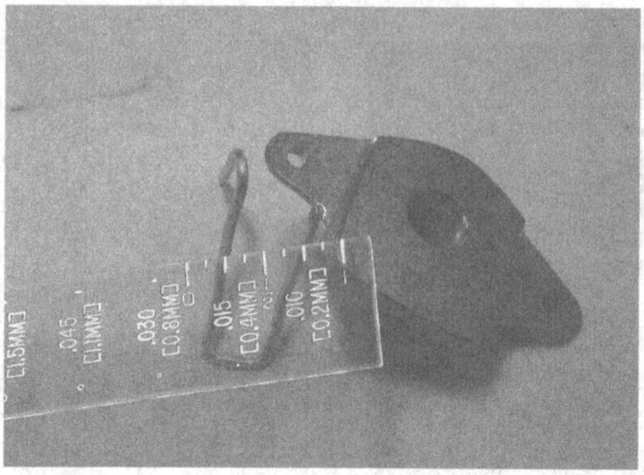

附图 27　ZG330-500H 支座铸件冷隔

5. 疏松缺陷荧光渗透显示

附图 28　镁合金铸件表面的线状疏松

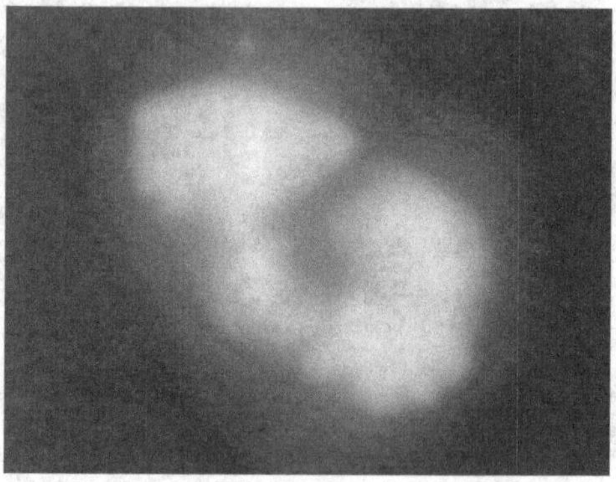

附图 29　镁合金铸件表面的环状疏松

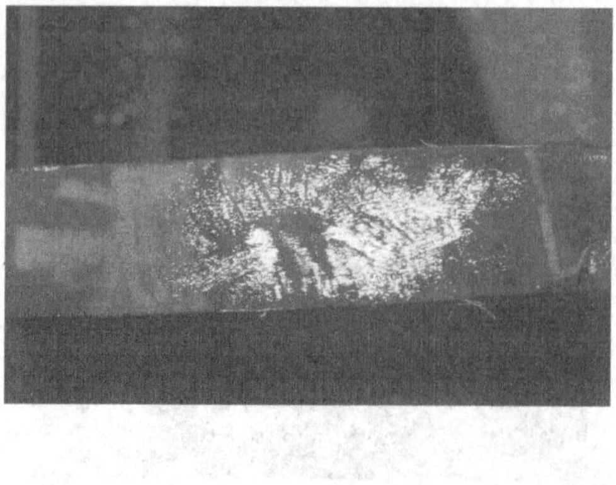

附图 30　ZL105 铝合金铸件表面的海绵状疏松

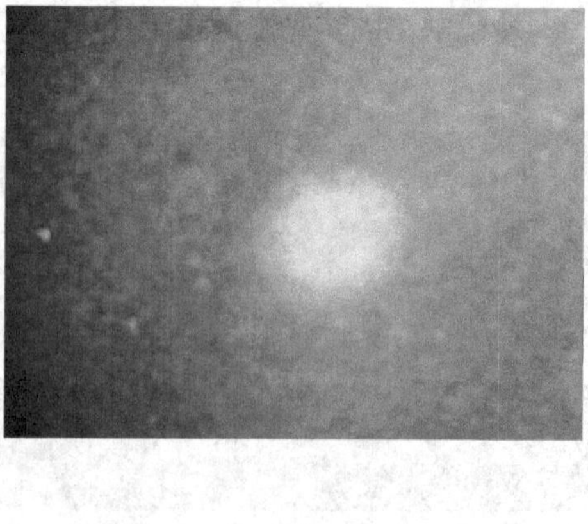

附图 31　ZL114A 铸造铝合金筒体件非机加面斑块状疏松

6. 疏松缺陷着色渗透显示

附图 32　非金属玻璃钢件环状线形疏松

7. 针孔缺陷荧光渗透显示

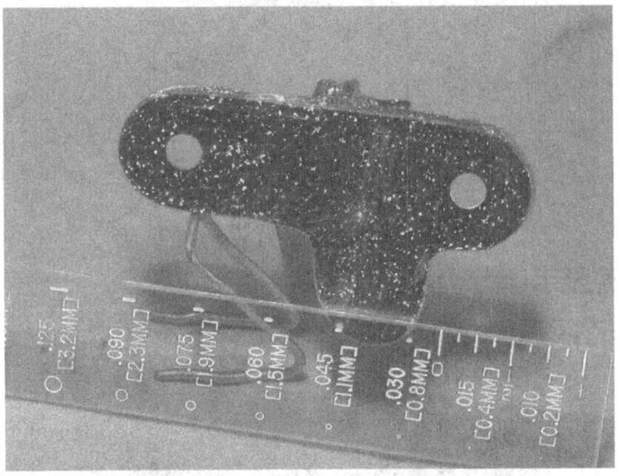

附图 33　ZL101 铝合金支座铸件针孔

8. 折叠缺陷荧光渗透显示

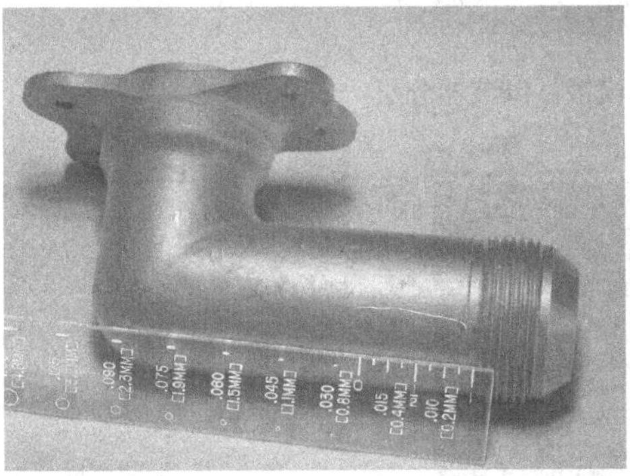

附图 34　2A50 铝合金接嘴模锻件折叠

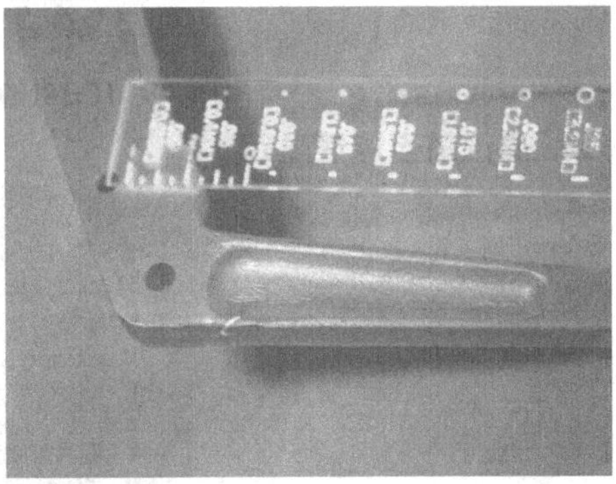

附图 35　2A50 铝合金曲臂模锻件折叠

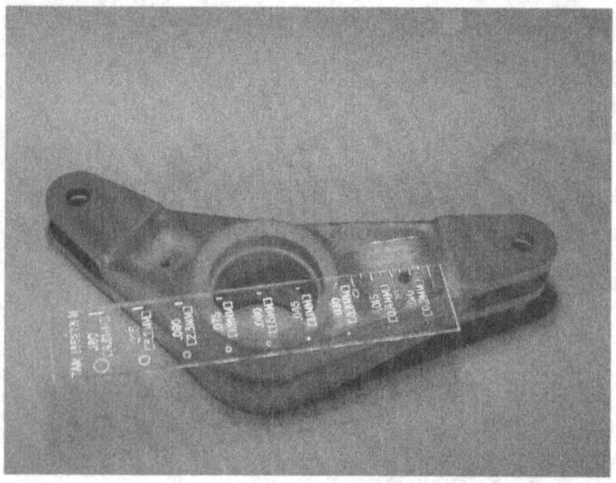

附图 36 2A50 铝合金摇臂模锻件折叠（一）

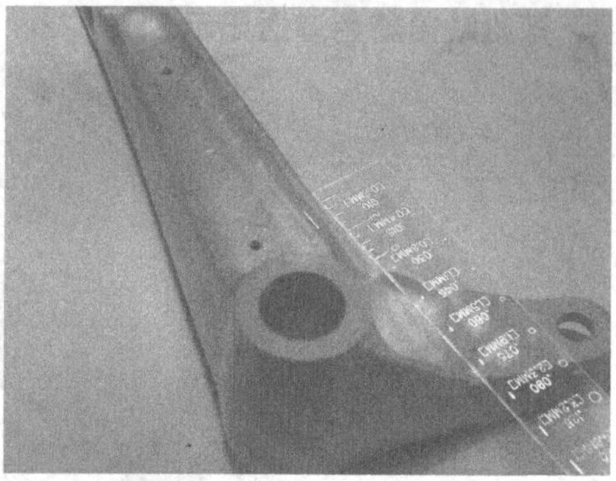

附图 37 2A50 铝合金摇臂模锻件折叠（二）

附图 38 镁合金摇臂模锻件折叠

9. 分层缺陷荧光渗透显示

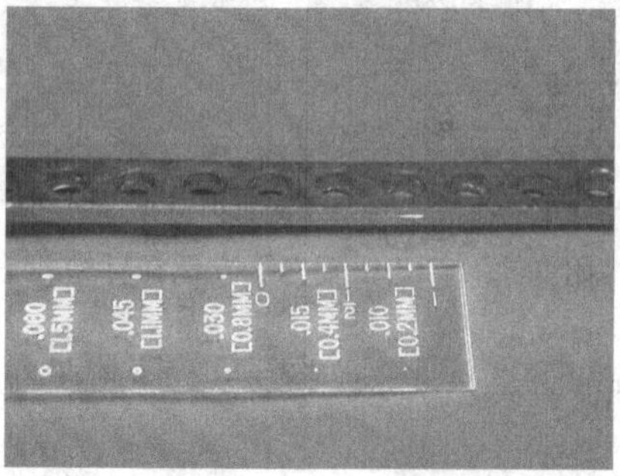

附图 39 1Cr18Ni9Ti 不锈钢模锻件调节器分层

10. 腐蚀斑点渗透显示

附图 40 冷却钢壁板腐蚀斑点（数控铣加工）

参考文献

[1] 王世荣，李祥高，刘东志. 表面活性化学［M］. 北京：化学工业出版社，2003.

[2] 沈钟，赵振国，康万利. 胶体与表面化学［M］. 4版. 北京：化学工业出版社，2012.

[3] 汪志诚. 热力学·统计物理［M］. 北京：高等教育出版社，2013.

[4] 许金钩，王尊本. 荧光分析法［M］. 3版. 北京：科学出版社，2006.

[5] 高世桥，刘海鹏. 毛细力学［M］. 北京：科学出版社，2010.

[6] 姚启钧. 光学教程［M］. 北京：高等教育出版社，2008.

[7] 郝允祥，陈遐举，张保洲. 光度学［M］. 北京：中国计量出版社，2010.

[8] 何瑾馨. 染料化学［M］. 北京：中国纺织出版社，2009.

[9] 胡学知. NDT全国特种设备无损检测人员资格考核统编教材：渗透检测［M］. 2版. 北京：中国劳动社会保障出版社，2007.

[10] 林猷文，任学冬. 国防科技工业无损检测人员资格鉴定与认证培训教材：渗透检测［M］. 北京：机械工业出版社，2004.

[11] 美国无损检测学会. 美国无损检测手册（渗透卷）［M］. 上海：世界图书出版公司，1994.

[12] 李家伟，陈积懋. 无损检测手册［M］. 北京：机械工业出版社，2002.

[13] 董德玉，杜俊波，方发胜等. 自乳化荧光渗透液组分及含量变化对渗透液性能的影响［J］. 无损检测，1990（6）：157-160.

[14] 陈玉宝，陈以方. 高灵敏度着色渗透液的研制［J］. 无损检测，1999（10）：445-447.

[15] 夏纪真. 工业无损检测技术（渗透检测）［M］. 广州：中山大学出版社，2013.

[16] 刘贵明，马丽丽. 无损检测技术［M］. 北京：国防工业出版社，2012.

[17] 梁治齐. 实用清洗技术手册［M］. 北京：化学工业出版社，2005.

[18] 王国凡. 材料成形与失效［M］. 北京：化学工业出版社，2002.

[19] 李慕勤，李俊刚，吕迎. 材料表面工程技术［M］. 北京：机械工业出版社，2010.

[20] 陈俊芳. 质量改进与质量管理［M］. 北京：北京师范大学出版社，2007.

参考文献

[1] [illegible]
[2] [illegible]
[3] [illegible]
[4] [illegible]
[5] [illegible]
[6] [illegible]
[7] [illegible]
[8] [illegible]
[9] [illegible]
[10] [illegible]
[11] [illegible]
[12] [illegible]
[13] [illegible]
[14] [illegible]
[15] [illegible]
[16] [illegible]
[17] [illegible]
[18] [illegible]
[19] [illegible]
[20] [illegible]